济南市新旧动能转换先行区土地质量地球化学研究

代杰瑞　任文凯　喻　超　王红晋 等　著

海洋出版社

2024年·北京

图书在版编目（CIP）数据

济南市新旧动能转换先行区土地质量地球化学研究/代杰瑞等著. --北京：海洋出版社，2024. 8. -- ISBN 978-7-5210-1294-1

Ⅰ. S153

中国国家版本馆 CIP 数据核字第 2024X8Z960 号

审图号：GS 京（2024）1576 号

责任编辑：王　溪
责任印制：安　森
海洋出版社　出版发行
http://www.oceanpress.com.cn
北京市海淀区大慧寺路 8 号　邮编：100081
涿州市般润文化传播有限公司印刷　新华书店北京发行所经销
2024 年 9 月第 1 版　2024 年 9 月第 1 次印刷
开本：889mm×1194mm　1/16　印张：12
字数：300 千字　定价：88.00 元
发行部：010-62100090　总编室：010-62100034

《济南市新旧动能转换先行区土地质量地球化学研究》作者名单

代杰瑞　任文凯　喻　超　王红晋　赵西强　王增辉　曾宪东

蔡　青　任天龙　董　健　张明杰　马　丽　吕建树　杨丽原

张　强　张秀文　元　艳　侯建华　秦　杰　祝培刚　刘海峰

前　言

“山东省济南市新旧动能转换先行区 1∶50 000 土地质量地球化学调查与评价”项目为 2020 年山东省省级地质勘查项目，项目起止时间为 2020 年 3 月至 2022 年 6 月，调查区位于山东省济南市，野外调查面积为 575 km^2。

通过项目开展采集了土壤、灌溉水、大气干湿沉降物和农作物等各类样品 5000 余件，分析测试了 30 余项元素或指标，获取 10 余万条数据，编制图件 72 幅。查明了土壤 29 项元素或指标的地球化学分布特征，统计了土壤地球化学背景值，分析了土壤元素指标含量的主控因素；对土壤环境和养分、灌溉水、大气干湿沉降物等进行了评价，建立了以地块为基准的土地质量地球化学等级信息库；研究了土壤元素全量、有效量的影响因素和元素在土壤—农作物迁移转化规律及影响因素；确定了污染端元尘的标识元素组合，研究了大气悬浮颗粒物中重金属等元素分布与分配特征；从时间尺度上研究了土壤元素含量变化规律，并进行了预测与预警；圈定了绿色富硒、富锗、富锌特色土地资源，编制了调查区土壤施肥建议图、绿色无公害农产品产地建议图；评价了基本农田土壤质量安全性，并提出了基本农田划定规划建议；建立了基础调查数据库。

本报告对山东省大比例尺土地质量地球化学调查工作具有较好的借鉴意义，其数据和图件具有较高的实用价值，对指导改善生态环境、优化农业耕作方式、发展优质绿色农产品、促进农业生产合理布局和提高人居环境质量等方面都将发挥重要作用。

本书在编著过程中，参考了生态地球化学领域专家、学者的部分相关研究成果，在此谨表谢意。由于笔者的能力和水平有限，书中难免有不足和疏漏之处，敬请读者批评指正。

作　者

2024 年 3 月

目　录

第一章 绪言

第一节 项目来源及目标任务

一、项目来源

“山东省济南市新旧动能转换先行区 1∶50 000 土地质量地球化学调查与评价”是一项基础性公益性调查项目，属山东省自然资源大调查优选项目。在山东省地质调查院和山东省地质矿产勘查开发局第一地质矿产勘查院于 2016—2018 年完成济南市新旧动能转换先行区 455 km^2 基础上，2020 年，山东省自然资源厅部署开展剩余先行区 575 km^2 的 1∶50 000 土地质量地球化学调查与评价。山东省自然资源厅于 2020 年3 月 16 日正式向山东省地质调查院下达了任务书，任务书编号为鲁勘字（2020）3 号。该项目有利于综合前期项目资料和数据，形成整个新旧动能转换先行区 1∶50 000 土地质量地球化学调查评价成果，为加快推进先行区土地科学规划、特色小镇建设和生态环境治理具有重要意义。

二、目标任务

根据《关于印发 2020 年度省级地质勘查委托项目任务书的通知》精神，“山东省济南市新旧动能转换先行区 1∶50 000 土地质量地球化学调查与评价”项目工作目标为：系统开展济南市新旧动能转换先行区1∶50 000土地质量地球化学调查与评价，查明济南市先行区土壤、大气、水、农作物等介质中营养有益元素、有毒有害元素及化合物的分布、来源、存在形式、迁移转化途径和生态环境效应，精细评价土地质量地球化学质量等级；圈定富硒、富锗等优势土地资源分布区，为城市开发边界和永久基本农田划定、现代生态农业开发、城市生态环境质量保障、促进先行区特色小镇走廊及生态田园区建设等方面提供依据。

山东省济南市新旧动能转换先行区 1∶50 000 土地质量地球化学调查与评价面积 575 km^2，调查介质主要包括表层土壤、土壤水平和垂直剖面、岩石、大气干湿沉降物、地表水、灌溉水、大宗农作物和蔬果、大气悬浮颗粒物、污染端元尘、近地表尘、化肥等，形成多角度、多介质、多指标的地球化学成果体系。工作任务包括如下几个方面。

（1）在 1∶250 000 多目标地球化学调查基础上，按照山东省《1∶50 000 土地质量地球化学调查评价技术要求（试行）》开展济南市新旧动能转换先行区 1∶50 000 土地质量地球化学调查与评价，面积 575 km^2；详细查明以地块为基准的土地质量状况。

（2）研究影响土地质量的各项地球化学指标特征，进行土地利用地球化学适宜性分区；查明农业区优势土壤资源分布、城市区域人居环境质量状况、景观带大气颗粒物质量及来源，研究影响土壤质量因子来源及生态效应。

（3）精细划分土地质量地球化学等级，开展调查成果社会应用。开展土地质量成果在基本农田和城市开发边界划定、土地资源开发利用、环境保护及污染治理等方面的应用研究，在发展特色优质农产品、促进科学合理施肥及土壤污染治理等方面提供规划建议。

（4）编制调查评价成果。结合前期调查资料，编制整个济南市先行区土地质量地球化学评价报告和相关系列图件；要求成果报告科学依据充分，研究论证严谨，表达论述正确，对策建议可行及文字图件清晰美观等。

（5）按有关要求提交成果报告和图件，按规定汇交地质资料。

第二节　工作概况及完成的工作量

一、项目实施情况

（一）项目启动、设计编制与审查

2020 年 3 月山东省自然资源厅下达任务书后，项目组首先开展资料收集工作，先后收集了与本项目有关的地质图、土壤类型图、地貌图、重点污染企业分布图、土地利用现状图等基础数据资料，并研究 1：250 000多目标地球化学调查成果资料。在深入研究现有资料的基础上，编写了《山东省济南市新旧动能转换先行区 1：50 000 土地质量地球化学调查与评价项目设计书》，4 月初通过了山东省自然资源厅组织的设计书评审，得分 92，为优秀级。2020 年 5 月项目组赴工区全面开展野外工作。

（二）野外工作实施

2020 年 5—6 月，完成了调查区大气干湿沉降箱的布设工作，共计安装大气干湿沉降物接收箱 70 件。

2020 年 6—9 月，完成了调查区小麦、玉米及根系土样品采集共 80 套。

2020 年 7—9 月，完成了调查区灌溉水、地表水样品采集，共计 55 件。

2020 年 10—12 月，完成了调查区面积性表层土壤样品采集，共计 3850 件。

2021 年 4 月，完成了调查区土壤有效态样品采集，共计 596 件。

2021 年 6—11 月，完成了调查区大气悬浮颗粒物、污染端元尘、近地表尘等样品采集工作，共采集大气悬浮颗粒物 80 点，污染端元尘，近地表尘 60 件。

2021 年 9—10 月，完成采集化肥样品 10 件，岩石样品 15 件，蔬菜及根系土 20 套，特色农产品及根系土 60 套。

2021 年 11—12 月，完成了土壤垂直剖面样品采集 26 m，水平剖面样品采集 20 km。

在野外施工过程中，严格按照三级质量检查要求，野外采样小组—地球化学所—地调院对项目组野外工作质量进行系统检查，形成各级质量检查卡片及质量检查报告。期间对所有野外资料进行了整理，对调查资料进行了数据库录入。

（三）样品分析

本次调查工作的样品测试工作均通过政府采购招标进行择优筛选，2020 年度样品测试中标单位为湖

北省地质实验测试中心（自然资源部武汉矿产资源监督检测中心）、山东省物化探勘查院、山东省地质矿产勘查开发局第七地质大队，2021 年度样品测试中标单位为湖北省地质实验测试中心（自然资源部武汉矿产资源监督检测中心）、山东省鲁南地质工程勘察院（山东省地质矿产勘查开发局第二地质大队），调查采集的土壤、水、农作物等样品均由上述单位测试完成。测试执行《多目标区域地球化学调查规范（1：250 000）》（DZ/T 0258—2014）、《生态地球化学评价样品分析技术要求（试行）》（DD2005-03）、《区域生态地球化学评价样品分析技术要求补充规定》以及中国地质调查局《地质矿产实验室测试质量管理规范》（DZ 0130—2006）等相关技术标准。

二、工作量完成情况

“山东省济南市新旧动能转换先行区 1：50 000 土地质量地球化学调查与评价”项目参照山东省《1：50 000土地质量地球化学评价技术要求（试行）》安排各项工作任务，具体工作按照《山东省济南市新旧动能转换先行区 1：50 000 土地质量地球化学调查与评价项目设计书》执行，项目全部实物工作量见表 1-1。

2021 年 12 月 18 日，山东省自然资源厅矿产勘查技术指导中心组织有关专家，对野外工作完成情况及取得的多种原始资料进行了细致、全面的检查验收。通过野外实地检查与室内资料抽查核实，2021 年 12 月 24 日，山东省自然资源厅矿产勘查技术指导中心以鲁自然资矿勘技字〔2021〕10 号文件下达了本项目野外工作成果通过验收的通知，野外验收专家组评议认为：项目全面完成了任务书规定的目标任务和设计批准的主要实物工作量，原始资料齐全、工作方法得当，项目质量管理及保障措施得力，各项工作部署符合设计及规范要求。

表 1-1　任务书工作量及实际完成实物工作量一览表

工作项目		计量单位	设计工作量	实际工作量	完成率（%）
野外取样调查	面积性土壤测量	件	3850	3850	100
	大气干湿沉降物	件	70	70	100
	大宗农作物及配套	套	80	80	100
	灌溉水、地表水样品	件	55	55	100
	土壤有效态样品	件	575	596	103.8
	污染端元尘	件	90	90	100
	大气悬浮颗粒物	点	80	80	100
	土壤垂直剖面	m	20	26	130
	土壤水平剖面	km	20	20	100
	岩石测量	件	15	15	100
	蔬菜及根系土	套	20	20	100
	特色农产品及根系土	套	60	60	100
	化肥样品	件	10	10	100

续表

工作项目		计量单位	设计工作量	实际工作量	完成率（%）
分析测试	面积性土壤测试	件	3850	3850	100
	大气干湿沉降物测试	件	70	70	100
	小麦、玉米、蔬菜、水稻及配套测试	套	160	160	100
	大气悬浮颗粒物测试	件	80	80	100
	污染端元尘、近地表尘测试	件	90	90	100
	岩石测试	件	15	15	100
	土壤剖面测试	件	300	330	110
	水体样品测试	件	55	55	100
	化肥样品测试	件	10	10	100
	土壤有效态样品测试	件	575	596	103.8

第三节　主要成果概述

通过对调查区表层土壤、水体、大气干湿沉降物、农作物、大气颗粒物、污染端元尘等多种介质进行地球化学调查，获得了10多万个高精度地球化学数据，建立了土壤地球化学背景值等一系列地球化学参数，编制了72张基础图件和应用图件，为农业、国土、环境、地方病等研究领域提供了具有原始创新意义的成果资料。

查明了调查区土壤、灌溉水及城市地表水、大气干湿沉降物、大气悬浮颗粒物等环境现状，建立了以地块为基准的土地质量地球化学等级信息库，填补了地块地球化学信息空白，为土地资源管理、现代农业发展和生态环境保护提供了数据支撑。

研究了土壤元素全量、有效量的影响因素和元素在土壤—农作物中的迁移转化规律及影响因素，为提升土地利用水平、农产品开发等提供基础资料。

通过综合研究，确定了城市污染端元尘的标识元素组合，并对土壤、大气干湿沉降物和大气颗粒物等介质的污染源进行了源解析，获取了不同介质中污染源种类和贡献率，研究了不同季节大气干湿沉降物的沉降特点以及元素组成特征，大气悬浮颗粒物中重金属等元素分布与分配特征，为城市环境治理提供了科学依据。

依据1∶250 000多目标地球化学调查和本次调查获取的土壤地球化学数据，从时间尺度上研究了土壤元素含量变化规律，并以此为基础，对区内土壤元素含量变化进行了预测，指明了重点污染的区域和指标。

圈定了富硒、富锗、富锌特色土地资源，编制了调查区土壤施肥建议图；根据绿色食品产地对土壤环境、灌溉水和土壤肥力的要求，编制了调查区绿色无公害农产品选区建议图；评价了基本农田土壤质量安全性，并提出了基本农田划定规划建议。

以MapGIS和Access为基础信息平台，按照《多目标区域地球化学调查规范（1∶250 000）》（DZ/T 0258—2014）、《区域生态地球化学评价技术要求（试行）》（DD2005—02）和《多目标区域地球化学数据库建设技术要求》等标准和规范，建立了基础调查数据库。

第二章　评价区概况

第一节　自然地理与社会经济概况

一、位置与交通

山东省位于中国东部沿海、黄河下游，濒临渤海、黄海，北、西、南三面分别与河北省、河南省、安徽省和江苏省接壤。济南市新旧动能转换先行区（以下称济南市先行区）位于山东省济南市北部，西接德州市齐河县，涵盖天桥、历城、济阳及章丘四区部分辖区区域，总面积 1030 km^2，范围为 36°46′59″—37°05′26″N，116°51′29″—117°16′44″E，工作位置见图 2-1。

区内交通便捷畅通，各乡镇村之间均有公路相通，黄河南北有黄河大桥相连，公路网四通八达，陆地交通十分方便，调查区域内有 2 条国道、2 条省道、3 条高速，同时设有 6 个高速出入口，形成“七纵七横”的道路框架，东吕高速、京沪高速贯穿全区。济南市遥墙国际机场也坐落于先行区内，位于先行区东部遥墙街道北边。便利的交通网络有利于土地质量地球化学调查工作的顺利开展与实施。

二、地形地貌

济南市南依泰山，北跨黄河，地处鲁中南低山丘陵与鲁西北冲积平原的交接带上，地势南高北低。济南市先行区地貌类型以平原区为主，面积约为 996 km^2，占全区的 96.69%，其中微倾斜低平原面积最大，约为 951 km^2，占平原区面积比例为 95.48%，山间平原与山间倾斜平原占比均低于 5%。除平原区外，其余全部为水域，面积约为 34 km^2，占全区面积比例为 3.31%。水域主要是黄河河道和鹊山水库，面积占比较小。广阔的平原地貌，为济南市先行区北部生态田园区农业种植提供了良好的自然条件。

三、气象水文

济南市地处中纬度内陆地带，属暖温带大陆性气候，具有春季易旱，夏季炎热多雨，秋季天高气爽，冬季寒冷干燥的气候特征。济南多年平均气温 14.3℃，多年最高气温 42.7℃（1942 年 7 月 6 日），多年最低气温-19.7℃（1953 年 1 月 17 日）。年主导风向 SSW、NNE，夏季主导风向 SSW，年平均风速 3.0 m/s。

据气象部门统计，1956—2012 年济南市多年平均降水 641.68 mm。降水在年内分配不均，多集中在汛期 6—9 月，平均降水量 467.18 mm，占年降水量的 73%，12 月至翌年 3 月平均降水量 32.03 mm，仅占全年降水量的 5.0%。降水年际变化悬殊，年最大降水量 1080.00 mm（1964 年），年最小降水量 309.58 mm（1968 年）。多年平均蒸发量 1500～1900 mm，其分布规律与降水量不同，年内春末及夏季

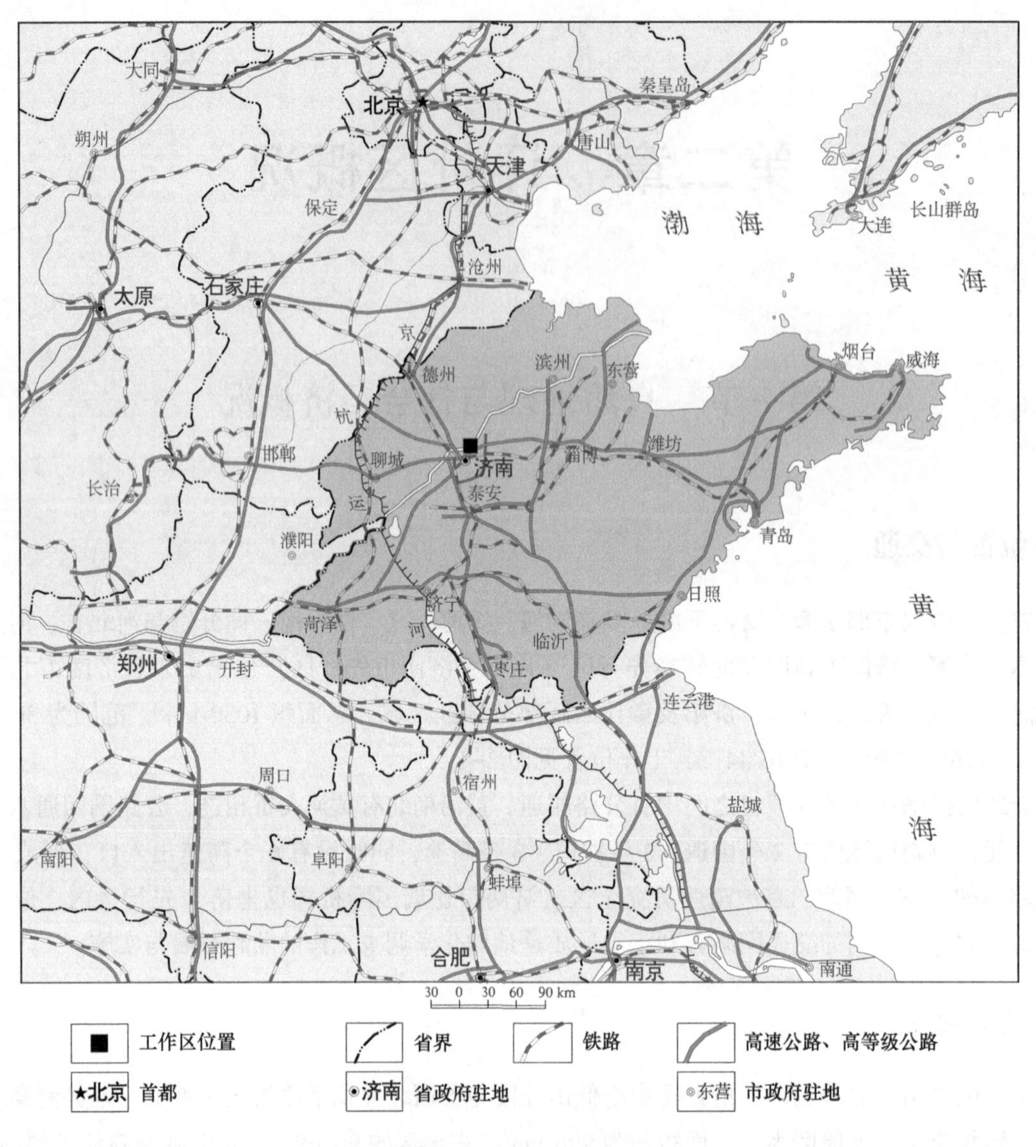

图 2-1　工作区交通位置

（4—7 月）最大，期间蒸发量占全年蒸发量的 53%以上，月蒸发量均超过 200 mm；冬季（12 月至翌年 2 月）最小，占不到全年蒸发量的 10%，月蒸发量约 50 mm。

20 世纪 80 年代初至今，济南地区降水量开始恢复，呈现增加趋势，尤其是 2003 年以来，济南市无论是森林覆盖率还是市区绿化率都稳步增加，水循环的大环境得以改善，济南市降水量较常年偏多，也正是从 2003 年起，济南四大泉群恢复常年喷涌至今。因此，保泉应从保持良好的生态环境做起。

工作区有三大水系，即黄河水系、小清河水系以及徒骇河马颊河水系。区内地表水系较发育，有黄河、小清河、齐济河、牧马河、大寺河、垛石河等 6 条河流，黄河、小清河为主要过境河流，对沿途地下水有很强的补给作用。水库有鹊山水库，属黄河水系。

黄河：是我国第二大河，自西南向东北流经工作区，为地上“悬河”，河床高于地表 4 m 以上。黄河从天桥区范家庄进入工作区，流经天桥区、历城区、济阳县，于济阳县城东北流出工作区。根据洛口水文站资料，黄河最大洪水位一般出现在每年 7—10 月，多年最高洪水位 26.54～33.77 m。

小清河：是山东省的主要河流之一，位于黄河之南。自 20 世纪 70 年代以来，随着济南人口的增加、工业的发展、生活污水和工业废水日益增加，除少量的灌溉外，绝大部分未加处理，最终排入小清河，致使小清河严重污染。经 1997 年拓宽整治，现平均河宽已达百米，河槽深 4 m 左右，水深一般为 1.3 m。2007 年，在济南市委、市政府的领导下，小清河综合治理工程全面启动。目前，小清河已彻底改变了污染状况，并配套了景观、生态、旅游休闲、交通等工程建设项目，成为多种功能于一体的城市景观河道。

鹊山水库：位于济南市天桥区，黄河北岸。该水库占地 9000 余亩（1 亩 = 66.67 m^3），最大库容为 4600×10^4 m^3，死库容 670×10^4 m^3，流域面积 6.07 km^2。水库引用黄河水源，为鹊华制水厂提供水源。

南水北调工程：南水北调工程干渠途径济南市新旧动能转换先行区境内，途径吴家铺街道、华山街道、遥墙街道以及高官镇，途径行政地区包括天桥区、历城区和章丘区。

南北向河流：济南市先行区内南北向干渠较多，使先行区内水资源丰富，能够较好地保证农业灌溉需求，其中包括齐济河、邢家渡引黄总干渠、垛石河以及大寺河。

第二节　区域地质概况

一、区域地质背景

济南市先行区地处华北板块之上，以齐河—广饶断裂为界分属鲁西隆起区和华北坳陷区 2 个Ⅱ级构造单元，横跨临邑潜凹陷、齐河潜凸起和泰山凸起 3 个Ⅴ级构造单元（表 2-1）。区内大部被第四系覆盖，仅在南部有中生代侵入岩出露（图 2-2）。

表 2-1　工作区大地构造单元分区

Ⅰ级	Ⅱ级	Ⅲ级	Ⅳ级	Ⅴ级
华北板块	华北坳陷区	济阳坳陷区	惠民潜断陷	临邑潜凹陷
	鲁西隆起区	鲁中隆起区	泰山—济南断隆	齐河潜凸起
				泰山凸起

（一）地层

工作区地层以齐广断裂为界，以南地层属华北—柴达木地层大区、华北地层区、鲁西地层分区，分布有第四系、新近系、石炭系、二叠系及奥陶系；以北地层属华北—柴达木地层大区、华北地层区、华北平原地层分区，区内地表全部为第四系松散堆积物所覆盖，其下为新生界新近系、古近系地层。

工作区地层由老到新简述如下。

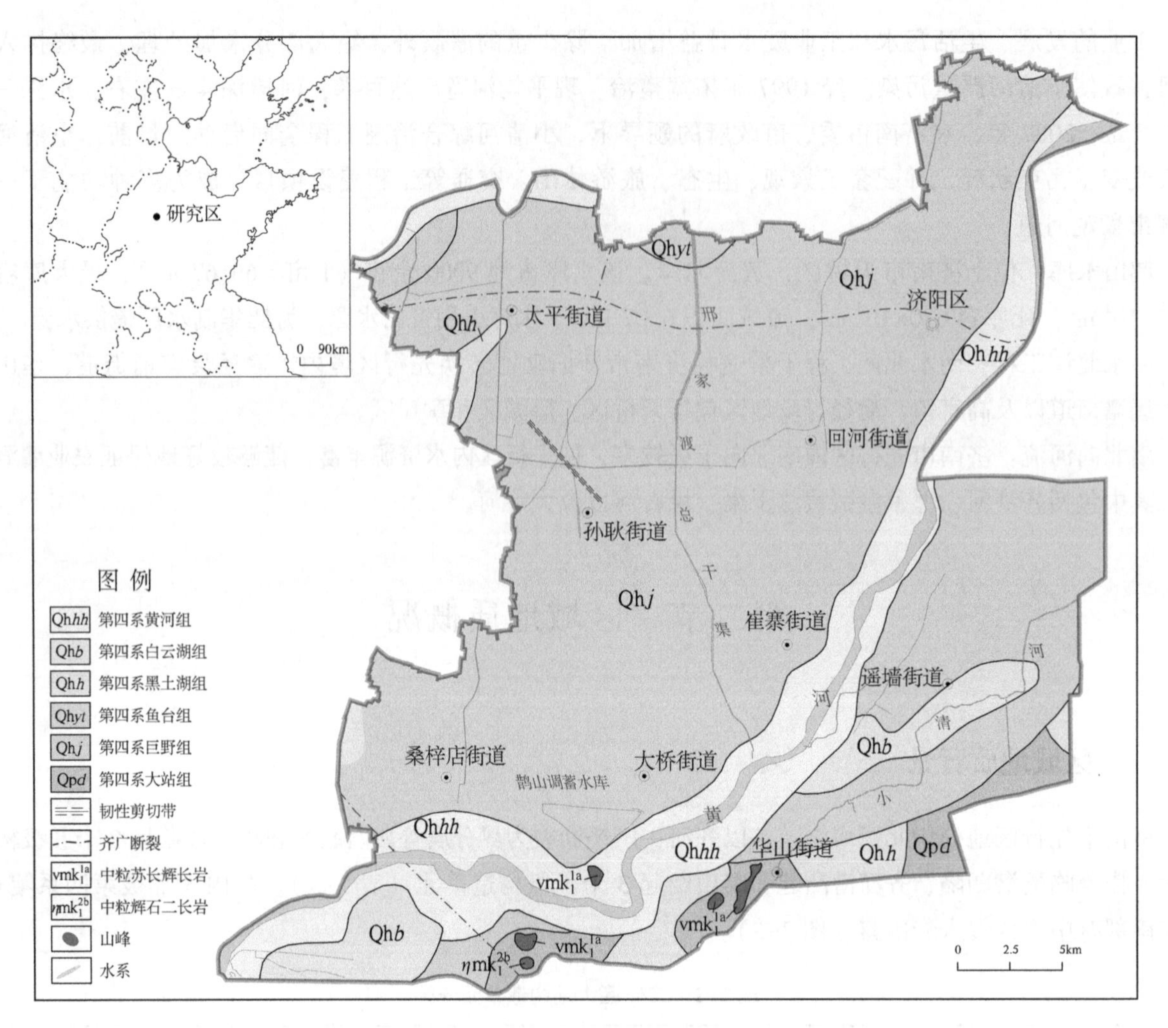

图 2-2 工作区地质背景

1. 古生界

（1）奥陶系（O）

主要为奥陶系中下统，岩性以厚层状石灰岩为主，夹白云质灰岩、泥灰岩、豹皮灰岩，埋藏深度200~3800 m。

（2）石炭—二叠系（C-P）

月门沟群本溪组（C_2b）：岩性主要为海陆交互相灰白、灰黑色砂岩、粉砂岩和黏土岩为主，夹有数层薄层海相灰岩及煤层。以“徐灰”以上的一层黑色黏土岩或粉砂岩与太原组分界，以“徐灰”以上的一层黑色黏土岩或粉砂岩与太原组分界。

月门沟群太原组（C_2P_1t）：为本区主要含煤地层。岩性主要为灰黑色、灰白色泥岩、粉砂岩、砂岩、灰岩及煤层交互发育，为典型的海陆交互型沉积。

月门沟群山西组（$P_2\hat{S}$）：山西组为主要含煤地层，为浅水三角洲沉积。山西组被剥蚀严重，仅保存于中—深部。下部由灰—灰黑色中—细砂岩、粉砂岩及煤层组成，夹有粗砂岩、泥岩或黏土岩。山西组上部由灰绿色中—细砂岩、粉砂岩、灰色泥岩及杂色黏土岩组成，夹有薄层粗砂岩、泥岩及黏土岩。山西组底部以一层灰白色中—细砂岩底界面与下伏太原组分界。

二叠系石盒子群（$P_{2-3}\hat{S}$）：下部为陆相沉积，岩性主要为浅灰色、灰绿色、灰白色细砂岩为主，主要成分为石英、长石，含暗灰色矿物。中部为灰色、浅灰色泥岩为主，含少量砂质。上部为陆相浅灰色、微灰绿色、灰绿色粉砂岩、细砂岩为主。

（3）侏罗系（J）

主要分布于孙耿镇孔家村—于家村—香火高一线以北区域。岩性为砂岩、页岩、砾岩夹煤层。侏罗系主要发育坊子组（J_2f）和三台组（J_3s）。

淄博群坊子组（J_2f）：岩性以黄绿色、灰绿色砂岩、粉砂岩为主，局部呈紫红色夹黄绿色泥岩、砂质页岩，中上部夹灰色、黑色页岩。厚179~468 m。

淄博群三台组（J_3s）：岩性以灰绿色、灰黄色、紫红色中厚层状中细粒长石砂岩为主，夹紫红色砂质页岩、灰绿色粉砂岩。底部为灰紫色、斑杂色砂砾岩层。厚47 m左右。

2. 新生界

（1）古近系（E）

古近系地层分为：孔店组（E_2k）、沙河街组（$E_{2-3}\hat{S}$）、东营组（E_3d）；岩性主要为玄武岩、泥岩、砂岩等，夹碳酸盐岩、砂岩及油页岩。厚度一般在900~1500 m。

（2）新近系（N）

地层厚度97. 50~278. 90 m，平均202. 4 m，厚度变化较大，岩性以上统明化镇组灰绿色、棕褐杂色黏土为主，夹薄层粉细砂层，半固结，较松散。上部一般以棕褐色、紫红色、灰黄色、灰绿色为主；下部以灰绿色、灰白色、灰黄色为主；在黏土层中常含有钙质结核、石膏和褐色铁锰质鲕粒；底部一般发育灰白色钙质黏土和半胶结砂岩，硬度稍大，与下伏煤系地层呈不整合接触。

（3）第四系（Q）

区内广泛发育第四系黄河冲积地层，主要有大站组、临沂组、黑土组和黄河组，现将第四系由老到新概述如下。

大站组（Qp*d*）：分布在工作区东南部济钢附近和工作区西部药山—国棉一厂一带，岩性为土黄色粉砂质黏土，冲洪积相，厚度一般4~13 m，由南至北有变薄的趋势。

临沂组（Qh*l*）：分布在工作区东南部小清河两岸的黄台村—华山—小许家立交一带，岩性为含砾粉砂质黏土及细砂，河流相，厚度小于10 m，由南东向北西有变薄的趋势。

黑土湖组（Qh*h*）：分布于南部北园街道办事处周边和大桥镇司家村西北一带，岩性为灰黑色粉质黏土，湖泊相，厚度小于10 m。

黄河组（Qh*hh*）：分布于工作区大部分地段，为一套灰黄色粉砂土、粉质亚砂土、红棕色—红褐色亚黏土岩石组合，黄河河床、河漫滩相，厚度10~30 m。

单县组（Qh$\hat{S}$）：分布于工作区西南、黄河南岸，岩性为灰黄色细—粉砂土夹褐黄色黏质粉砂土及少量棕红色黏土，发育交错层理。厚度一般4~13 m，由西向东、由南西至北东有变薄的趋势。

（二）岩浆岩

济南先行区岩浆活动较为强烈，且具有多期次活动的特点。主要岩浆活动发生在中生代印支—燕山运动晚期，岩性主要为辉长岩、闪长岩及二长岩，岩性复杂，岩石类型从基性岩—中性岩—酸性岩皆有，区内以发育基性岩—济南辉长岩为主要特征，绝大部分被第四系覆盖，仅在工作区南部的鹊山、华山等地出露。

据物探、钻探及野外实际资料，中生代济南序列侵入体为一自北向南侵入略向北倾的巨型岩镰，中心在新徐庄—桃园一带，空间形态为东薄西厚的楔状体。其北以田家庄—南车—桑梓店为界，西以十里—七里铺东—小金庄为界，南以大杨庄—白马山为界至五龙潭后为千佛山断裂所截切，东以泉城路—燕翅山为界至姜家庄后为东梧断裂所截切，后经济钢—王舍人至坝子后楔子状尖灭，其在济钢一带形态较复杂，平面形态总体呈不规则椭圆状，构成穹窿构造，总面积约 400 km^2，大部分为第四系所覆盖，仅在济南市区周边的孤零山包，如匡山、华山、鹊山、南北卧牛山、北马鞍山、粟山等地可见露头。主期侵入体呈环带状分布，各单元之间为涌动或脉动侵入关系，少数以岩瘤状独立侵入体产出，多各单元互相混杂形成复杂岩体。侵入体与围岩界线清楚，岩体边部发育平行于接触面的流动构造。东北部沙河一带其侵入石炭—二叠纪地层，但较微弱仅发育小的岩枝或岩脉；其余方向则侵入奥陶纪地层，在这些接触带上具较强烈的矽卡岩化、大理岩化，四周围岩均向外倾斜，倾角较陡，局部直立甚至倒转，这也是北庵庄组发育褶皱的重要影响因素之一，另外侵入体周边断裂也较发育。该序列岩石类型复杂，以发育基性岩—辉长岩为主要特征。

（三）构造

根据山东省大地构造单元分区（鲁国土资字〔2014〕185 号），工作区位于华北板块一级大地构造单元，跨华北坳陷区和鲁西隆起区两个Ⅱ级构造单元。

工作区规模较大的断裂有：齐河—广饶断裂、庙廊—焦斌断裂、济南—孙耿断裂、桑梓店断裂、卧牛山断裂、东坞断裂（图 2-3）。

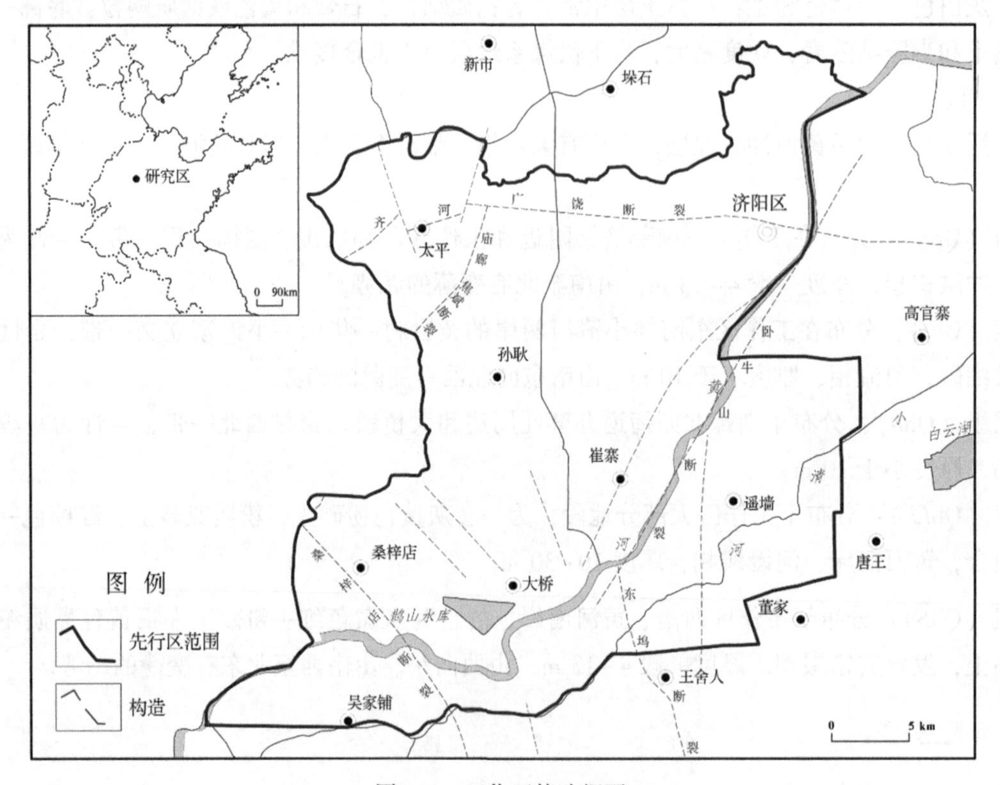

图 2-3　工作区构造纲要

1. 齐河—广饶断裂

自西向东穿越工作区北部，过济阳县城，是一条隐伏断裂，西与聊城兰考断裂相接，向东交于沂沭断裂带，由近东西走向约呈平行的两条断裂组成，宽约 5 km，南者为主断裂。南盘抬升，南部上新世明化镇组覆盖在中生代地层之上，缺失古近系和中新世馆陶组；北盘下降，有古近系和馆陶组巨厚沉积。断裂之南缺失东营组而其北有之，且东营组厚度由南向北增厚，说明主断裂发生发展在东营期。断裂面倾向北，落差 2000 m 左右，局部可达 2200 m。断裂总的走向近东西，倾向 NW，倾角 40°~60°。区域上该断裂是鲁西隆起与济阳坳陷的分界线，控制了济南地区的构造格局，是鲁北古近系沉积南界。断裂形成于中生代以前，新生代活动强烈，第四纪仍在活动，断裂的发生发展与第三系沉积同步。

2. 庙廊—焦斌断裂

位于工作区中西部，距新城区最近约 7 km，走向 NE、倾向 NW，落差 200~1000 m，为张性正断层，北与齐广断裂相交，南至齐河县焦斌西侧，长度约 30 km。该断裂是区内规模较大的断裂，控制着古生界的埋藏深度和沉积厚度。

3. 济南—孙耿断裂

南部从新城区的大桥镇片区通过，北部从济阳县孙耿镇东部通过，推断该断层可能穿过“济南岩体”，从济南市区的中部通向南部山区。该断层为可靠断层，走向 NE，长约 31.7 km，倾向 W，倾角 50°~79°，水平断距 100~500 m，垂直断距为 100 m 左右，一般是上升盘的奥陶系灰岩部分与下降盘的上古生界形成断层接触关系。

4. 卧牛山断裂

位于工作区东部，距新城区最近约 0.8 km，属于北东向隐伏断裂，总体走向 30°，长度大于 10 km，倾向 W，为一正断层。为黄河北煤田的东部边界断层，南起西李家、北至姜家庄，沿现代黄河发育，是区内规模较大的断裂之一。

5. 东坞断裂

位于工作区的中东部，该断裂向北交于卧牛山断裂，向南延伸到济南东南部山区，图幅内长度约 14.5 km，总体走向 NNW，倾向 SSW，落差 100~500 m，向北增大，水平断距 100 m 左右，倾角 60°左右。

6. 桑梓店断裂

为一隐伏断层，穿过先行区的桑梓店，总体走向 320°，总长度 24 km，该断裂由煤田勘查资料证实，切割了二叠纪地层，使其发生右行错动；北端切割了齐广断裂，使之发生左行错动。推断该断裂的生成可能与济南超单元岩浆岩侵位有关，桑梓店断裂是岩浆岩侵位时形成的放射性断裂之一，之后发生右行平行，错断了古生代地层，在齐广断裂形成之后，又发生了左行扭动，使齐广断裂发生了左行平移。该断裂大致形成于印支晚期，燕山期为其主要活动时期，为右行张扭性质；在喜山期又有活动，为左行张扭性质。

另外，区内还分布有历城断裂等规模较小的断裂。

二、水文地质概况

该区属黄河冲积平原孔隙水水文地质区，分布于小清河北的部分沿黄地带和黄河以北地区，由河流冲洪积物构成，赋存类孔隙水。根据所处位置不同又分为两个水文地质亚区：商河水文地质亚区和济阳水文地质亚区。区内以赋存松散岩类孔隙水为主，根据孔隙水埋藏深度、承压性等的不同又可分为浅层潜水—微承压水（0~60 m）、中层承压水（60~200 m）和深层承压水（>200 m）。

根据含水介质的岩性组合特征、地下水的埋藏分布条件和地下水的赋存特征，本次工作区的含水岩组结构大致可划分为松散岩类孔隙含水岩组、碳酸盐岩类裂隙岩溶含水岩组和侵入岩类裂隙孔隙含水岩组。其中松散岩类孔隙含水岩组可进一步分为浅层潜水—微承压淡水含水岩组、中层承压咸水含水岩组、深层承压淡水含水岩组等3个含水岩组。

（一）松散岩类孔隙含水岩组

松散岩类孔隙含水岩组主要分布在山前冲洪积平原及黄河北的黄河冲积平原地区。山前冲洪积平原地带，孔隙水与岩溶水局部地段存在水力联系，具有互补关系，故孔隙水的来源为大气降水入渗、地表水通过河道或水库、洼地渗漏以及岩溶水的顶托补给，地下水兼顾水平运动和垂直运动。黄河以北地区，岩溶水不再与孔隙水发生互补互排的水力联系，大气降水入渗补给成为孔隙水的主要来源，地下水以垂直运动为主，水平运动十分缓慢。孔隙水的总体运动方向由南向北，主要排泄途径为农业开采，济阳城区工业及生活用水以孔隙水为主要水源。工作区内为第四纪巨厚的黄河冲积层，岩性松散、孔隙发育，地下水类型主要为松散岩类孔隙水。孔隙水的赋存主要受古河道带控制，在古河道带，含水砂层发育，补给条件良好，富水性强，单井涌水量在1000 m^3/d左右，局部可达1500 m^3/d，水质较好；古河道外缘，富水性次之，单井涌水量在500 m^3/d左右，水质相应变差；在古河间带，富水性差，单井涌水量在100~500 m^3/d，水质也差。在本次工作区内除在黄河以南有零星出露基岩，其他地段均分布第四系，根据区内以往水文地质资料分析，工作区内松散岩类孔隙水按其在500 m以浅深度内含水层垂向上和水平方向上的变化特征可分三种基本类型，即：浅层潜水—微承压含水层（0~50 m）、中深层承压含水层（50~150 m）和深层承压含水层（>150 m）；根据溶解性总固体及主要化学成分在垂向上的变化及分布，以矿化度3 g/L为临界值，矿化度大于3 g/L即为咸水，矿化度2~3 g/L为微咸水，矿化度小于2 g/L为淡水，可划分为：浅层淡水、中层咸水和深层淡水。将咸淡水在垂向上分布与地下水类型相结合，区内可划分为3个含水岩组。

1. 浅层潜水—微承压淡水含水岩组

该含水岩组在工作区内广泛分布，由于工作区跨山前倾斜平原和黄河冲积平原两种地貌分区，不同的地貌分区含水岩组特征不同。

山前倾斜平原地段：分布于天桥区西秦—大王庙—历城区姬家庄—田家庄—北河套—遥墙镇一线以南、山间平原以北地带。含水层岩性主要为中、粗砂及砂砾石，含水层横向上多呈透镜状，纵向上则呈带状展布。由南向北，含水层由单一变为多层，单层厚度，由厚变薄，颗粒由粗变细，富水性由弱渐强，单井涌水量一般为500~1000 m^3/d。水位年变幅2~4 m。矿化度一般小于1.5 g/L，水化学类型多为重碳酸硫酸钙型或重碳酸硫酸钙镁型水。

黄河冲积平原地段，主要分布于黄河以北冲积平原。按古河道带及间带分述如下。

（1）古河道带松散岩类孔隙水

工作区晚更新世有两条古河道带，自西南向东北分别斜贯工作区的中部和北部边缘，水量丰富；两古河道中间为古河道间带，富水性较差。

邓家营—石庙—靳家庄—青宁—沟杨家古河道带：位处冲积平原最南部，最宽处6 km，最窄处2 km。浅层淡水底界面起伏较大，埋深一般20~50 m，含水层多集中于35 m以上，有一层主要含水层，岩性以细砂为主，顶底板埋深在22~32 m，单层厚度3.7~12.20 m。在青宁附近，含水层厚度大于10 m，其他地段含水层厚度小于10 m，在邓家营—石庙—靳家庄—青宁段单井涌水量1000~3000 m^3/d，其他地段500~1000 m^3/d。地下水以大气降水补给为主，在局部地段尚有山前冲积层之地下径流补给。矿化度一般小于2.0 g/L，人类活动强烈的桑梓店附近和G104国道两侧、G220国道附近矿化度超过2.0 g/L，局部高达5.284 g/L，地下水化学类型多为重碳酸硫酸盐型水，阳离子较为复杂。

蔡家庄—太平镇—庙廊—济阳县古河道带：位于工作区北部。该段淡水底界面埋深一般在20~50 m，马营以东大于50 m，并逐渐过渡到全淡水区。50 m深度内有1~2层含水层，岩性以细砂及中细砂为主，顶板埋深8.5~19.00 m，底板埋深10.10~28.20 m，单层厚度1.60~11.0 m，水位埋深一般2~4 m。富水性较强，单井涌水量1000~3000 m^3/d。矿化度一般1~2 g/L，水化学类型以重碳酸钠镁型为主，阳离子较为复杂。

（2）古河道间带松散岩类孔隙水

位于两条古河道之间，分布于孙耿镇—回河镇、朱家庙—尹家一带。浅层淡水底界面埋藏较浅，淡水厚度较薄，小于20 m。含水层岩性多为粉砂或粉细砂，其颗粒无明显的韵律变化，含水层埋藏不稳定，层次多，单层厚度0~4.2 m。水位埋深2~4 m，水位年变幅小于2 m，富水性较弱，单井涌水量小于500 m^3/d。水质较差，地下水矿化度1~2 g/L，水化学类型复杂，属重碳酸氯化物型水。

2. 中层承压咸水含水岩组

工作区内张家庙—王兴家—西盐场—东盐场一带为咸水分布区，面积约为6.3 km^2，据调查，东盐场和西盐场村附近矿化度高达10 g/L左右，该层水由于水质较差，目前没有开采利用。根据以往资料得知，该含水层顶板埋深10~50 m，底板埋深150 m左右，含水层岩性以粉细砂、细砂为主，砂层累计厚度10~30 m，单层厚度一般为2~5 m，最大可达10 m，单井出水量一般小于500 m^3/d，由于存在多层厚度较大且连续分布的砂质黏土隔水层，地下水具有较高的承压性能，水位埋深一般在1~3 m，以水平方向的补给、排泄为主，径流迟缓。地下水动态变化与当地气象、水文等因素的关系不明显。

3. 深层承压淡水含水岩组

根据区域水文地质资料分析，该含水岩组隐伏于中层承压咸水含水岩组以下，系指埋藏大于150 m（底界埋深500 m左右）的地下水，调查区内普遍分布，据太平镇秦村西南ZK02钻孔资料，含水层顶板埋深250 m，底板埋深400 m，岩性为粉土及粉细砂，累积砂层厚度40 m，砂层固结好，单井涌水量小于500 m^3/d。水化学类型为$Cl \cdot SO_4$-Na型，矿化度为1.683 g/L。

（二）碳酸盐岩类裂隙岩溶含水岩组

碳酸盐岩类裂隙岩溶水主要分布在工作区的南部，华山街道东部，孟家庄—马家庄—小许家庄一线以南地区，分布面积较小，按照地下水系统进行划分，分别为济南泉域和白泉泉域，东坞断裂是其分界断裂，两泉域地下水具有同一个补给区，在断裂两侧各有自己的天然排泄点，形成了两个在天然状态下水力联系不甚密切的裂隙岩溶水地下水系统。白泉泉群主要分布于纸房村以北地区，第四系厚度为 60~75 m 左右，岩性为砂质黏土夹砾和砾石类黏质砂土，具有弱透水性，地下水的水位埋深为 1~3 m 岩溶水径流于此受阻沿第四系出露地表形成泉。由于第四系呈水平层状发育，所以泉的出露没有集中喷涌现象。

(三) 侵入岩类裂隙孔隙含水岩组

主要为块状岩类裂隙水，主要为燕山期火成岩。在工作区南部华山、卧牛山等有零星出露，分布面积小，含水层为具风化裂隙的辉长岩、闪长岩等，岩石结构较致密坚硬，裂隙不发育，仅浅部发育细小风化裂隙，富水性差。基岩裂隙水分布区其径流深度浅，径流距离短，沿地形向低处呈散流状径流排泄。风化带厚度 3~10 m 不等，水位埋深随地形而变化，富水性弱，单井涌水量小于 100 m^3/d，无实际的供水意义，地下水水质良好，水化学类型为重碳酸钙或钙镁钠型，矿化度小于 0.5 g/L。

三、土壤类型

工作区内地貌和地质背景简单，因此土壤发育类型较为单一（图 2-4），共涉及 5 个土纲、5 个亚纲、6 个土类、9 个亚类、14 个土属。其中 9 个土壤亚类包括：潮土、盐化潮土、冲积土、潮褐土、湿潮土、

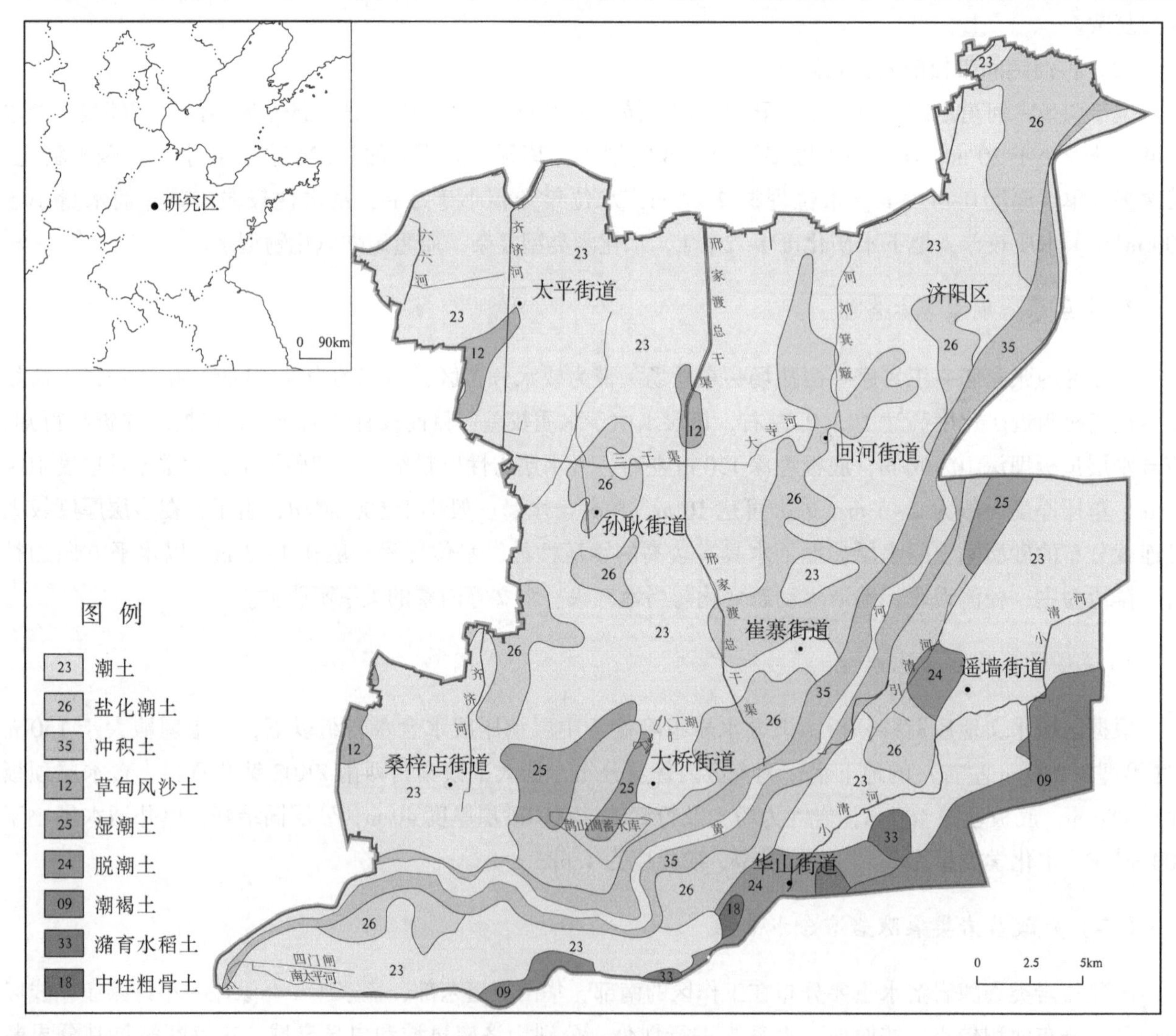

图 2-4 工作区土壤类型分布

脱潮土、草甸风沙土、潴育水稻土、中性粗骨土，其中潮土占比最大，达 64%，其次为盐化潮土，占比约 19%，再次为冲积土，占比 7%，其他土类分布较局限。14 个土属包括：砂质潮土、壤质潮土、壤质硫酸盐盐化潮土、黄河滩冲积土、砂质硫酸盐盐化潮土、冲积潮褐土、砂质氯化物盐化潮土、壤质脱潮土、黏质潮土、冲积固定草甸风沙土、壤质湿潮土、砂质湿潮土、洪冲积潮褐土、基性岩类中性粗骨土。

四、土地利用现状

土地利用方式是区域生态环境条件与人类社会经济活动长期相互作用的结果。人类面临的许多生态环境问题其深层次的原因都与土地资源利用有关，不同区域的不同土地利用方式是生态环境的影响要素。因此，生态环境状况能直接或间接地反映土地资源利用的合理性。

先行区总面积 1030 km^2，区内土地利用类型多样，由于工作区地处平原区，土体深厚，灌溉便利，因此农耕区面积较大，目前是重要的粮食作物产区。其中耕地面积约 584 km^2，占调查区比例 56.69%；住宅用地面积约 185 km^2，占调查区比例 18.00%；水域及水利设施用地面积约 114 km^2，占调查区比例 11.06%；林地面积约 73 km^2，占调查区比例 7.07%；其余土地利用类型均低于 5%。

第三章 工作方法技术及质量评述

第一节 工作重点、研究思路和方法技术

一、工作重点

（1）在济南市新旧动能转换先行区全面开展土地质量地球化学调查基础上，重点关注生态田园区、工矿企业周边等区域的调查工作，在重点调查区内适当加大土壤、水和大气等样品的布设密度，在区域上采取全面调查和聚焦重点相结合开展土地质量地球化学调查工作。

（2）在全面及针对性的调查基础上，重点剖析土壤、水和大气干湿沉降物中元素指标的地球化学分布特征及其影响因素，在重点人为源潜在影响区周边增设近地表窗尘、大气悬浮颗粒物等样品采集，查明异常元素指标的成因类型、物源分布、迁移途径和影响范围等。

（3）通过调查区土壤环境、土壤养分、灌溉水环境、农产品安全性等综合评价结果，重点筛选出土壤和水环境质量好，土壤肥力高，富含硒、锌和锗等特色土地资源，编制绿色无公害农产品产地、绿色富硒富锌富锗等特色土地资源区划建议等。

二、研究思路

以地球化学、地质学、环境学和生态学等多学科理论为依据，开展土地质量地球化学调查与评价工作，查明土壤元素地球化学分布特征及其主控因素、灌溉水和大气干湿沉降物元素指标地球化学分布特征及影响环境质量的元素指标；以土地利用图斑为基本评价单元，开展土壤、灌溉水和大气干湿沉降物地球化学评价；以元素指标在土壤根系土—农作物根茎叶、工矿企业排放源—尘—大气悬浮颗粒物为研究对象，探析元素指标的迁移转化和分布分配特征及影响因素；根据调查评价结果综合筛选出绿色优质特色土地资源、建立基本农田安全档案及基本农田储备档案库，为土地利用规划、生态环境保护和特色高效、生态农业发展提供依据，助力先行区生态保护和高质量发展。工作技术路线见图3-1。

三、方法技术

（一）区域地球化学特征研究

1. 土壤地球化学背景研究

土壤地球化学背景值是土壤地球化学调查研究的基础的特征参数，它代表了地表环境土壤中元素

含量水平和变化规律。土壤背景值指的是成土母质在表生环境条件下，经过人类活动与自然改造所形成的表层土壤元素地球化学平均含量。土壤背景值由于受到土壤成土母质的影响，分布规律往往与未经表生作用扰动深层土壤地球化学指标，即土壤地球化学基准值，有密切的联系，但由于表生条件下土壤元素易发生迁移，或淋失减少或富集增加，两者之间又往往具有一定的差别。统计、研究土壤元素背景值，这对于正确认识区域地球化学特征和农业地质环境，科学进行土壤改良和合理调整农业生产结构具有一定的指导意义。

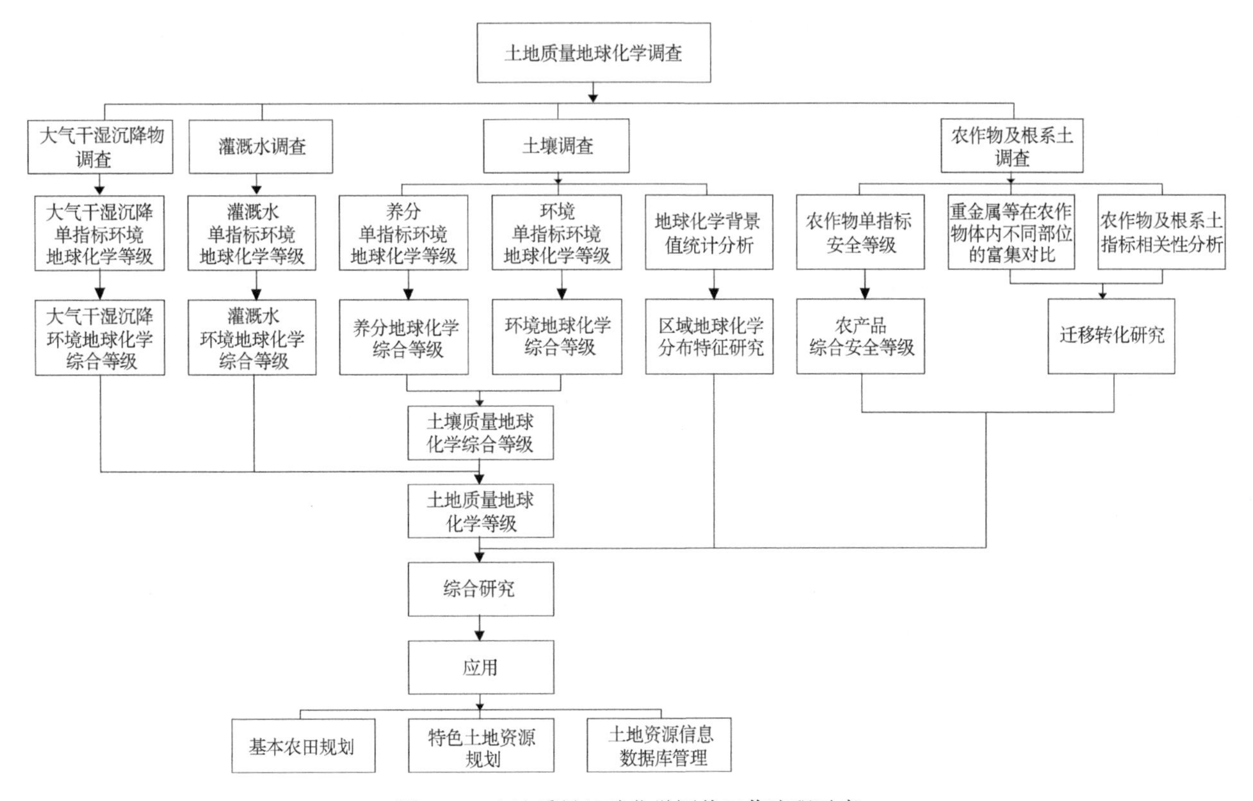

图 3-1　土地质量地球化学评价工作流程示意

2. 地球化学分布特征研究

在长期的自然营力和人类活动影响下，土壤元素发生了迁移、分散和富集作用，一些地球化学元素呈有规律的组合，出现良好的共同消长关系和较好的相关性、聚集性。以往工作通过对全省表层土壤、深层土壤中元素聚类分析研究表明，深层、表层土壤中元素组合特征十分相似，不同类型元素往往聚集在同一簇类中。通过聚类分析和因子分析，判断调查区内元素间的共生关系，化繁为简，探讨区域内元素，尤其是有益元素或指标的主控因素和形成原因。根据土壤元素的分布特征，进行土壤地球化学分区。

（二）土地质量地球化学评价

1. 土地质量地球化学评价

参照山东省《1∶50 000 土地质量地球化学调查评价技术要求（试行）》和《土地质量地球化学评价规范》（DZ/T 0295—2016）按照调查区最新的土地利用图斑和卫星影像图进行样品布设，样品介质涵盖表层土壤、大气干湿沉降物、灌溉水、大宗农产品及根系土等样品，以图斑为基本评价单元进行土地质量地球化学等级评价。

按照不同地质、土地利用类型、地貌类型、土壤类型等背景资料进行统计分类统计，获取不同背景下土地质量地球化学等级的统计信息。建立调查区土地质量地球化学调查与评价数据库。

2. 特色土地资源规划与建议

参照富硒、富锌、绿色农产品产地等标准对调查区农用地进行特色土地资源评价，圈定富硒、绿色农产品产地范围，指导地方政府对特色农业资源进行规划利用。根据农用地养分指标评价结果土壤养分评价，编制农用地施肥建议，指导农用科学施肥。对区内基本农田和非基本农田进行土地安全性评价，用于工区内基本农田的划定和调整工作。

（三）综合研究

1. 土壤重金属的赋存形态研究

通过 Tessier 等提出的基于沉积物中重金属形态分析连续提取法进行土壤重金属形态分析，研究重金属形态分布特征及其毒性、生物可利用性等，研究影响土壤重金属各形态间迁移转化的物理化学条件，重点研究土壤 pH 对土壤重金属的地球化学行为，提出降低土壤污染、合理开发土地资源建议。

2. 元素的迁移转化研究

通过配套采集的农作物与根系土样品，采用相关性分析、富集因子等方法，挖掘不同元素指标从根系土向植物根、茎叶和籽实中迁移转化效率和元素在植株体内的分布特征，探明促进有益元素、降低有害元素向农作物体内积累的外部影响因素。

3. 农产品安全性评价

通过调查区采集的各类农产品，如大宗农产品、特色农产品和蔬菜等，参照相关标准对农产品有益和有害元素指标含量进行等级划分，评价农产品安全品质，查明调查区内农产品安全性；同时通过农产品安全性对土地质量评价结果进行验证和纠偏，调整土地质量评价等级。

4. 土壤安全性预测预警

通过与 2003 年实施开展的 1∶250 000 黄河下游流域多目标区域地球化学调查数据进行对比，估算这些年期间土壤元素指标增减速，以此预测在同等发展条件下，未来土壤元素指标的含量变化趋势，参照国家土壤环境质量标准进行土壤环境质量等级评价，对恶化趋势明显的区域圈定预警区。

四、技术标准

为确保调查成果在全国范围应用和对比，工作过程中严格按照以下标准执行：

山东省《1∶50 000 土地质量地球化学调查评价技术要求（试行）》

《土地质量地球化学评价规范》（DZ/T 0295—2016）

《土壤环境质量 农用地土壤污染风险管控标准（试行）》（GB 15618—2018）

《土壤环境质量 建设用地土壤污染风险管控标准（试行）》（GB 36600—2018）

《土地利用现状分类》（GB/T 21010—2007）
农田灌溉水质标准（GB 5084—2021）
地表水环境质量标准（GB 3838—2002）
地下水环境质量标准（GB/T 14848—2017）
食品安全国家标准食品中污染物限量（GB 2762—2017）
绿色食品玉米及玉米粉（NY/T 418—2014）
绿色食品小麦及小麦粉（NY/T 421—2012）
绿色食品大米（NY/T 419—2006）
绿色食品茄果类蔬菜（NY/T 655—2020）
绿色食品豆类蔬菜（NY/T 748—2012）
绿色食品产地环境质量标准（NY/T 391—2013）
无公害农产品产地环境质量标准（NY/T 5010—2016）
《多目标区域地球化学调查规范（1：250 000）》（DZ/T 0258—2014）
区域生态地球化学评价规范（DZ/T 0289—2015）
生态地球化学评价样品分析技术要求（试行）（DD 2005—03）
天然富硒土地划定与标识（试行）（DD 2019—10）
数据的统计处理和解释正态性检验（GB/T 4882—2001）
环境空气质量标准（GB 3095—2012）
地球化学勘查图图式、图例及用色标准（DZ/T 0075—1993）
国家基本比例尺地形图分幅和编号（GB/T 13989—1992）
地质图用色标准（DZ/T 0179—1997）
数字化地质图图层及属性文件格式（DZ/T 0197—1997）
《图层描述数据内容标准》（DDB 9702 GIS）

第二节　野外工作方法及质量评述

土地质量地球化学调查与评价工作方法是以地球化学、地质学、农学、环境学、生态学、动植物营养学等多学科理论为指导，采用以土壤肥力指标和环境健康指标调查手段为主，辅以地质背景调查、大气质量调查、灌溉水调查及农作物调查等手段，对调查区土地质量进行调查，依据影响土地质量的营养有益元素、有毒有害元素及化合物、有机污染物、理化性质等地球化学指标，及其对土地基本功能的影响程度而进行的土地质量地球化学等级评定。土地质量地球化学评价指标以影响土地质量的土壤养分指标、土壤环境指标为主，以大气沉降物环境质量、灌溉水环境质量为辅，综合考虑与土地利用有关的各种因素，以实现土地质量的地球化学评价。项目野外调查样品类别较多，分为土壤样品、大气干湿沉降物样品、灌溉水和地表水样品、农作物及根系土样品、污染端元尘样品、大气悬浮颗粒物样品（TSP/PM10/PM2.5）、近地表窗尘样品、化肥样品等类别，具体分述如下。

一、野外样品布设与采集

（一）样点布设

1. 1∶50 000 面积性土壤采样点布设

根据山东省《1∶50 000 土地质量地球化学调查评价技术要求（试行）》，严格遵循规范要求，农用地范围内的土壤，则按实际土地利用图斑进行布点，布点密度满足 4～9 个/km^2，评价对象以农用地为主，同时兼顾建设用地和其他土地。在地形地貌相对单一、土地利用连片呈规模分布时，如评价区大规模园地和林地等，样点密度根据实际情况适当放稀。在土地利用方式多样，即单位面积内多种土地利用类型交错分布，人为活动影响差异可能会导致元素指标空间变异性大，样点密度加密布设。城市建设用地按照 4 点/km^2进行网格化布设。

2. 大气干湿沉降物样点布设

根据调查区工作需求，按照行政区划和土地利用类型均匀布置，每个样点代表一个评价单元，基本布设密度为 1 点/16 km^2，实际再根据土地利用类型进行适当调整。大气干湿沉降箱布设调整原则是：在土地利用类型主要为大面积农耕区，均匀布点，密度适当放稀；在土地利用类型为城镇密集区，布设密度适当加密。布设大气干湿沉降物收集采样点共计 70 点。每个布设点位安装一个接收箱接收大气干湿沉降物，接收时间为 1 年。样点布置注意以下三个方面：

在没有工业三废排放影响的农耕区布置大气干湿沉降接受点，即避免布置在工业企业的下风向和水源下游，距离工业企业不小于 3 km，与工业企业之间要有适当隔离带等条件；

采样点四周无高大树木或建筑物，避开污染源；

采样时采用湿法接样，接样容器距离地面 5～15 m，以避免受地面扬尘影响。

3. 农田灌溉水、城市地表水样点布设

农田灌溉水样点位网格化均匀布置，兼顾土地利用类型（尤其是水田）均匀布点，样点密度约为 1 点/16 km^2。城市地表河流、湖泊、排污渠等水体样品，选择城市代表性的地表河流、湖泊、排污渠等采集地表水样，在重点区域同时匹配采集水体底泥样品，每个水源地采集数量不少于 3 套。共计布设水样 55 件。

4. 农作物、根系土及化肥样点布设

在济南市周边农用地布设玉米、小麦大宗农作物及根系土配套样品进行采集。布设点尽量均匀分布，布设密度为 1 点/16 km^2，共布设小麦及根系土配套样品 40 套，玉米及根系土样品 40 套。由于蔬菜样品并非大面积种植，蔬菜样品布设遵循优势集中种植区和周边零散种植区进行对比采样。配套采集蔬菜及根系土样品，共计布设 20 套样品。在济南市农耕区，布设化肥样品 10 件，空间上尽量均匀布设。前期踏勘得知，调查区内特色农产品还包括知名黄河大米，该区域位于济南市济阳街道，由于种植面积有限，由此，相应布设特色农产品样品 60 件，采集水稻籽实进行初步调查评价。

5. 不同污染端元尘样点布设

调查城市工业、交通、建筑等分布状况，对废气排放量大、污染严重的工厂、建筑工地、道路交通等地布设冶金尘、燃煤尘、建筑尘、汽车尾气尘和交通尘等样点。每类尘 6 件，共采集 30 件样品。

6. 大气悬浮颗粒物（TSP/PM10/PM2.5）及近地表窗尘样点布设

重点在不同功能区（公园学校区、工业建筑区、居民聚集区、交通区、农村郊区），布置大气颗粒物接收点；每个功能区布点 8 个，空间上要求点位尽量均匀，共布设 40 个采样点，在大气颗粒物采样点，同时匹配采集近地面窗尘样品，大气颗粒物分冬夏两季平行采样。在同一个点位采集总悬浮颗粒物（TSP）、可吸入颗粒物（PM10 和 PM2.5）。分析有毒有害元素的含量及有机烃类物质，研究大气中颗粒物浓度、组成比例以及与有毒有害元素（指标）含量的关系，重点对各尘中有毒有害元素含量及其差异性进行研究。

7. 异常剖面及深层土壤样点布设

依照调查区地质背景特征，在典型地质背景、土壤元素及有机污染物异常区布设水平和垂直土壤剖面采样点进行样品采集。水平剖面选择研究区内土壤元素（指标）异常区、地质背景种类交叉多样的区域，尽量做到剖面能够横跨多个地质单元，在布设水平剖面线上，按照 100 m 一个表层采样点进行样品采集；垂直剖面土壤，剖面深度以见到成土母岩—基岩为准。土壤垂向分层明显的剖面采集成土母岩、母质层、淀积层、淋溶层、腐殖层（根系土）样品；土壤垂向分层不明显的剖面，以 1 个样品/20 cm 的密度等间距采样，每种样品重量大于 1000 g。并附典型剖面素描图或照片。土壤水平剖面布设 20 km，垂直剖面布设 20 m。

（二）样品采集

1. 1∶50 000 面积性土壤样品

野外采样采用预先编制好的 1∶50 000 采样工作部署图作为野外工作手图，将预先布设好的采样点点位导入到便携式 GPS 定位仪内，根据布设样点进行导航，在农用地土壤类型采样时，采样点选择地块中央进行样品采集，避开道路、院墙、肥料堆放点、等潜在污染源的位置。低山丘陵区选择在缓平坡地、山间平坝及低洼等相对平缓的地区采样，采样点位置与布设点位误差小于 50 m。城镇区采样调查和访问周边居民，当无法采集自然表层土壤时，均采集回填时间 5 年以上未被翻动过的，能反映人类生活造污染水平的土壤作为样品。每个采样点确定一个中心点，向四周东南西北各 15 m 设置分样点，5 个采样点按照等量采集并组合成一个土壤样品，以中心点为 GPS 定点位置。

2. 大气干湿沉降物样品

本次大气干湿沉降采样器具为长 65 cm、宽 43 cm、高 36 cm 的方形塑料接尘箱，接尘箱在使用前，用 10%（V/V）HCl 浸泡 24 h 后，洗净使用。接尘箱放置距地面 10~15 m 处，以避免平台扬尘的影响，同时考虑集尘箱放在不易损坏的地方，固定好。记录好放箱地点、时间和箱号。

放箱时记录内容包括地理位置、缸号、放箱位置、周围环境、天气情况、委托管理人及电话、放箱日期等。收箱时，记录内容包括样品的颜色、性质、水样体积、采集人、采集日期等。在各接尘箱放置点均建立醒目、易找的牢固标志。标记用黑油漆写在取样点附近的基岩、大转石、大树干、电杆、房屋等处，写明样品编号，书写正确、工整。

3. 灌溉水与城市地表水样品

（1）灌溉水样品

根据实际踏勘发现，调查区东部和南部孙耿、回河、崔寨、济阳街道以及济北街道农耕区多为引黄灌区，水样采集灌渠内水体；调查区北部太平街道灌溉水以抽取浅层地下水浇灌为主。灌溉水的采集根据实际采样位置的浇灌情况进行样品采集。

农田灌溉水采集时间为农田灌溉时期，采样在自然水流状态下进行，不扰动水流与底部沉积物，以保证样品代表性；容器在装入水样前，应先用该采样点水样冲洗 3 次。装入水样后，按测试指标加入相应的保护剂，之后摇匀，并及时填写水样标签。

（2）地表水样品

本次调查选择黄河、大寺河、齐济河水体进行采样调查，在河流的入水口、出水口及水域中央进行水样样品采集，在水面较浅的地方河道边进行底泥样品采集。水采样后根据测试指标加相应保护剂，加盖塞紧，避免接触空气。

4. 农作物玉米、小麦、蔬菜、水稻及化肥样品

在农产品成熟季进行样品采集，6 月采集小麦样品，9 月采集玉米、蔬菜样品，10 月采集水稻样品，采样点的小麦和玉米样品采取根系土—根—茎叶同时匹配采集的方式进行样品收集。根系土样品质量大于 1500 g，小麦样品采集 1 m^2范围内的样品量，玉米样品采集两株玉米样品，蔬菜样品采集黄瓜、豆角、丝瓜、茄子等样品，每个采样点选择长势较好的植株，采集 1000 g 蔬菜装袋，根系土样品采集大于 1500 g。由于蔬菜样品易变质腐烂，在采样完 1~2 天内冷藏保存送样。水稻籽实样品采集 500 g 以上，化肥采集量为 500 g 以上。采样记录内容包括采样地点、样号、农作物长势、样品特征、耕作管理情况、周围环境、天气情况、采集人和日期等。

5. 城市污染源端元尘样品采集

不同污染端元尘按照采集源的特征进行分类采集，包括建筑尘、交通尘、工业园区尘三类。交通尘选择在市区汽车交通流量大的地段，工业园区尘选择市内集中的工业园区内，建筑尘选择城市规模较大的建筑工地布置采样点。采集样点周围 1.5~2.0 m 高人工平台、建筑物等上部的浮降尘，端元尘样品采集60 g 以上。

6. 城市大气悬浮颗粒物及近地表窗尘样品采集

（1）大气悬浮颗粒物（TSP/PM10/PM2.5）

用经生态环境部主管部门校验标定的大气采样器结合切割器进行采样。在采样前需对超细玻璃纤维滤膜烘干蒸发至恒重，然后进行准确称重。用镊子放入洁净采样夹内的滤网上，牢固压紧至不漏气。每测定一次浓度，需更换滤膜；本次测定日均浓度，样品采集在一张滤膜上。

采样避开污染源及障碍物，采样器入口距地面高度高于 1.5 m，样品采集条件为无大风和降雨等气候现象。采集现场测试并记录大气压力和温度。每测定一次浓度，采样时间不少于 1 h，测定日平均浓度间断采样时不少于 4 次，此次采样统一按照 8 h 时长进行采集。同时采集 TSP、PM10 和 PM2.5 样品时，利

用不同直径的大气颗粒物切割器，在同一个地点三台采样器同时采集。采样结束后，用镊子取出，将有尘面两次对折，放入纸袋，并做好采样记录。

(2) 近地面窗尘样品

在采集大气颗粒物的同时，匹配采集采样点周边的近地表窗尘，采样时选取中低层介质，在距地表1.5~2.0 m高度采样，主要是平顶房、居民楼窗户、线杆、卷帘门、公交站牌等。用毛刷扫集、干净塑料袋盛接降落的灰尘，除去土壤表面明显的人为污染的物质，采样时尽量避开直接污染源（如工业污染、民用燃煤、油漆等），采用多点等量混合的方法，每点采集量大于60 g。

7. 异常剖面、土壤深层样及岩石样品采集

水平剖面上只取表层土壤样品，按100 m点距采集表层土壤0~20 cm厚的土壤，在定点20 m范围内多点均量采集，组成约1000 g样品，并大致以中心子样作为定点位置。

垂直剖面样品用洛阳铲采集，采样深度为0~200 cm，以1件/20 cm的间隔取样。考虑不同的土壤类型和结构，对土壤垂向分层明显的剖面分层采集成土母岩、母质层、淀积层、淋溶层、腐殖层（根系土）样品，分层结构不明显的以1个样/10 cm的密度等间距采样。

二、野外工作质量评述

（一）野外工作质量保证措施

项目工作开展前，组织项目工作人员进行岗前培训，认真学习中国地质调查局颁布的《区域生态地球化学评价技术要求（试行）》（DD 2005-02）、山东省《1∶50 000土地质量地球化学调查评价技术要求（试行）》《局部生态地球化学评价技术要求（试行）》《生态地球化学评价样品分析技术要求（试行）》（DD 2005-03）等技术规范和“山东省济南市新旧协能转换先行区1∶50 000土地质量地球化学调查与评价”项目设计及有关标准、规定，使作业人员理解性地执行规范、设计，尤其是做到采样方法技术的统一。

1. 岗前培训

项目组组织所有参与野外调查的技术人员（三支野外工作组）和采样工进行集中培训，认真学习相关规范和设计，并有技术人员讲课，讲解野外工作过程中注意的事项。

进行野外实地练兵阶段，包括：地形图和土地利用类型的识别、GPS使用方法；土壤样品、近地表尘、大气干湿沉降物、城市污染端元样品以及农产品样品采集方法，以及对样品代表性的理解和各种土壤类型的识别、野外记录卡片的填写内容等。

2. GPS校正与航迹监控

此次GPS参数采样CGCS2000坐标系6度分带20带，在采样前期向山东省自然资源厅地理信息中心申请CGCS2000坐标系的电子版和纸质版1∶50 000地形图9幅。出工前对所有GPS手持设备进行筛选，在设置相同参数下，摆放在一起观察搜星速度、读数稳定情况和读数数值，剔除搜星慢，读数不稳，读数差异大的GPS，选取读数一致、性能优质的GPS作为此次采样设备。

整个采样过程采用了全面的GPS航迹监控。野外采样过程中，表层样多点混合方式采集，同时，对

于每天采样过程所行进的路线均保留 GPS 航迹记录，采样小组每天进行检查。GPS 航迹监控技术的应用有效地保证了样点到位率。

3. 质量检查

项目负责人对项目各项具体工作质量负有完全责任。为保证野外工作质量，野外工作质量检查严格按设计和规范执行，实行野外质量三级检查制度，包括野外小组日常检查（自检和互检）、所级质量检查、院级质量检查。

（1）项目组日常检查

野外工作小组的日常检查包括自检和互检两个内容，主要是：

野外采样小组每天工作结束后，对当天所采样品、记录卡、点位图进行 100% 检查，检查记录卡、样品、点位图是否一致；记录卡填写内容是否完整、正确。每周集中对样品进行阶段性检查，重点检查有无漏采和不合理样点，对发现的问题进行了及时纠正，对丢失样品、质量不合格样品进行了补采工作。

样品加工组对野外采样组移交的每批样品全面核对，保证送样单和样品数一致，对样袋编号模糊不清、原始重量不足，样品错漏等现象一一登记，并由野外采样组及时进行补采。

样品加工过程中，加工组组长对样品加工过程进行日常检查，确保样品干燥、揉搓过程中样袋完好，样品不玷污；监督样品加工的各个环节，保证加工过程严格按规范进行。

（2）所级质量检查

项目（技术）负责和采样组长分阶段或轮流跟踪到各采样组、样品加工组进行方法技术和工作质量检查。

①方法技术检查

采用跟班检查和随机抽查两种形式。

跟班检查：检查人员随同采样小组深入工作现场，观察野外采样工作全过程，检查结果显示采样工作符合操作要求、野外记录内容齐全准确，样品加工过程符合规范及设计要求。

随机抽查：检查人员随机抽取一定数量的野外采样点或已加工好的样品进行检查。检查样点的代表性、到位情况、记录内容的真实性和完整性均达到规范及设计要求；已加工样品的过筛情况、编号情况及内外标签一致。

②工作质量检查

检查人员对各小组的原始资料进行室内抽查，点位图、记录卡和样品一致；记录卡及时填写、填写内容清晰、完整；转点工作及时、转点误差符合要求；不存在不该发生的丢点和空格现象；样品及时晾晒、存放规范。

（3）院级质量检查

地调院派专人先后四次对不同阶段工作质量进行全面检查，检查除包括以上内容外，还包括对项目组检查内容的抽查。重点检查设计执行情况及主要方法指标和阶段性工作量完成情况。所有检查内容均达到规范和设计标准要求。

（二）野外工作质量总体评述

2021 年 12 月 18 日，山东省自然资源厅矿产勘查技术指导中心组织有关专家，对野外工作完成情况及取得的多种原始资料进行了细致、全面的检查验收。通过野外实地检查与室内资料抽查核实，野外验收专家组评议认为：项目全面完成了任务书规定的目标任务和设计批准的主要实物工作量，原始资料齐全、工作方法得当，项目质量管理及保障措施得力，各项工作部署符合设计及规范要求。经专家组综合评定评分94分，为优秀级。

第三节 样品处理方法、分析测试方法及数据质量评述

一、样品处理方法

（一）土壤样品处理

1. 新鲜土壤样品

测定有机氯农药残留等有机物的土壤样品，需要使用新鲜土壤样品，样品避光条件下采集后直接用棕色玻璃瓶进行封装，野外采用车载冰箱保存于4℃避光条件下，返回驻地采用泡沫保温箱加入冰袋保存样品，送实验室待检。有机物样品从采集到测试时长不超过7天，每两天送一批样品并于实验室沟通及时进行测试工作，以保证数据的可靠性。

2. 风干土壤样品

所有土壤样品都要求在野外加工完成。样品加工组负责样品干燥、过筛、填写样品签、装袋、填写交样品库的送样单及编制样品编号图、装箱送样等。样品加工前要做到样品干燥、揉碎或用木棒敲碎，不加工湿的样品，装在布袋中的样品均在日光下干燥或低于40℃下风干，在干燥过程中及时揉搓样品，以免胶结成块。干燥后的样品用木槌适当敲打，以便达到自然粒级。样品干燥后，用10目尼龙筛过筛。将小于10目筛孔部分收集于纸袋中。过筛后重量大于500 g，重复采样的样品重量大于1000 g，以满足分成两个样品的重量分别大于500 g的要求。样品加工过程中每加工完一个样品，样品加工工具都进行了全面清扫，以保证加工用具在加工下一个样品时不受污染。样品加工场所必须保持干净、通风、无污染。加工人员工作期间禁止抽烟。户外样品加工均在无风或风力不足以扬尘和吹起尘土的时候进行，严防扬尘等物质对样品的污染。野外样品加工分阶段循序进行，做到样品干燥一批，加工一批。加工样品前首先检查样品的可筛性，再填写装样纸样袋，完成一个样品的揉碎、过筛、装袋、称重、封袋等加工全过程后，再进行下一个样品的加工工作，避免发生样品编号混乱现象。野外现场加工好的单点样称取200 g重量分析样后，剩余的样品作为副样保存；分析样用纸样袋装盛，按顺序排列样品，检查样品数量及编号，填写样品送样单，直至送样。

3. 样品送检

为避免由于不同图幅批次等之间送样时间的差异导致实验室测试分析批次之间的系统误差，此次不同类型土、尘介质样品采取全部初加工后统一送样，土壤样品送样编码按照全区自左向右自上而下依次编号，每50个编码为一批，在50个编码中均匀预留5个编码空位（4个编码预留给监控样，1个预留给重复样），其余45个编码为土壤样品送检编码。

（二）农作物样品处理

1. 干样加工方法

（1）籽实样品

玉米、小麦和水稻样品采集后，分离出籽实样品，放置在加工室内待加工，加工室保持通风、整洁、无扬尘、无易挥发化学物质；待样品表面水分风干后，对玉米样品进行脱粒，小麦和水稻籽实样品去壳；脱壳后的籽实样品装袋编号，送实验室进一步加工处理及测试分析。

（2）根茎叶样品

去除小麦根部附着土壤，并用清水进行清洗，在晾干室自然风干，小麦根和茎叶用不锈钢剪刀进一步分离，分别装袋编号，一并送实验室进一步加工处理及测试分析。

2. 鲜样加工方法

新鲜蔬菜样品野外采集完成后，用保温泡沫箱加冰袋进行封装，送实验室进一步加工处理及测试分析。

（三）大气干湿沉降物样品处理

根据大气干湿沉降物接收量不同，采取以下方法回收：

大气干湿沉降物较少时，首先用尺子测量接尘箱的内径（按不同方向至少测定 3 处，取其算术平均值），用淀帚把箱壁擦洗干净，将箱内溶液和尘粒全部转入 500 mL 干净的容器中，送往实验室进行过滤，在 45℃条件下烘干称重，并测试分析；

大气干湿沉降物较多时，首先测量接尘箱中湿样总体积 V，用虹吸法收集上清液，1000 mL 原样，500 mL 水样加入 5 mL 5%HNO_3溶液保护剂和 500 mL 水样加入 5 mL 5%$K_2Cr_2O_7$ 溶液保护剂，在装样品上分别标注以示区别，并统一送实验室测试分析；待上清液收集完毕后，继续采用虹吸法小心移除多余上清液，剩余泥状样品全部转移至 10 kg 聚乙烯样瓶中，送实验室进行过滤，在 45℃条件下烘干称重，并测试分析。

（四）水样处理

调查区采集液体样品涉及灌溉水、城市地表水、大气湿沉降物三种类型。根据测试指标不同，添加不同的保护剂：对测定 As、Cr 等重金属元素的水样，取 500 mL 水样储存于干净的聚乙烯塑料瓶中，加入 5 mL（1+1）HCl 摇匀，石蜡密封；对测定 Hg 元素的水样，先在塑料瓶内加入 5 mL 5%$K_2Cr_2O_7$ 溶液，再注入 500 mL 水样，摇匀，石蜡密封；对测定高锰酸盐指数等指标的水样，不加任何保护剂，及时送样。水样以 50 件样品为一批，插入一件平行样。

二、分析测试方法与实验室质量控制

本次调查工作的样品测试工作均通过政府采购招标进行择优筛选，测试执行《多目标区域地球化学调查规范（1：250 000）》（DZ/T 0258—2014）、《生态地球化学评价样品分析技术要求（试行）》（DD2005—03）、《区域生态地球化学评价样品分析技术要求补充规定》以及中国地质调查局《地质矿产实验室测试质量管理规范》(DZ/T 0130—2006)等相关技术标准和规范。

(一) 土壤样品分析

1. 土壤元素全量

(1) 分析方法及检出限

土、尘类样品测试分析检出限、准确度和精密度要求能够达中国地质调查局《多目标区域地球化学调查规范(1:250 000)》(DZ/T 0258—2014) 和山东省《1:50 000土地质量地球化学评价技术要求(试行)》中的测试技术要求。各元素指标的分析方法和检出限均符合规范要求见表3-1。该方法适用于土壤、尘、干沉降物、底泥等固态环境介质的测试分析。

表3-1 土尘样品各元素分析方法及检出限表

序号	元素	规范要求	配套方案		序号	元素	规范要求	配套方案	
			分析方法	检出限				分析方法	检出限
1	As	1	AFS	0.2	16	P	10	XRF	5
2	B	1	ES	1	17	Pb	2	XRF	2
3	Cd	0.03	ICP-MS	0.03	18	S	50	碳硫仪	50
4	Cl	6.9	XRF	6.9	19	Se	0.01	AFS	0.01
5	Co	1	ICP-MS	0.2	20	V	5	XRF	5
6	Cr	5	XRF	2	21	Zn	4	XRF	2
7	Cu	1	XRF	1	22	SiO_2	0.05	XRF	0.05
8	F	100	ISE	100	23	Al_2O_3	0.05	XRF	0.03
9	Ge	0.1	ICP-MS	0.1	24	TFe_2O_3	0.05	XRF	0.02
10	Hg	0.0005	AFS	0.0003	25	MgO	0.05	XRF	0.02
11	I	0.5	ICP-MS	0.2	26	CaO	0.05	XRF	0.02
12	Mn	10	XRF	5	27	K_2O	0.05	XRF	0.03
13	Mo	0.3	ICP-MS	0.2	28	OrgC	0.1	VOL	0.1
14	N	20	VOL	10	29	pH	0.1	ISE	0.1
15	Ni	2	ICP-MS	1					

注:计量单位:SiO_2、Al_2O_3、TFe_2O_3、MgO、CaO、K_2O、OrgC为10^{-2},其余元素为10^{-6},pH无量纲。

(2) 精密度和准确度

配套方案是经过12次分析国家土壤一级标准物质(GSS-1~GSS-12)系列样品,分别统计各被测项目平均值与标准值之间的对数差($\Delta \lg C = |\lg C_i - \lg C_s|$)和相对标准偏差*RSD*(精密度)。规范要求$\Delta \lg C \leq 0.10$,$\lambda \leq 0.17$,本项目共插入264件国家一级标准物质,土壤全量测试准确度$\Delta \lg C$和精密度λ合格率为100%。

（3）实验室内检分析监控及异常点抽查

重复性检验按所送样品总数随机抽取5%试样，编成密码，交由熟练分析技术人员，单独进行预重复性分析，待基本分析完成后，计算基本分析结果和重复性检验数据之间的相对双差［*RD*=（｜A1−A2｜/1/2（A1+A2）］，原始分析数据含量3倍检出限以内 $RD \leqslant 30\%$ 为合格，样品含量3倍检出限以上 $RD \leqslant 25\%$ 为合格。单元素一次重复性检验合格率要求达到90%。

在完成本项目过程中，随机抽取5%进行预重复性检验分析，各元素或指标的重复性检验合格率均符合规范要求见表3-2。另按规范要求对异常点的2%~3%进行重复性检验，各元素或指标和异常抽查合格率具体数据均符合规范要求见表3-3。

表3-2　土壤1：50 000样品重复性检验合格率统计

元素	抽查数（件）	合格数（件）	合格率（%）	元素	抽查数（件）	合格数（件）	合格率（%）
As	198	197	99.5	V	198	198	100.0
B	198	198	100.0	Zn	198	198	100.0
Cd	198	198	100.0	Cl	198	198	100.0
Cr	198	195	98.5	pH	198	198	100.0
Co	198	196	99.0	Mn	198	197	99.5
Cu	198	198	100.0	P	198	194	98.0
F	198	193	97.5	SiO_2	198	198	100.0
Ge	198	197	99.5	Al_2O_3	198	198	100.0
Hg	198	196	99.0	TFe_2O_3	198	197	99.5
I	198	198	100.0	MgO	198	198	100.0
Mo	198	198	100.0	CaO	198	197	99.5
Ni	198	198	100.0	K_2O	198	198	100.0
Pb	198	198	100.0	N	198	193	97.5
S	198	194	98.0	OrgC	198	193	97.5
Se	198	192	97.0				
统计	抽查总项数：5742项						
	总合格项数：5701项						
	总体合格率：99.29%						

表3-3　土壤1：50 000样品异常抽查合格率统计

元素	抽查数（件）	合格数（件）	合格率（%）	元素	抽查数（件）	合格数（件）	合格率（%）
As	99	99	100.0	V	99	99	100.0
B	99	97	98.0	Zn	99	99	100.0
Cd	99	99	100.0	Cl	99	99	100.0
Cr	99	99	100.0	pH	99	99	100.0

续表

元素	抽查数（件）	合格数（件）	合格率（%）	元素	抽查数（件）	合格数（件）	合格率（%）
Co	99	99	100.0	Mn	99	96	97.0
Cu	99	99	100.0	P	99	96	97.0
F	99	99	100.0	SiO_2	99	99	100.0
Ge	99	99	100.0	Al_2O_3	99	99	100.0
Hg	99	98	99.0	TFe_2O_3	99	99	100.0
I	99	99	100.0	MgO	99	99	100.0
Mo	99	99	100.0	CaO	99	98	99.0
Ni	99	99	100.0	K_2O	99	98	99.0
Pb	99	99	100.0	N	99	96	97.0
S	99	99	100.0	OrgC	99	96	97.0
Se	99	96	97.0				
统计	抽查总项数：2871 项						
	总合格项数：2851 项						
	总体合格率：99.30%						

（4）数据报出率

本次测试了 29 项指标，各项指标报出率均为 100%，高于规定要求 90%，达到规范要求。

2. 土壤元素有效量

（1）有效态样分析方法与检出限

依据《生态地球化学评价样品分析技术要求（试行）》（DD2005—03）规定，先进行 pH 值分析，按 pH≤7.50 为中酸性土，pH>7.50 为碱性土进行分类，针对不同分析项目，采用不同提取剂浸提后采用电感耦合等离子体质谱法（ICP-MS）、电感耦合等离子体发射光谱法（ICP-OES）、原子荧光法（AFS）、容量法进行分析，均符合规范要求，具体见表 3-4，检出限见表 3-5。

表 3-4　有效态样品分析方法

序号	分析指标	处理方法	分析方法
1	pH	无二氧化碳水浸取	ISE
2	有效磷	酸性：氟化铵—盐酸浸取	ICP-OES
		中碱性：碳酸氢钠浸取	COL
3	速效钾	乙酸铵浸取	ICP-OES
4	水解性氮	碱解—扩散	VOL
5	阳离子交换量	乙酸铵浸取	VOL

表 3-5　有效态样品分析方法检出限

序号	元素/指标	规范要求	分析方法	检出限
1	有效磷	0.25	ICP-OES	0.20
2	速效钾	1.25	ICP-OES	1.00
3	水解性氮	—	VOL	1.00
4	阳离子交换量	2.5	VOL	1.00

注：计量单位为 10^{-6}，阳离子交换量为 cmol/kg。

（2）实验室准确度和精密度控制

按照规范有关规定，选用国家一级标准物质 GBW07413a、GBW07414a、GBW07415a 3 个有效态标准物质，用选定分析方法对每一个标准物质进行 8 次分析检验，分别计算各被测项目每个样品平均值与标准值之间的相对误差 *RE%* 和相对标准偏差 *RSD%*，具体数据均符合规范要求见表 3-6，方法的准确度和精密度均符合或优于规范的要求。

表 3-6　有效态样品分析方法准确度和精密度

元素/指标	指标	标准物质			
		ASA-2a	ASA-3a	ASA-4a	ASA-7
有效磷	$\overline{C}$	22.6	28.1	1.45	32.7
	Cs	23.3	29	1.5	32
	RE%	-3.00	-3.10	-3.33	2.19
	RSD%	2.50	3.44	6.92	3.70
速效钾	$\overline{C}$	281	388	246	354
	Cs	290	380	250	360
	RE%	-3.10	2.11	-1.60	-1.67
	RSD%	2.51	3.46	2.00	3.90
水解性氮	$\overline{C}$	74.5	98.2	158	155
	Cs	76	97	165	157
	RE%	-1.97	1.24	-4.24	-1.27
	RSD%	4.76	5.32	5.20	6.01
阳离子交换量	$\overline{C}$	12.3	17.5	18.5	31.5
	Cs	12.8	17	19	31
	RE%	-3.91	2.94	-2.63	1.61
	RSD%	4.8	4.2	3.8	3.98

注：计量单位为 10^{-6}，阳离子交换量为 cmol/kg。

（3）样品分析质量要求

元素有效态样品分析的准确度控制。每批分析样（50 件一批）密码插入两个与土壤酸碱性相匹配的国家一级标准物质，与样品一同分析。每批分析完毕，按每个标准物质计算测量值与标准值之间的相对误差，并按表 3-7 允许相对偏差要求，统计合格率，本项目共插入 23 件国家一级标准物质，分别计算测量值与标准值之间的相对误差 RE 均在允许限内，各元素的合格率均为 100%，具体见表 3-8。

表 3-7　元素有效态分析相对偏差允许限

测试指标	含量范围（10^{-6}）	允许偏差
铵态氮、硝态氮、速效钾、缓效钾	>50	5%[a]
	≤50	2.5×10^{-6} [b]
有效磷	>10	10%[a]
	2.5～10	20%[a]
	≤2.5	0.5×10^{-6} [b]
阳离子交换量	>100	5%[a]
	≤100	5 mmol/kg[b]
有效硫、铁、硼、锰、钼、铜、锌	>1	5%[a]
	0.1～1	10%[a]
	≤0.1	0.5×10^{-6} [b]

a. 相对偏差 RE＝(测定值－平均值）/平均值×100%；
b. 绝对偏差＝测定值－平均值。

表 3-8　有效态样品准确度合格率统计

指标	总件数（件）	合格数（件）	合格率（%）	指标	总件数（件）	合格数（件）	合格率（%）
水解性氮	23	23	100	阳离子交换量	23	23	100
速效钾	23	23	100	有效磷	23	23	100

元素有效态样品分析的精密度控制。所送样品总数随机抽取 5% 试样编成密码，交由熟练分析技术员，单独进行重复分析，按表 3-9 允许相对偏差要求，统计合格率，合格率要求≥90%。本项目共抽取 29 件重复性检验样品，分别计算各元素的相对偏差，均在允许限内，合格率为 100%，具体见表 3-9。

表 3-9　有效态样品精密度合格率统计

指标	总件数（件）	合格数（件）	合格率（%）	指标	总件数（件）	合格数（件）	合格率（%）
水解性氮	29	29	100	阳离子交换量	29	29	100
速效钾	29	29	100	有效磷	29	29	100

（4）报出率

报出率（*P%*）是指实验室能报出元素含量数据样品（*N*）占样品总数（*M*）的百分比。各指标报出率见表3-10。

表3-10　有效态样品报出率统计

指标	总件数（件）	合格数（件）	合格率（%）	指标	总件数（件）	合格数（件）	合格率（%）
水解性氮	596	596	100	阳离子交换量	596	596	100
速效钾	596	596	100	有效磷	596	596	100

3. 土壤元素形态

（1）土壤形态样品分析方法质量水平

针对不同分析项目，采用等离子体质谱法（ICP-MS）、原子荧光光谱法（AFS）进行分析，所选用的分析方法检出限均满足规范的要求。分析方法的检出限见表3-11。

表3-11　土壤元素形态分析方法检出限　10^{-6}

元素	项目	水溶态	离子交换态	碳酸盐结合态	腐殖酸结合态	铁锰氧化物结合态	强有机结合态	残渣态
Cr	规范要求	0.1	0.5	0.5	1	0.5	0.5	5
	方法检出限	0.008	0.2	0.25	0.37	0.22	0.21	1.5
As	规范要求	0.05	0.1	0.1	0.1	0.1	0.1	1
	方法检出限	0.01	0.02	0.02	0.02	0.02	0.02	0.20
Hg	规范要求	0.001	0.002	0.002	0.002	0.002	0.002	0.005
	方法检出限	0.000 1	0.000 2	0.000 2	0.000 2	0.000 2	0.000 2	0.000 5
Ni	规范要求	0.05	0.3	0.3	0.5	0.3	0.5	2
	方法检出限	0.010	0.204	0.161	0.182	0.173	0.172	0.741
Cu	规范要求	0.05	0.3	0.3	0.3	0.3	0.3	1
	方法检出限	0.016	0.202	0.138	0.158	0.194	0.093	0.673
Zn	规范要求	0.1	0.5	0.5	0.5	0.5	0.5	2
	方法检出限	0.008	0.223	0.217	0.129	0.089	0.259	1.152
Cd	规范要求	0.005	0.02	0.02	0.02	0.02	0.02	0.03
	方法检出限	0.001	0.010	0.017	0.003	0.012	0.001	0.009
Pb	规范要求	0.1	0.5	0.5	0.5	0.5	0.5	2
	方法检出限	0.004	0.037	0.187	0.120	0.132	0.039	0.987

选用一个国家一级标准物质（GBW07442），重复测定8次，计算各元素形态的相对误差*RE*和重复分

析相对标准偏差 RSD，以判断形态分析方法的准确度精密度，均符合规范要求，具体见表 3-12。

表 3-12　土壤形态样品分析方法准确度精密度统计

标准物质		GBW07442							
元素		Cu	Zn	Cd	Pb	Cr	Ni	As	Hg
水溶态	平均值	0. 453	0. 200	0. 001 6	0. 052	0. 045	0. 058	0. 26	1. 21
	标准值	0. 5	0. 2	0. 001 6	0. 053	0. 043	0. 06	0. 26	1. 2
	RE%	9. 32	0. 19	0. 78	2. 59	4. 65	2. 92	1. 44	0. 42
	RSD%	11. 53	4. 18	3. 72	1. 92	4. 16	4. 44	2. 72	3. 35
离子交换态	平均值	0. 410	0. 372	0. 045 6	0. 295	0. 217	0. 183	0. 23	1. 06
	标准值	0. 4	0. 37	0. 046	0. 32	0. 23	0. 2	0. 21	1
	RE%	2. 38	0. 51	0. 82	7. 77	5. 80	8. 33	7. 14	5. 50
	RSD%	3. 48	4. 30	2. 44	5. 29	5. 76	2. 57	3. 14	4. 81
碳酸盐态	平均值	1. 61	10. 7	0. 051	5. 07	0. 720	1. 07	0. 44	1. 12
	标准值	1. 6	11	0. 047	5. 2	0. 75	1	0. 47	1. 1
	RE%	0. 47	2. 60	8. 78	2. 55	4. 00	6. 67	5. 85	1. 70
	RSD%	1. 02	1. 78	6. 88	2. 91	3. 11	3. 19	11. 00	5. 61
腐殖酸结合态	平均值	11. 26	11. 08	0. 032	6. 14	2. 72	0. 82	1. 40	30. 61
	标准值	11. 5	11. 7	0. 034	6. 2	2. 8	0. 84	1. 4	30
	RE%	2. 12	5. 27	4. 78	1. 01	2. 74	2. 38	0. 09	2. 02
	RSD%	3. 67	3. 22	1. 50	2. 55	1. 25	2. 99	2. 91	6. 04
铁锰结合态	平均值	11. 76	29. 19	0. 026	18. 18	5. 56	3. 00	1. 20	1. 13
	标准值	11. 6	30	0. 026	18. 2	5. 6	3. 1	1. 2	1. 20
	RE%	1. 41	2. 70	0. 48	0. 13	0. 80	3. 31	0. 00	5. 83
	RSD%	1. 75	2. 56	3. 02	2. 28	1. 73	3. 25	5. 56	5. 85
强有机结合态	平均值	1. 06	3. 47	0. 016	0. 63	10. 55	1. 87	0. 06	66. 04
	标准值	1. 08	3. 4	0. 015	0. 63	10. 5	1. 92	0. 047	66
	RE%	1. 97	2. 06	6. 67	0. 00	0. 51	2. 60	27. 66	0. 06
	RSD%	1. 60	3. 02	0. 00	3. 37	1. 71	4. 00	0. 00	1. 50
残渣态	平均值	21. 10	56. 15	0. 034	17. 73	56. 62	19. 72	5. 33	554
	标准值	21. 3	56	0. 034	18. 4	56	20. 4	5	552
	RE%	0. 93	0. 27	0. 37	3. 67	1. 11	3. 35	6. 63	0. 35
	RSD%	3. 17	3. 01	2. 29	1. 29	1. 77	4. 45	4. 06	3. 40

注：计量单位为 Hg10^{-9}；其余指标 10^{-6}。

（2）准确度与精密度

土壤形态分析方法准确度：以土壤中元素全量分析作为标准，全量与各分态之和进行比较，计算其相对偏差（$RE\% = 100\% \times | C_{总} - C_{全} | / C_{全}$），要求 $RE \leqslant 40\%$（$C_{全}$：元素全量；$C_{总}$：元素各形态含量之和）。本项目共插入 4 件国家标准物质，质量水平为：总体合格率为 100%，分别统计的各元素各分态合格率均为 100%。

形态分析方法精密度：随机抽取样品总数的 15%用作重复性检验分析，计算基本分析与重复性检验分析测量值的相对偏差［$RD=\times100\%$］，应满足表 3-13 的要求。单元素单形态分析数据的合格率应大于等于 85%。

表 3-13　土壤元素形态样品检查分析监控限

含量范围（10^{-6}）	*RD*（%）
≤3 倍方法检出限	40
≥3 倍方法检出限	30

在完成本项目中，共抽取重复性检验样品 2 件，各元素各形态的精密度控制合格率均为 100%，具体见表 3-14。

表 3-14　土壤元素形态样品精密度控制合格率统计

元素	项目	水溶态	离子交换态	碳酸盐结合态	腐殖酸结合态	铁锰结合态	强有机结合态	残渣态
As	检查数	2	2	2	2	2	2	2
	合格数	2	2	2	2	2	2	2
	合格率（%）	100	100	100	100	100	100	100
Hg	检查数	2	2	2	2	2	2	2
	合格数	2	2	2	2	2	2	2
	合格率（%）	100	100	100	100	100	100	100
Cu	检查数	2	2	2	2	2	2	2
	合格数	2	2	2	2	2	2	2
	合格率（%）	100	100	100	100	100	100	100
Zn	检查数	2	2	2	2	2	2	2
	合格数	2	2	2	2	2	2	2
	合格率（%）	100	100	100	100	100	100	100
Cd	检查数	2	2	2	2	2	2	2
	合格数	2	2	2	2	2	2	2
	合格率（%）	100	100	100	100	100	100	100
Pb	检查数	2	2	2	2	2	2	2
	合格数	2	2	2	2	2	2	2
	合格率（%）	100	100	100	100	100	100	100

续表

元素	项目	水溶态	离子交换态	碳酸盐结合态	腐殖酸结合态	铁锰结合态	强有机结合态	残渣态
Ni	检查数	2	2	2	2	2	2	2
	合格数	2	2	2	2	2	2	2
	合格率（%）	100	100	100	100	100	100	100
Cr	检查数	2	2	2	2	2	2	2
	合格数	2	2	2	2	2	2	2
	合格率（%）	100	100	100	100	100	100	100

（3）报出率控制及质量水平

本次元素各形态报出率见表3-15，均大于规范要求的最低报出率85%。

表3-15　形态样品报出率统计

元素	项目	水溶态	离子交换态	碳酸盐结合态	腐殖酸结合态	铁锰氧化物结合态	强有机结合态	残渣态
As	总件数	6	6	6	6	6	6	6
	报出数	6	6	0	6	6	2	6
	报出率（%）	100	100	0.00	100	100	33.33	100
Hg	总件数	6	6	6	6	6	6	6
	报出数	6	6	2	6	6	6	6
	报出率（%）	100	100	33.33	100	100	100	100
Cu	总件数	6	6	6	6	6	6	6
	报出数	6	2	6	6	6	6	6
	报出率（%）	100	33.33	100	100	100	100	100
Zn	总件数	6	6	6	6	6	6	6
	报出数	6	6	6	6	6	6	6
	报出率（%）	100	100	100	100	100	100	100
Cd	总件数	6	6	6	6	6	6	6
	报出数	0	4	6	6	4	6	6
	报出率（%）	0.00	66.67	100	100	66.67	100	100
Pb	总件数	6	6	6	6	6	6	6
	报出数	5	4	6	6	6	6	6
	报出率（%）	83.33	66.67	100	100	100	100	100
Ni	总件数	6	6	6	6	6	6	6
	报出数	6	4	6	6	6	6	6
	报出率（%）	100	66.67	100	100	100	100	100

续表

元素	项目	水溶态	离子交换态	碳酸盐结合态	腐殖酸结合态	铁锰氧化物结合态	强有机结合态	残渣态
Cr	总件数	6	6	6	6	6	6	6
	报出数	6	6	6	5	6	6	6
	报出率（%）	100	100	100	83.33	100	100	100

（二）水样品分析

水样分析包括灌溉水、城市地表水、湿沉降物（液态）等环境介质的测试分析，均按照水质分析系列国家标准分析方法进行。

1. 元素分析方法及检出限

调查区水样品分析项目包括：Hg、Cd、As、Pb、Cu、Zn、Cr^{6+}、Se、B、Ni、Ge、氟化物、COD_{Mn}、COD_{Cr}、氯化物、氨氮、总氮、总磷和 pH 等 19 项指标，分析方法及检出限均符合规范要求见表 3-16。

表 3-16　项目水体样品分析方法及检出限

序号	项目	分析方法	单位	实验室检出限（mg/L）
1	pH	电位法	无量纲	0.1
2	Cu	电感耦合等离子体质谱法	μg/L	0.08
3	Zn	电感耦合等离子体质谱法	μg/L	0.67
4	Cd	电感耦合等离子体质谱法	μg/L	0.05
5	Pb	电感耦合等离子体质谱法	μg/L	0.09
6	B	电感耦合等离子体质谱法	μg/L	1.25
7	Ni	电感耦合等离子体质谱法	μg/L	0.06
8	Ge	电感耦合等离子体质谱法	μg/L	0.02
9	总磷	电感耦合等离子体发射光谱法	mg/L	0.04
10	As	原子荧光光谱法	mg/L	0.000 3
11	Hg	原子荧光光谱法	mg/L	0.000 04
12	Se	原子荧光光谱法	μg/L	0.4
13	氟化物	离子色谱法	mg/L	0.006
14	氯化物	离子色谱法	mg/L	0.007
15	Cr^{6+}	二苯碳酰二肼分光光度法	mg/L	0.004
16	总氮	盐酸萘乙二胺分光光度法	mg/L	0.03
17	COD_{Mn}	容量法	mg/L	0.05
18	COD_{Cr}	重铬酸钾滴定法	mg/L	/
19	氨氮	水杨酸分光光度法	mg/L	0.01

2. 实验室准确度与精密度

（1）准确度控制及质量水平

选取标准物质进行监控，单个统计标准样品测量值与参考值的相对误差（RE%=），RE≤（RD%为样品分析的允许相对双差）即为合格，超出此范围即为不合格，应及时安排查找原因，直至返工。

在完成本项目过程中，共插入5件监控样，所有监控样全部指标的RE均在允许限内，分别统计各元素或指标合格率均为100%。

（2）精密度控制及质量水平

在完成本项目过程中，重复性检验样品为10件，基本样品与检查样品的相对偏差均在《规范》规定允许限内，各元素或指标的原始一次合格率均为100%。

（三）农作物样品分析

1. 检出限要求

农作物测试包括小麦（包括籽实根茎叶）、玉米、水稻、蔬菜样品，方法的检出限、准确度和精密度均符合或优于《规范》的要求，农作物样品检出限见表3-17。选择2个国家一级标准物质（GBW10014、GBW10015），对其中的相关元素和项目进行平行分析，每个样品测定8次，分别统计各被测项目平均值与标准值之间的相对误差（RE=）和RSD，具体数据见表3-18。

表3-17　植物样品测试分析检出限

10^{-6}

项目	检出限（μg/g）	项目	检出限（μg/g）	项目	检出限（μg/g）
Se	0.005	Mo	0.1	Cl	14.3
As	0.04	Cd	0.005	N	0.01
Hg	0.0005	Pb	0.05	F	0.1
Cr	0.04	K	500	I	0.01
Ge	0.001	Mn	3	S	5
Cu	1	P	60	B	0.1
Zn	1	Ni	0.2		

表3-18　农作物样品准确度、精密度统计

标准物质	项目	Cr	Ge	Cu	Zn	Mo	Se
	方法	MS	MS	MS	MS	MS	AFS
GBW10014	推荐值	1.8	4	2.7	26	0.71	0.2
	平均值	1.802	3.96	2.57	25.51	0.744	0.187
	RSD%	3.84	3.74	2.29	6.45	3.78	1.05
	RE%	0.11	-1	-4.81	-1.88	4.79	-6.5

续表

<table>
<tr><td rowspan="2">标准物质</td><td>项目</td><td>Cr</td><td>Ge</td><td>Cu</td><td>Zn</td><td>Mo</td><td>Se</td></tr>
<tr><td>方法</td><td>MS</td><td>MS</td><td>MS</td><td>MS</td><td>MS</td><td>AFS</td></tr>
<tr><td rowspan="4">GBW10015</td><td>推荐值</td><td>1. 4</td><td>20</td><td>8. 9</td><td>35. 3</td><td>0. 47</td><td>0. 092</td></tr>
<tr><td>平均值</td><td>1. 467</td><td>20. 35</td><td>8. 85</td><td>34. 96</td><td>0. 49</td><td>0. 087</td></tr>
<tr><td>RSD%</td><td>6. 89</td><td>5. 55</td><td>2. 26</td><td>1. 81</td><td>2. 93</td><td>3. 78</td></tr>
<tr><td>RE%</td><td>4. 79</td><td>1. 75</td><td>-0. 56</td><td>-0. 96</td><td>4. 26</td><td>-5. 43</td></tr>
<tr><td rowspan="2">标准物质</td><td>项目</td><td>Hg</td><td>Pb</td><td>Cd</td><td>As</td><td>Mn</td><td>K</td></tr>
<tr><td>方法</td><td>AFS</td><td>MS</td><td>MS</td><td>AFS</td><td>OES</td><td>OES</td></tr>
<tr><td rowspan="4">GBW10014</td><td>推荐值</td><td>10. 9</td><td>0. 19</td><td>35</td><td>0. 062</td><td>18. 7</td><td>1. 55</td></tr>
<tr><td>平均值</td><td>10. 62</td><td>0. 192</td><td>37. 26</td><td>0. 061</td><td>18. 3</td><td>1. 509</td></tr>
<tr><td>RSD%</td><td>6. 17</td><td>3. 68</td><td>3. 91</td><td>9. 12</td><td>1. 98</td><td>2. 56</td></tr>
<tr><td>RE%</td><td>-2. 57</td><td>1. 05</td><td>6. 46</td><td>-1. 61</td><td>-2. 15</td><td>-2. 65</td></tr>
<tr><td rowspan="4">GBW10015</td><td>推荐值</td><td>20</td><td>540</td><td>11. 1</td><td>150</td><td>41</td><td>2. 49</td></tr>
<tr><td>平均值</td><td>20. 39</td><td>529. 04</td><td>11. 04</td><td>153. 74</td><td>40. 13</td><td>2. 426</td></tr>
<tr><td>RSD%</td><td>2. 87</td><td>4. 05</td><td>3. 86</td><td>1. 12</td><td>3. 86</td><td>3. 78</td></tr>
<tr><td>RE%</td><td>1. 95</td><td>-2. 03</td><td>-0. 54</td><td>2. 49</td><td>-2. 13</td><td>-2. 59</td></tr>
<tr><td rowspan="2">标准物质</td><td>项目</td><td>P</td><td>Ni</td><td>B</td><td>F</td><td>I</td><td>S</td></tr>
<tr><td>方法</td><td>OES</td><td>MS</td><td>MS</td><td>VOL</td><td>MS</td><td>OES</td></tr>
<tr><td rowspan="4">GBW10014</td><td>推荐值</td><td>0. 46</td><td>0. 93</td><td>19. 6</td><td>14</td><td>0. 24</td><td>7200</td></tr>
<tr><td>平均值</td><td>0. 457</td><td>0. 903</td><td>19. 4</td><td>14. 56</td><td>0. 23</td><td>7105</td></tr>
<tr><td>RSD%</td><td>1. 1</td><td>4. 85</td><td>3. 56</td><td>7. 56</td><td>3. 22</td><td>3. 23</td></tr>
<tr><td>RE%</td><td>-0. 65</td><td>-2. 86</td><td>1. 03</td><td>4</td><td>-4. 17</td><td>-1. 32</td></tr>
<tr><td rowspan="4">GBW10015</td><td>推荐值</td><td>0. 36</td><td>0. 92</td><td>25</td><td>57</td><td>0. 36</td><td>4500</td></tr>
<tr><td>平均值</td><td>0. 362</td><td>0. 99</td><td>24. 67</td><td>55. 26</td><td>0. 38</td><td>4597</td></tr>
<tr><td>RSD%</td><td>1. 73</td><td>5. 59</td><td>2. 95</td><td>5. 26</td><td>2. 46</td><td>4. 12</td></tr>
<tr><td>RE%</td><td>0. 51</td><td>7. 56</td><td>1. 34</td><td>-3. 05</td><td>5. 56</td><td>2. 16</td></tr>
<tr><td rowspan="2">标准物质</td><td>项目</td><td>Cl</td><td>N</td><td rowspan="2">标准物质</td><td>项目</td><td>Cl</td><td>N</td></tr>
<tr><td>方法</td><td>COL</td><td>VOL</td><td>方法</td><td>COL</td><td>VOL</td></tr>
<tr><td rowspan="4">GBW10014</td><td>推荐值</td><td>6400</td><td>28 000</td><td rowspan="4">GBW10015</td><td>推荐值</td><td>10 800</td><td>34 000</td></tr>
<tr><td>平均值</td><td>6301</td><td>29 123</td><td>平均值</td><td>10 912</td><td>33 758</td></tr>
<tr><td>RSD%</td><td>5. 23</td><td>2. 16</td><td>RSD%</td><td>1. 22</td><td>3. 42</td></tr>
<tr><td>RE%</td><td>-1. 55</td><td>4. 01</td><td>RE%</td><td>1. 04</td><td>-0. 71</td></tr>
</table>

注：K、S、N 为%；Cd、Ge、Hg 为 10^{-9}；其余元素为 10^{-6}。

2. 分析准确度和精密度控制

准确度控制：选取国家一级标准物质与样品同时分析，计算单个样品单次测定值与标准物质推荐值的相对误差 *RE*，要求 *RE*≤15%。本项目共插入国家一级标准物质 18 件与样品同时分析，各元素的相对误差均在允许限内，分别统计各元素合格率均为 100%。

精密度控制：采用重复性检验方法控制样品分析的精密度，由不同人员不同时间对每件样品进行 100%的重复分析，双份分析的相对双差 *RD*（$RD\% = \{[(X_1-X_2)/(X_1+X_2)\times 1/2]\times 100\}$），要求 *RD*%≤15%~20%，合格率要求达到 90%以上。本项目重复性检验分析共计 162 件，计算每件样品的相对双差 *RD*，分别统计各元素的合格率，具体见表 3-19。

表 3-19 农作物样品精密度合格率统计

元素	抽查数（件）	合格数（件）	合格率（%）	元素	抽查数（件）	合格数（件）	合格率（%）
Se	162	162	100	B	91	91	100
As	162	162	100	Mo	91	91	100
Hg	162	162	100	I	91	91	100
Cr	162	162	100	Mn	91	91	100
Ni	162	162	100	K	91	91	100
Cu	162	162	100	P	91	91	100
Zn	162	162	100	Cl	91	91	100
Ge	91	91	100	N	91	91	100
Cd	162	162	100	F	112	112	100
Pb	162	162	100	S	21	21	100

3. 报出率

各元素报出率见表 3-20。农产品指标测试旨在评价农产品安全性和营养水平，实验室检出限优于规范要求，部分指标报出率偏低，未报出样品含量以检出限 2/3 含量进行评价，不影响农产品的安全性和营养水平评价工作。

表 3-20 农作物样品报出率统计

元素	抽查数（件）	合格数（件）	合格率（%）	元素	抽查数（件）	合格数（件）	合格率（%）
Se	162	161	99.38	B	91	91	100
As	162	110	67.90	Mo	91	90	98.90
Hg	162	126	77.78	I	91	87	95.60
Cr	162	162	100	Mn	91	91	100

续表

元素	抽查数（件）	合格数（件）	合格率（%）	元素	抽查数（件）	合格数（件）	合格率（%）
Ni	162	143	88.27	K	91	91	100
Cu	162	149	91.98	P	91	89	97.80
Zn	162	162	100	Cl	91	91	100
Ge	91	90	98.90	N	91	91	100
Cd	162	121	74.69	F	162	132	81.48
Pb	162	121	74.69	S	70	70	100

三、数据质量评述

（一）数据质量

土壤全量分析数据平均报出率均为100%。无论单项指标的报出率（规定不低于90%）还是平均报出率（规定不低于98%）均达到了规范要求，标准偏差以及标准物质相对误差同样均符合规范要求。

（二）重复性检验（RD 检验）

表层土壤样品分析测试过程中，每批样品（45件）中插入1件重复样，两件重复分析样，计算两次采样分析结果的相对双差，以检验采样质量。全部土壤测试中共插入66件重复采样样品。重复样两次分析结果按相对双差：$RD=[|A-B|/0.5\times(A+B)]\times100\%$，$RD\leqslant30\%$判定为合格，各指标元素合格率要求达到85%以上视为合格，根据合格样品对数计算得到重复样分析合格率。对样品测试数据重复样进行*RD*(%)合格率统计，各元素指标的合格率均在90%以上（表3-21）；说明土壤全量样品采集质量较好，能够达到《多目标区域地球化学调查规范（1：250 000）》（DZ/T 0258—2014）采样质量要求。

表3-21　土壤元素全量 *RD*（%）及合格率（%）计算结果

元素	最小值	最大值	n	合格率	元素	最小值	最大值	n	合格率
As	0	0.22	0	100.0	V	0.001 3	0.03	0	100.0
B	0	0.47	4	93.9	Zn	0	0.03	1	98.5
Cd	0	0.61	8	87.9	Cl	0	0.15	2	97.00
Cr	0	0.12	0	100.0	pH	0	0.02	0	100.0
Co	0	0.26	0	100.0	Mn	0.000 1	0.02	0	100.0
Cu	0	0.53	1	98.5	P	0.002 0	0.05	2	97.0
F	0.001 5	0.24	0	100.0	SiO_2	0.000 8	0.01	0	100.0
Ge	0	0.32	1	98.5	Al_2O_3	0	0.02	0	100.0
Hg	0.003 5	0.57	5	92.4	TFe_2O_3	0.001 7	0.03	0	100.0

续表

元素	最小值	最大值	n	合格率	元素	最小值	最大值	n	合格率
I	0.004 1	1.08	3	95.5	MgO	0	0.03	0	100.0
Mo	0	0.38	4	93.9	CaO	0	0.03	1	98.5
Ni	0	0.22	0	100.0	K_2O	0	0.01	0	100.0
Pb	0	0.20	0	100.0	N	0	0.11	4	93.9
S	0.003 3	0.39	2	97.0	SOM	0	0.12	7	89.4
Se	0	0.56	3	95.5					

注：n 指 *RD* 超过 30%的个数。

第四节　土地质量地球化学评价方法

一、土壤质量地球化学等级划分

（一）土壤养分地球化学等级划分

划分标准参照《第二次全国土壤普查规范》土壤微量元素有效量分级标准，结合山东省农业生产和耕作水平及区域土壤元素丰缺标准研究成果，确立有机质（SOM）、N、P、K（通常以 K_2O 表示）全量以及 Fe、Mn、B、Mo 等有效量分级评价标准作为本次土壤营养元素含量分级评价的标准依据。评价土壤中有机质（SOM）、氮、磷、钾全量及碱解氮、速效磷、速效钾等指标分级标准详见 3-22。数据处理方法、过程以及评价过程严格按照《土地质量地球化学评价规范》（DZ/T 0295—2016）执行。

表 3-22　土壤 N、P、K 等养分指标全量与有效量等级划分标准

指标	一级	二级	三级	四级	五级
	很丰	丰	适中	稍缺	缺
全氮（10^{-3}）	>2	1.5~2	1~1.5	0.75~1	≤0.75
全磷（10^{-3}）	>1	0.8~1	0.6~0.8	0.4~0.6	≤0.4
全钾（10^{-3}）	>25	20~25	15~20	10~15	≤10
有机质（10^{-3}）	>40	30~40	20~30	10~20	≤10
碳酸钙（10^{-3}）	≤2.5	2.6~10	11~30	31~50	≥51
有效硼（10^{-6}）	>2	1~2	0.5~1	0.2~0.5	≤0.2
有效铜（10^{-6}）	>1.8	1.0~1.8	0.2~1.0	0.1~0.2	≤0.1
有效钼（10^{-6}）	>0.3	0.2~0.3	0.15~0.2	0.1~0.15	≤0.1

续表

指标	一级	二级	三级	四级	五级
	很丰	丰	适中	稍缺	缺
有效锰（10^{-6}）	>30	15~30	5~15	1~5	≤1
有效铁（10^{-6}）	>20	10~20	4.5~10	2.5~4.5	≤2.5
有效锌（10^{-6}）	>3	1~3	0.5~1	0.3~0.5	≤0.3
有效硅（10^{-6}）	>230	115~230	70~115	25~70	≤25
有效硫（10^{-6}）	>30	16~30	<16		
有效钙（10^{-6}）	>1000	700~1000	500~700	300~500	≤300
有效镁（10^{-6}）	>300	200~300	100~200	50~100	≤50
碱解氮（10^{-6}）	>150	120~150	90~120	60~90	≤60
速效磷（10^{-6}）	>40	20~40	10~20	5~10	≤5
速效钾（10^{-6}）	>200	150~200	100~150	50~100	≤50

钙、镁、硼、钼、锰、硫、铜、锌等土壤养分等级划分标准见表3-23。

表3-23　土地质量地球化学评价 Ca、Mg、S 等养分等级划分标准

指标	一级	二级	三级	四级	五级	上限值
	很丰	丰	适中	稍缺	缺	
氧化钙（10^{-2}）	>5.54	2.68~5.54	1.16~2.68	0.42~1.16	≤0.42	
氧化镁（10^{-2}）	>2.16	1.72~2.16	1.20~1.72	0.70~1.20	≤0.7	
硼（10^{-6}）	>65	55~65	45~55	30~45	≤30	≥3000
钼（10^{-6}）	>0.85	0.65~0.85	0.55~0.65	0.45~0.55	≤0.45	≥4
锰（10^{-6}）	>700	600~700	500~600	375~500	≤375	≥1500
硫（10^{-6}）	>343	270~343	219~270	172~219	≤172	≥2000
铜（10^{-6}）	>29	24~29	21~24	16~21	≤16	≥50
锌（10^{-6}）	>84	71~84	62~71	50~62	≤50	≥200

土壤养分不同等级的颜色值见表3-24。

表3-24　土壤养分不同等级含义和颜色值（RGB）

等级	一级	二级	三级	四级	五级
含义	丰富	较丰富	中等	较缺乏	缺乏
颜色					
R：G：B	0：176：80	146：208：80	255：255：0	255：192：0	255：0：0

硒、碘、氟分级标准与图示见表3-25。

表3-25　土壤硒、碘、氟等级划分标准值

10^{-6}

等级		缺乏	边缘	适量	高	过剩
硒	标准值	≤0.125	0.125~0.175	0.175~0.40	0.40~3.0	>3.0
	颜色					
	R：G：B	234：241：221	214：227：188	194：214：155	122：146：60	79：98：40
碘	标准值	≤1.00	1.00~1.50	1.50~1.85	1.85~2.50	>2.50
	颜色					
	R：G：B	198：217：241	141：179：226	84：141：212	23：54：93	15：36：62
氟	标准值	≤380	380~470	470~540	540~610	>610
	颜色					
	R：G：B	253：233：217	251：212：180	250：191：143	227：108：10	152：72：6

划分方法分别按照上述确定的养分元素指标划分标准，进行土地质量地球化学评价的土壤单指标养分地球化学等级划分及土壤硒、碘、氟地球化学等级划分。

氮、磷、钾土壤单指标养分地球化学等级划分基础上，按照如下公式计算土壤养分地球化学综合得分$f_{养综}$。

$$f_{养综} = \sum_{i=1}^{n} k_i f_i$$

式中，$f_{养综}$为土壤N、P、K评价总得分，$1 \leqslant f_{养综} \leqslant 5$；$k_i$为N、P、K权重系数，分别为0.4、0.4和0.2；f_i分别为土壤N、P、K的单元素等级得分。5等、4等、3等、2等、1等所对应的f_i得分分别为1分、2分、3分、4分、5分。

土壤养分地球化学综合评价等级划分见表3-26。

表3-26　土壤$f_{养综}$养分地球化学等级划分

等级	一级	二级	三级	四级	五级
$f_{养综}$	≥4.5	4.5~3.5	3.5~2.5	2.5~1.5	<1.5

（二）土壤环境地球化学等级划分

土壤质量地球化学评价的土壤中重金属元素砷、镉、铬、铅、汞、镍、铜、锌等的环境质量等级划分标准参照《土壤环境质量 农用地土壤污染风险管控标准（试行）》（GB 15618—2018）和《土壤环境质量 建设用地土壤污染风险管控标准（试行）》（GB 36600—2018）中的筛选值和管控值，详见表3-27至表3-29。数据处理方法、过程以及评价过程严格按照《土壤环境质量 农用地土壤污染风险管控标准（试行）》（GB 15618—2018）和《土壤环境质量 建设用地土壤污染风险管控标准（试行）》（GB 36600—2018）执行。

第一类用地：包括《城市用地分类与规划建设用地标准》（GB 50137—2011）规定的城市建设用地中

的居住用地（R），公共管理与公共服务用地中的中小学用地（A33），医疗卫生用地（A5）和社会福利设施用地（A6），以及公园绿地（G1）中的社区公园或儿童公园用地等。

第二类用地：包括《城市用地分类与规划建设用地标准》（GB 50137—2011）规定的城市建设用地中的工业用地（M），物流仓储用地（W），商业服务业设施用地（B），道路与交通设施用地（S），公用设施用地（U），公共管理与公共服务用地（A）（A33、A5、A6 除外），以及绿地与广场用地（G）（G1 中的社区公园或儿童公园用地除外）等。

表 3-27　农用地土壤污染风险筛选值　　10^{-6}

序号	污染物项目①②		风险筛选值			
			pH≤5.5	5.5<pH≤6.5	6.5<pH≤7.5	pH>7.5
1	Cd	水田	0.3	0.4	0.6	0.8
		其他	0.3	0.3	0.3	0.6
2	Hg	水田	0.5	0.5	0.6	1.0
		其他	1.3	1.8	2.4	3.4
3	As	水田	30	30	25	20
		其他	40	40	30	25
4	Pb	水田	80	100	140	240
		其他	70	90	120	170
5	Cr	水田	250	250	300	350
		其他	150	150	200	250
6	Cu	果园	150	150	200	200
		其他	50	50	100	100
7	Ni		60	70	100	190
8	Zn		200	200	250	300

①重金属和类金属砷均按原始总量计；

②对于水旱轮作地，采用其中较严格的风险筛选值。

表 3-28　农用地土壤污染风险管制值　　10^{-6}

污染物项目	风险筛选值			
	pH≤5.5	5.5<pH≤6.5	6.5<pH≤7.5	pH>7.5
镉	1.5	2.0	3.0	4.0
汞	2.0	2.5	4.0	6.0
砷	200	150	120	100
铅	400	500	700	1000
铬	800	850	1000	1300

表 3-29　建设用地土壤污染风险筛选值和管制值（部分基本项目） 10^{-6}

污染物项目	筛选值		管制值	
	第一类用地	第二类用地	第一类用地	第二类用地
砷	20	60	120	140
镉	20	65	47	172
铬（六价）	3.0	5.7	30	78
铜	2000	18000	8000	36000
铅	400	800	800	2500
汞	8	38	33	82
镍	150	900	600	2000

注：建设用地中，城市建设用地根据保护对象暴露情况不同，可以划分为以下两类。

土壤 pH 分级标准见表 3-30，按照表中土壤 pH 分级标准值，进行土壤酸碱度环境地球化学等级划分。

表 3-30　土壤酸碱度分级标准

pH	<5.0	5.0~6.5	6.6~7.5	7.6~8.5	>8.5
等级	强酸性	酸性	中性	碱性	强碱性
颜色					
R：G：B	192：0：0	227：108：10	255：255：192	0：176：240	0：112：192

按照表 3-31 的划分方法，划分土壤环境地球化学等级。C_i为土壤中 i 指标的实测浓度；S_i为污染物 i 在《土壤环境质量 农用地土壤污染风险管控标准（试行）》（GB 15618—2018）或《土壤环境质量 建设用地土壤污染风险管控标准（试行）》（GB 36600—2018）中给出的风险筛选值；G_i为污染物 i 在《土壤环境质量 农用地土壤污染风险管控标准（试行）》（GB 15618—2018）或《土壤环境质量 建设用地土壤污染风险管控标准（试行）》（GB 36600—2018）中给出的风险管控值。

表 3-31　土壤环境地球化学等级划分界限

等级	一等	二等	三等
污染风险	无风险	风险可控	风险较高
划分方法	$C_i \leq S_i$	$S_i < C_i \leq G_i$	$C_i > G_i$
颜色			
R：G：B	0：176：80	255：255：0	255：0：0

（三）土壤质量地球化学综合等级

土壤质量地球化学综合等级由评价单元的土壤养分地球化学综合等级与土壤环境地球化学综合等级叠

加产生。土壤质量地球化学综合等级的表达图示与含义见表3-32。数据处理方法、过程以及评价过程严格按照《土地质量地球化学评价规范》（DZ/T 0295—2016）执行。

表3-32　土壤质量地球化学综合等级表达图示与含义

土壤质量		土壤环境地球化学综合等			含义
		无风险	风险可控	风险较高	
土壤养分地球化学综合等级	丰富	1等 优质	3等 中等	5等 劣等	1等为优质：土壤环境无风险，土壤养分丰富至较丰富； 2等为良好：土壤环境无风险，土壤养分中等； 3等为中等：土壤环境无风险，土壤养分较缺乏或土壤环境风险可控，土壤养分丰富至较缺乏； 4等为差等：土壤环境无风险或风险可控，土壤养分缺乏或土壤盐渍化等级为强度； 5等为劣等：土壤环境风险较高，土壤养分丰富至缺乏或土壤盐渍化等级为盐土
	较丰富	1等 优质	3等 中等	5等 劣等	
	中等	2等 良好	3等 中等	5等 劣等	
	较缺乏	3等 中等	3等 中等	5等 劣等	
	缺乏	4等 差等	4等 差等	5等 劣等	

二、灌溉水和大气干湿沉降物环境地球化学等级划分

（一）灌溉水环境地球化学等级划分

灌溉水环境地球化学等级划分标准值同《农田灌溉水质标准》（GB 5084—2021），各指标等级划分标准值见表3-33。数据处理方法、过程以及评价过程严格按照《土地质量地球化学评价规范》（DZ/T 0295—2016）执行。

表3-33　灌溉水环境地球化学等级分级标准值

	COD	pH	氯化物	硫化物	Hg	Cd	As	Cr^{6+}	Pb
水作	150	5.5~8.5	350	1	0.001	0.01	0.05	0.1	0.2
旱作	200	5.5~8.6	350	1	0.001	0.01	0.1	0.1	0.2
蔬菜	100，60	5.5~8.7	350	1	0.001	0.01	0.05	0.1	0.2

注：蔬菜COD标准前者适于加工、烹调及去皮蔬菜，后者适于生食类蔬菜、瓜类和草本水果。pH无量纲，其他均以mg/L计。

灌溉水中评价指标含量小于等于该值为1等，数字代码为1，表示灌溉水环境质量符合标准；灌溉水中评价指标含量大于该值为2等，数字代码为2，表示灌溉水环境质量不符合标准；数字代码为0时，表示该评价图斑未采集灌溉水样品。

在灌溉水单指标环境地球化学等级划分基础上，每个评价单元的灌溉水环境地球化学等级等同于单指标划分出的环境地球化学等级最差的等别。与土壤综合等级划分一样，按照“最大限制”或“一票否决”原则进行灌溉水综合等级，如总As、Cr^{6+}、Cd、总汞和Pb划分出的灌溉水环境地球化学等级分别为1等、1等、1等、1等和2等，该评价单元的灌溉水环境地球化学综合等级为2等。

（二）大气干湿沉降物环境地球化学等级划分

规范中显示，21 个省市区的 1450 件大气干湿沉降物中除 Cd、Hg 外，Cr、As、Pb、Cu、Ni、Zn 等元素在短时期内的沉降对土壤环境质量下降影响不大。因而，确定大气干湿沉降通量环境地球化学等级划分指标为 Cd、Hg，划分标准值见表 3-34。数据处理方法、过程以及评价过程严格按照《土地质量地球化学评价规范》（DZ/T 0295—2016）执行。

表 3-34　大气干湿沉降通量环境地球化学等级分级标准值

评价指标	年通量（$mg \cdot m^{-2} \cdot a^{-1}$）	
等级	1 等，数字代码为 1	2 等，数字代码为 2
Cd	≤0.1	>0.1
Hg	≤0.01	>0.01

参照表 3-34 给出的划分标准值，当大气干湿沉降物评价指标年沉降通量含量小于等于该值时为1 等，数字代码为 1，表示大气干湿沉降物沉降对土壤环境质量影响不大；当大气干湿沉降物评价指标年沉降通量大于该值时为 2 等，数字代码为 2，表示大气干湿沉降物沉降对土壤环境质量影响较大；数字代码为 0 时，表示该评价图斑未采集大气干湿沉降物样品。

大气干湿沉降环境地球化学综合等级的划分方法和表达方式与灌溉水的相同。在大气干湿沉降单指标环境地球化学等级划分基础上，每个评价单元的大气干湿沉降环境地球化学综合等级等同于单指标划分出的环境地球化学等级最差的等别。如 Hg、Cd 划分出的大气干湿沉降环境地球化学等级分别为 1 等、2 等，该评价单元的大气沉降环境地球化学综合等级为 2 等。

三、土地质量地球化学等级划分

在土壤质量地球化学综合等级基础上，叠加大气环境地球化学综合等级、灌溉水环境地球化学综合等级，形成土地质量地球化学等级。它是土壤养分状况、土壤环境质量与大气质量、灌溉水质量的综合体现。数据处理方法、过程以及评价过程严格按照《土地质量地球化学评价规范》（DZ/T 0295—2016）执行。

土地质量地球化学等级表达方式如下。

当土地质量地球化学评价图斑较大时，在评价图斑上，土壤质量地球化学综合等级以颜色示出，灌溉水环境地球化学综合等级和大气环境地球化学综合等级分别以十位和个位上的数字表示，即个位上的数字表示大气环境地球化学综合等级，十位上的数字表示灌溉水环境地球化学综合等级（表 3-35）。

表 3-35　土地质量地球化学等级图示与含义

图示	R：G：B	含义
22	255：0：0	土壤质量地球化学综合等级为 5 等—劣等；大气环境、灌溉水环境地球化学等级均为 2 等，表示大气干湿沉降通量较大，灌溉水超标
11	255：192：0	土壤质量地球化学综合等级为 4 等—差等；大气环境、灌溉水环境地球化学等级均为 1 等，分别表示大气干湿沉降通量较小、灌溉水符合水质标准
20	255：255：0	土壤质量地球化学综合等级为 3 等—中等；灌溉水环境地球化学等级为 2 等，表示灌溉水超标；大气干湿沉积通量没有样本

续表

图示	R：G：B	含义
01	146：208：80	土壤质量地球化学综合等级为2等—良好等；灌溉水没有样本；大气环境地球化学等级为1等，表示干湿沉降通量较小
10	0：176：80	土壤质量地球化学综合等级为1等—优质等；灌溉水环境地球化学等级为1等，表示符合灌溉水质标准；大气干湿沉降通量没有样本

当土地质量地球化学评价图斑较小时，或大气干湿沉积物与灌溉水采集样本点较少时，可不采用在图斑上用数字表示大气环境地球化学综合等级与灌溉水环境地球化学综合等级的方法，只用文字或表格进行大气环境地球化学综合等级、灌溉水环境地球化学综合等级的统计与描述。

第五节　数据库建设

数据库的建设以 MapGIS 和 Access 为基础的信息平台，将采样点位信息、图幅工作信息以及野外记录卡片和质检卡等资料进行数字化，形成规范的、易于查询使用的基础调查数据库文件。为了做到数据共享、交流方便，项目采样信息数据库建设认真执行已有的国家标准或行业标准。本次工作引用和参考的标准如下：

《国家基本比例尺地形图分幅和编号》（GB/T 13989—1992）

《地质图用色标准》（DZ/T 0179—1997）

《区域地球化学勘查规范》（DZ/T0167—2006）

《数字化地质图图层及属性文件格式》（DZ/T 0197—1997）

《图层描述数据内容标准》（DDB9702 GIS）

《多目标区域地球化学调查规范（1：250 000）》（DZ/T 0258—2014）

《区域生态地球化学评价技术要求（试行）》（DD 2005—02）

《多目标区域地球化学数据库建设技术要求》

一、工作流程

参照《多目标区域地球化学调查规范（1：250 000）》（DZ/T 0258—2014）和《多目标区域地球化学数据库建设技术要求》中有关数据库建设的规定和项目要求所定义的各数据项类型，按照野外记录卡中的各描述项，建立起各类野外采样数据库的 Access 数据库结构。采样数据库建库流程如图 3-2 所示。

首先收集、整理资料，重点注意资料的完整性；其次对资料进行预处理，重点注意资料记录的清晰性、正确性；再次对照野外采样记录卡数据项内容，建立 Access 数据库，并进行数据录入，生成相应的点位图；最后汇总整理数据和文档，提交成果。

二、工作方法

数据库由表层土壤样品、植物样品、大气干湿沉降样品、灌溉和地表水样品、大气颗粒物样品、窗尘端元尘样品等采样和测试数据信息的数据库，以及1幅1：50 000实际材料图组成。

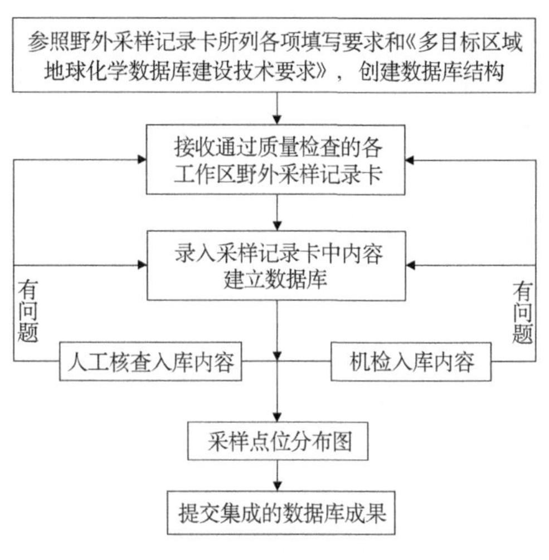

图 3-2　数据库建库流程

各样品野外采样记录录入时以采样点编号顺序进行录入，将野外记录卡中的每一项数据进行数据库录入，待样品测试结果出来后，将所测得所有数据补充至对应数据库。录入过程中定期进行检查，以确保入库采样数据的正确性。检查除人工核对入库采样信息与野外采样记录卡的一致性外，另外利用计算机和 MapGIS 软件进行机检。形成采样点位图进行检查修正。为确保质量检查取得应有的效果，要求录入采样数据人员对录入过程中所查出的问题要及时进行记录，对问题原因的分析、处理方法、结果及处理依据也要记录下来。其他样品采样将全部野外记录卡中的所填内容完整录入 Access 数据库中。

从 Access 数据库中转出带有纵、横坐标数值、采样点号和图幅号等数据的 TXT 文件，利用 TXT 属性文本中“横坐标”和“纵坐标”值在 MapGIS 中的“投影转换模块”，将录入的采样点转换生成带属性的点文件；再利用 MapGIS 中的“根据属性赋注释”功能，将“样号”属性生成为点位注释，在每个采样点旁边标注样品号；然后利用 MapGIS 中的“自动生成标准图框”功能，生成所录入图幅的标准框；最后将图幅标准框与前一步生成的点文件套合在一起，配以地理内容形成完整的图件。

第六节　图集编制

此次图集是根据山东省济南市新旧动能转换先行区 1∶50 000 土地质量地球化学调查成果图件编辑而成，该工作的开展使我们对济南市先行区的地球化学环境状况有了一个全新的认识，在研究报告的编写过程中，我们将一些必要的、价值突出的图件编纂集合为《山东省济南市新旧动能转换先行区 1∶50 000 土地质量地球化学调查成果图集》，该图集不仅是区内地球化学信息的总结，同时也能够为环境学、生态学、土壤学、农学等自然科学领域提供具有原始创新意义的地球化学信息，期望该成果能够服务于土地、环保、农业等各行业部门，创造其应有的经济和社会效益。

图集图件均采用 2000 国家大地坐标系、高斯—克吕格（横切椭圆柱等角）投影，中央子午线 117°，6 度带序号为 20，比例尺为 1∶200 000。图集主要采用 MapGIS 6.7 地理信息系统软件制作。

《山东省济南市新旧动能转换先行区 1∶50 000 土地质量地球化学调查成果图集》包括：工作区地貌类型图、地质图、土壤类型图、土地利用类型图、土壤元素地球化学图、土壤环境地球化学分等图、土壤养分地球化学分等图、土壤质量地球化学综合分等图、灌溉水环境地球化学综合分等图、大气干湿沉降物环境地球化学综合分等图、土壤绿色食品产地适宜性评价图等图件。

基础性图件中地貌类型图是根据山东省 1∶500 000 地貌类型图编制而成，不同地貌类型用不同色区表示。地质图根据山东省地质调查院调查获得的 1∶500 000 地质图裁剪修编而成，地层和岩浆岩采用不同颜色或花纹表示，构造界线采用不同线型表示。土壤类型图是依据各地土肥站 1987 年编制的土壤类型图汇总、缩编而成，图上使用不同色区和代号表示。土地利用类型图从山东省国土空间规划院收集的济南市济阳区、历城区、天桥区和章丘区 1∶1000 土地利用现状图编辑而成，图上使用不同色区和图纹表示。

表层土壤 29 项指标地球化学图。数据网格化网格间距为 500 m，网格化方法采用距离反比加权法插值，按照 0.1lg C（10^{-6}、10^{-9}、10^{-2}）间隔分级，图上返回其对应真数值标注，常量元素采用含量等间隔分级。pH 分布图按土壤酸碱性分级标准进行分级，即 4.5、5.5、6.5、7.5、8.5 划分。等值线色与面色一致，且不标注等量线值。直方—累积频率图组距规定为 0.1 lg C，组端正值规定百分位为 7，负值百分位为 3。若分组数过少则选择等间隔组距。部分氧化物和 pH 直方图组距为等间隔。总分组数以不少于 9 组且不多于 14 组为原则。

成果应用图件如下。

①表层土壤环境地球化学等级图依据《土壤环境质量 农用地土壤污染风险管控标准（试行）》（GB 15618—2018）和《土壤环境质量 建设用地土壤污染风险管控标准（试行）》（GB 36600—2018），并结合土壤应用和保护目标将土壤环境质量划分为一等安全区、二等风险区和三等管控区，按照表层土壤中各元素的含量和土壤 pH 分别制作 Cd、Hg、Cu、As、Pb、Cr、Zn、Ni 8 种元素的土壤环境地球化学等级图；以单元素土壤环境地球化学等级为基础，将单元素中最差的级别作为该单元土壤环境地球化学综合分级，制作土壤环境地球化学综合等级图。

②表层土壤养分地球化学分等图依据山东省《1∶50 000 土地质量地球化学评价技术要求（试行）》要求，结合土壤中氮、磷、钾、硼、钼、锰等营养有益元素和有机质（SOM）等指标的含量水平及其丰缺标准等而划分出的养分地球化学等级，分为单指标划分出的土壤养分地球化学分等图和多指标划分出的土壤养分地球化学综合分等图。

③土壤质量地球化学综合分等图依据山东省《1∶50 000 土地质量地球化学评价技术要求（试行）》，把土壤养分地球化学综合等级与土壤环境地球化学综合等级叠加，将土壤质量分为 5 个地球化学等级，编制土壤质量地球化学综合分等图。

④灌溉水地球化学综合等级图

灌溉水环境地球化学等级划分标准值依据《农田灌溉水质标准》（GB 5084—2021），灌溉水中评价指标含量小于等于该值为 1 等，数字代码为 1，表示灌溉水环境质量符合标准；灌溉水中评价指标含量大于该值为 2 等，数字代码为 2，表示灌溉水环境质量不符合标准；数字代码为 0 时，表示该评价图斑未采集灌溉水样品。

在灌溉水单指标环境地球化学等级划分基础上，每个评价单元的灌溉水环境地球化学等级等同于单指标划分出的环境地球化学等级最差的等别。与土壤综合等级划分一样，按照“最大限制”或“一票否决”原则进行灌溉水综合等级，如总 As、Cr^{6+}、Cd、总汞和 Pb 划分出的灌溉水环境地球化学等级分别为1 等、1 等、1 等、1 等和 2 等，该评价单元的灌溉水环境地球化学综合等级为 2 等。

⑤大气干湿沉降物环境地球化学综合等级图

参照全国 21 个省市区的 1450 件大气干湿沉降物研究结果，确定大气干湿沉降通量环境地球化学等级划分指标为 Cd、Hg。当大气干湿沉降物评价指标年沉降通量含量小于等于该值时为 1 等，数字代码为 1，表示大气干湿沉降物沉降对土壤环境质量影响不大；当大气干湿沉降物评价指标年沉降通量大于该值时为

2 等，数字代码为 2，表示大气干湿沉降物沉降对土壤环境质量影响较大；数字代码为 0 时，表示该评价图斑未采集大气干湿沉降物样品。

大气干湿沉降环境地球化学综合等级的划分方法与表达方式同灌溉水。在大气干湿沉降单指标环境地球化学等级划分基础上，每个评价单元的大气干湿沉降环境地球化学综合等级等同于单指标划分出的环境地球化学等级最差的等别。如 Hg、Cd 划分出的大气干湿沉降环境地球化学等级分别为 1 等、2 等，该评价单元的大气沉降环境地球化学综合等级为 2 等。

⑥绿色无公害农产品产地适宜性评价图依据《绿色食品产地环境质量标准》（NY/T 391—2013）和《无公害农产品产地环境质量标准》（NY/T 5010—2016），根据土壤 Cd，Hg，As，Pb，Cr，Cu 含量及有机质（SOM）、全氮等养分指标和灌溉水指标，评价土壤种植绿色农产品的环境适宜性。当土壤环境质量满足绿色食品产地环境要求，灌溉水质量不超标，则为绿色食品土壤；当土壤环境质量超过绿色产地标准，但不超过无公害土壤环境标准时，则为无公害土壤；当超过无公害土壤环境标准时，根据《土壤环境质量 农用地土壤污染风险管控标准（试行）》（GB 15618—2018）的筛选值和管制值进行等级划定。

⑦绿色无公害富硒土地区划图依据中国地质调查局地质调查技术标准天然富硒土地划定与标识（DZ/T 0380—2021），参照给定指标标准划分方法进行综合评价，确定土壤富硒分类等级。

第四章　元素地球化学特征

第一节　土壤地球化学特征

土壤地球化学背景值是土壤地球化学调查研究的基础的特征参数，它代表了地表环境土壤中元素含量水平和变化规律。土壤背景值指的是成土母质在表生环境条件下，经过人类活动与自然改造所形成的表层土壤元素地球化学平均含量，是成土母质组成、成土过程中元素迁移重分配、人为扰动污染等各种因素长期综合作用的结果，以表层土壤地球化学调查元素含量表征。土壤背景值由于受到土壤成土母质的影响，分布规律往往与未经表生作用扰动深层土壤地球化学指标——即土壤地球化学基准值——有密切的联系，但由于表生条件下土壤元素易发生迁移，或淋失减少或富集增加，两者之间又往往具有一定的差别。土壤元素背景值是土壤环境质量评价、土壤肥力和营养水平分级、土地管护和合理利用、土壤改良和平衡施肥、农业种植规划、土壤生态环境保护决策的基础依据。统计、研究土壤元素背景值，这对于正确认识区域地球化学特征和农业地质环境，科学进行土壤改良和合理调整农业生产结构具有一定的指导意义。

山东省多目标区域地球化学调查工作首次在全省尺度上建立了土壤地球化学背景值和基准值体系，工作比例尺为 1∶250 000，该项工作始于 2003 年，至 2015 年累计完成 15.79×10^4 km^2，覆盖山东省陆域，获取了山东省土壤及沉积物样品中 54 项元素（指标）的基础数据，总数据量达 270 余万个，为土壤学、生态学、生物学、环境学、地学、农学等学科领域以及国土、农业、环保、林业、卫生、水利等部门研究与应用提供宝贵的基础数据和资料，也为后续局部地区大比例尺调查和土壤地球化学背景值和基准值研究奠定了基础，积累了宝贵的经验。

一、土壤地球化学背景值

（一）工作区背景值特征

土壤元素地球化学背景值统计内容有：①全区土壤元素地球化学背景值；②主要成土母质地质单元区土壤地球化学背景值；③地貌单元区土壤地球化学背景值；④主要土壤类型地球化学背景值；⑤土地利用区土壤地球化学背景值。土壤地球化学背景值统计指标包括：代表元素或指标含量水平的“最大值（X_{max}）、最小值（X_{min}）、算术平均值（X_a）”、代表数据离散程度的“标准差（S_a）、变异系数（CV）”以及代表数据分布形态的“峰度系数（BK）、偏度系数（SK）”；迭代剔除平均值加减 3 倍标准离差后的相关参数。其中，偏度系数（SK）和峰度系数（BK）的计算方法和含义如下。

偏度系数 SK：偏度是对分布偏斜方向和程度的一种度量，总体分布的偏斜程度可用总体参数偏度系数来衡量，计算公式为

$$SK = \frac{1}{nS_a^3}\sum_{i=1}^{n}(X_i - X_a)^3$$

当 SK 等于 0 时，表示一组数据分布完全对称。当 SK 为正时，表示一组数据分布为正偏态或右偏态；反之，当 SK 为负时，表示一组数据分布为负偏态或左偏态。不论正、负哪种偏态，偏态系数的绝对值越大表示偏斜的程度越大，反之偏斜程度越小。

峰度系数 BK：如果某分布与标准正态分布比较其形状更瘦更高，则称为尖峰分布；反之，比正态分布更矮更胖，则称为平峰分布，又称厚尾分布。峰度可以描述分布形态的陡缓程度。峰度的高低用总体参数峰度系数来衡量，计算公式为

$$BK = \frac{1}{nS_a^4}\sum_{i=1}^{n}(X_i - X_a)^4 - 3$$

由于标准正态分布的峰度系数为 0，因此，当某一分布的峰度系数 $BK>0$ 时，称其为尖峰分布；当某一分布的峰度系数 $BK<0$ 时，称其为平峰分布。

变异系数（CV），又称离散系数，是概率分布离散程度的一个归一化量度，其定义为标准差与平均值之比，用以衡量不同元素离散程度的大小。计算方法如下：

$$CV = \frac{S_a}{X_a} \times 100\%$$

工作区全区表层土壤地球化学原始数据统计情况见表 4-1，受样品实际性质或采样、测试中的偶然因素影响，元素（指标）原始含量数据离散程度较大，最大值和最小值可相差数十倍乃至数千倍。各元素（指标）含量变异系数介于 0.033～9.088。其中 Hg、Cd、Cr、Cl、S、Pb、Zn、I、Se、Cu、SOM、Mo、P、N 指标变异系数高于 0.3，数据离散程度较高，Hg 和 Cd 数据差异化程度极高，变异系数分别达 9.088 和 2.02。针对离散程度较大的指标，对相应的样品及时进行核对和重采工作，最终得出数据的离散程度和变异系数均达到较低水平，变异系数均低于 0.2。TFe_2O_3、V、Ge、Al_2O_3、K_2O、SiO_2 等常量元素（指标）及 pH 值数据离散程度较小，变异系数低于 0.15，说明在工作区整体尺度上这些常量元素总体上含量水平趋于一致，土壤的基本物质组成趋于一致。

表 4-1 表层土壤原始地球化学数据统计特征

元素/指标	样本数 (n)	最大值 (X_{max})	最小值 (X_{min})	平均值 (X_a)	标准差 (S_a)	变异系数 (CV_a)	偏度系数 (SK)	峰度系数 (BK)
As	5398	51.63	1.7	10.62	2.14	0.201	1.8	26.3
B	5398	105.4	10.46	49.86	7.72	0.155	0.1	1.8
Cd	5398	26.472	0.032	0.198	0.400	2.02	54.9	3498.4
Cr	5398	5596	14.8	71.6	104.5	1.459	44.6	2195.1
Co	5398	65.89	3.97	11.88	2.68	0.226	4.6	58.2
Cu	5398	436.5	6.4	24.1	10.9	0.454	16.7	485.5
F	5398	10 445	261.3	593	157	0.265	46.5	2889.2
Ge	5398	2.22	0.59	1.320	0.121	0.092	-0.1	2.1
Hg	5398	35.2	0.003	0.053 4	0.485 0	9.088	70.7	5114.9
I	5398	20.07	0.13	2.36	1.23	0.519	4.4	44.1

续表

元素/指标	样本数 (n)	最大值 (X_{max})	最小值 (X_{min})	平均值 (X_a)	标准差 (S_a)	变异系数 (CV_a)	偏度系数 (SK)	峰度系数 (BK)
Mo	5398	9.49	0.27	0.71	0.29	0.412	14.8	361.1
Ni	5398	278.5	6.7	28.2	7.0	0.247	13.0	384.3
Pb	5398	985	5.5	23.60	16.06	0.681	43.2	2444.9
S	5398	10 500	69	380.2	338.0	0.889	9.5	192.8
Se	5397	2.05	0.03	0.243	0.123	0.509	5.1	47.9
V	5398	156.2	12.6	75.9	8.9	0.117	1.2	8.1
Zn	5398	1375.5	15.4	74.5	42.1	0.564	14.7	311.0
Cl	2899	6359	55	245.6	346.3	1.41	7.5	84.9
pH**	5398	9.83	7.13	8.154	0.271	0.033	0.0	0.6
Mn	5398	1591	117	598.4	99.4	0.166	1.5	7.1
P	5398	8055.9	163	1227.7	486.2	0.396	2.4	18.6
SiO_2*	4325	71.58	10.52	62.362	3.572	0.057	−2.1	14.7
Al_2O_3*	4325	15.48	2.85	11.547	0.894	0.077	0.4	3.3
TFe_2O_3*	4325	10.05	1.12	4.488	0.642	0.143	0.5	2.6
MgO*	4325	6.54	0.88	2.055	0.309	0.15	2.7	26.4
CaO*	5398	42.67	1.29	5.977	1.640	0.274	6.5	108.1
K_2O*	5398	2.92	0.5	2.265	0.168	0.074	−1.7	14.4
N	5398	7565	104	1238.6	467.7	0.378	0.5	6.9
SOM*	5398	19.84	0.17	2.179	0.988	0.454	2.6	34.4

注：*为%，**为无量纲，其他数值单位为mg/kg。

元素原始分析数据中或多或少都会包含一定量的离群值，离群值大致有两类，一类是真实而且正常的元素含量数据，是固有的地球化学状况的极端表现，这类离群值应与其余测量值属于同一总体，需要正常对待；另一类离群值为是一种非正常的、错误的数据，这些数据与其余观测值不属于同一总体，可能是由于采样或分析等过程中的偶然因素所引发，因此应在后续的统计和处理中剔除掉。为了避免离群值对工作区总体数据统计造成不利影响，根据相关地球化学数据处理规范和经验，这里采用均值±3倍标准离差范围作为参与地球化学背景值统计计算的含量值界限，据此对原始数据中的离群部分进行迭代剔除，直至不可剔除为止。反复剔除离群值后，工作区表层土壤地球化学数据统计情况见表4-2。

表4-2　表层土壤剔除离群值后地球化学数据统计特征

元素/指标	样本数 (n)	最大值 (X_{max})	最小值 (X_{min})	平均值 (X_a)	标准差 (S_a)	变异系数 (CV_a)	偏度系数 (SK)	峰度系数 (BK)
As	5329	16.28	4.86	10.56	1.91	0.181	0.3	0
B	5363	71.4	28.09	49.88	7.31	0.147	0	−0.2
Cd	5166	0.302	0.056	0.176	0.043	0.243	0.2	0.1

续表

元素/指标	样本数 (n)	最大值 (X_{max})	最小值 (X_{min})	平均值 (X_a)	标准差 (S_a)	变异系数 (CV_a)	偏度系数 (SK)	峰度系数 (BK)
Cr	4996	83.1	46.6	64.8	6.1	0.094	0.6	0.3
Co	5319	17.7	6.67	11.71	2.02	0.172	0.5	-0.2
Cu	5261	37.5	10.2	23.1	4.8	0.208	0.5	-0
F	5322	794	390.7	592	67	0.114	-0.4	0.2
Ge	5326	1.65	0.99	1.322	0.111	0.084	-0	0
Hg	4884	0.0745	0.003	0.0356	0.0130	0.365	0.7	0.1
I	5236	4.74	0.13	2.23	0.84	0.376	0.6	0
Mo	5321	1.15	0.27	0.69	0.16	0.227	0.2	-0.5
Ni	5327	41.2	15.8	27.8	4.5	0.161	0.5	0
Pb	5130	31.2	13.7	22.23	2.99	0.135	0.4	0
S	4899	645	69	306.0	113.0	0.369	0.5	0.2
Se	5083	0.401	0.05	0.221	0.061	0.275	0.2	0.2
V	5295	97.5	53.4	75.5	7.4	0.098	0.2	0.1
Zn	5143	104.6	35.3	69.4	11.8	0.17	0.4	0.1
Cl	2575	407	55	164.1	81.2	0.495	1.1	0.3
pH**	5364	8.91	7.38	8.152	0.260	0.032	-0.1	-0.3
Mn	5319	852	362	593.2	87.1	0.147	0.6	0.1
P	5299	2353.1	163	1192.4	393.1	0.33	0.3	-0.4
SiO_2*	4195	70.98	54.25	62.714	2.836	0.045	-0.6	0.3
Al_2O_3*	4299	14.08	9.02	11.537	0.851	0.074	0.7	0.1
TFe_2O_3*	4303	6.3	2.73	4.479	0.609	0.136	0.1	-0.3
MgO*	4267	2.8	1.28	2.040	0.255	0.125	0.3	0
CaO*	5157	8.62	3.04	5.823	0.932	0.16	0.5	0.3
K_2O*	5243	2.65	1.9	2.273	0.126	0.055	0.5	0.3
N	5381	2573.26	104	1232.0	448.2	0.364	-0.2	-0.5
SOM*	5347	4.64	0.17	2.137	0.845	0.396	-0.1	-0.6

注：*为%，**为无量纲，其他数值单位为mg/kg。

各元素（指标）参与统计量为原始数量的88.8%~99.7%，Cl、Hg、S的剔除量相对较大。数据总体离散程度明显降低，变异系数介于0.032~0.495。对比原始数据和剔除离群值后数据的变异系数变化情况，各指标中Hg、Cd、Cr、Cl元素剔除离群值后CV降幅较大，数据离散程度明显收敛，其他指标离散程度变化不大。

由于原始数据中部分离群值的存在，除 Ge、Ph 外大部分元素（指标）原始数据不符合正态分布，多呈现为右偏分布，其中 Pb、Cr、F、Cd、Hg 等呈右偏态尖峰分布。SiO_2、F、N、pH、SOM 呈右偏态，其他元素（指标）呈左偏态，SOM、N、Mo、P、pH、TFe_2O_3、B、Co 为扁平分布，F、Se、S、SiO_2、K_2O、CaO、Cr、Cl 呈轻微尖峰分布。Fe、P 具有双峰叠加态分布特征。重金属 Cd、Cr、Hg 等元素的尖峰分布说明绝大多数样本处于相对一致的含量水平内。

工作区土壤地球化学背景值见表 4-3。参与对比的数据有：山东省黄河下游流域表层土壤调查数据、1990 年国家环境保护局和中国环境监测总站测定的中国土壤元素背景值以及山东省 1：250 000 地球化学调查全省数据。对比发现工作区土壤地球化学背景值具有以下规律：由于土壤成因和物质来源的一致性，工作区元素背景值与山东省黄河下游流域背景值基本一致，其中 SOM、S、Cl、N、I、Cd、Mo、Se、P、Hg 等指标高于黄河下游流域背景值，V、K_2O、B、Al_2O_3 等指标略低于黄河下游流域背景值；从全省来看，CaO、Cl、SOM、S、P、N、Cd、MgO、Se、As、Mo、B、F、I、Hg、pH 等指标显著高于全省背景值，其 CaO、Cl、SOM、S、P、N、Cd 最为突出，V、SiO_2、Co、Pb、K_2O、Al_2O_3 低于全省背景值，而 Al_2O_3 明显偏低；从全国来看，工作区 CaO、Cd、MgO、F、pH 等指标背景值显著高于全国背景值，Mo、Hg、I、SOM、Se、Ge、Pb 等指标背景值明显低于全国背景值。

表 4-3　表层土壤元素背景值对比

元素/指标	背景值				元素/指标	背景值			
	工作区	山东黄河下游流域	山东	全国		工作区	山东黄河下游流域	山东	全国
As	10.56	10.3	8.57	11.2	P	1192.4	997	823.2	—
B	49.88	51.5	42.64	47.8	Pb	22.23	21.4	23.67	26
Cd	0.176	0.141	0.132	0.097	S	306	210	207.1	—
Cl	164.1	116	100.5	—	Se	0.221	0.18	0.175	0.29
Co	11.71	11.3	11.96	12.7	V	75.5	76.3	75.8	82.4
Cr	64.8	64.5	62.2	61	Zn	69.4	63.8	63.5	74.2
Cu	23.1	21.8	22.7	22.6	Al_2O_3*	11.537	11.96	12.96	12.51
F	592	554	522	478	CaO*	5.823	5.48	3.377	2.15
Ge	1.322	1.3	1.301	1.7	TFe_2O_3*	4.479	4.19	4.319	4.2
Hg	0.0356	0.031	0.0316	0.065	K_2O*	2.273	2.3	2.474	2.24
I	2.23	1.77	1.97	3.76	MgO*	2.04	1.91	1.6	1.29
Mn	593.2	550	576.9	583	SiO_2*	62.714	61.26	63.269	—
Mo	0.69	0.56	0.58	2	SOM*	2.137	1.31	1.37	3.1
N	1232	900	886	—	pH**	8.152	8.19	7.328	6.7
Ni	27.8	27.6	27.2	26.9					

注：* 为%，** 为无量纲，其他数值单位为 mg/kg。

以山东省地球化学背景值为基准，对比工作区地球化学指标背景值，总体来看，工作区土壤 CaO、Cd、Cl、S、MgO、SOM、N、P 背景值明显偏高，土壤养分元素丰富，重金属元素除 Cd 外，Pb、Hg 等背景值均相对较低，土壤明显偏碱性，Mo、Ge、I 等微量元素背景值偏低，Se 背景值相对全国偏低，但在省内和流域内相对偏高。

（二）主要地质单元背景值特征

土壤是岩石风化的产物，不同原岩元素富集的特点不同，成壤后富含的元素也不一样。土壤形成后又要受到进一步地风化、分选、混掺、运移等作用影响，尤其对于平原区来说，这种作用往往发生在较大的空间和时间尺度上，因此土壤已不能完全继承成土母岩的元素特征，但当运移距离有限的情况下，土壤对成土母岩的继承性可以在一定程度上体现出来，通过多元素的统计分析可以发现，不同成土母岩对土壤地球化学特征的影响。决定一个地区成土母岩类型的主要因素是其所处的地质背景。地质背景是表层土壤形成的物质基础，是表层土壤化学成分的主要决定性因素，以往研究发现，不同地质背景下成土母质发育的土壤往往具有不同的元素组合特征。

工作区地处平原区，地质背景较为简单，除水域外其他地区均为第四系覆盖，第四系松散堆积物其基本母质来于岩石，同岩石圈有着非常密切的联系，属未固结的近代沉积物，是岩石的风化物经过水力、风力和重力的搬运作用形成的，具有不同程度的分选和沉积韵律的特点，未经固结且质地疏松。

区内第四系发育有：第四纪全新世巨野组（74.36%）、黄河组（11.28%）、白云湖组（5.27%）、黑土湖组（1.92%）、单县组（1.69%）、鱼台组（1.51%）、临沂组（0.64%）及第四纪更新统大站组（3.33%）。从各主要地质单元背景来看，由于工作区内成土母质较为一致，因此土壤元素背景值特征基本相似，总体上差异不大，特别是各种微量元素在各主要地质单元内含量水平差异较小。相对而言，由于土壤的基本物质组成与地质单元内物质来源关系紧密，地质背景对 Si、Ca、Mg 等常量元素的控制较为明显。

单县组、大站组各常量元素含量变化区间较大，巨野组、鱼台组元素变化区间较小，巨野组 Fe、黄河组 Al、黑土湖组 Mg、Al、Fe 和鱼台组 Al 具有较显著的双峰叠加分布形态；黑土湖组、单县组和鱼台组 Ca 含量水平整体偏低；黑土湖组和临沂组 Fe 含量水平整体偏低；巨野组和黑土湖组土壤 Si 含量水平整体偏高，含量区间较集中，白云湖组、大站组、单县组 Si 含量水平偏低，但含量变化区间较大，临沂组土壤 Si 含量水平最低，并且含量区间较集中。各单元土壤地球化学背景值及参数见表 4-4。

表 4-4　工作区主要地质单元地球化学参数

元素/指标	第四纪全新世临沂组						第四纪全新世单县组					
	样本 n	最大值 X_{max}	最小值 X_{min}	中位值 X_{me}	背景值 $X_{a'}$	标准差 $S_{a'}$	样本 n	最大值 X_{max}	最小值 X_{min}	中位值 X_{me}	背景值 $X_{a'}$	标准差 $S_{a'}$
As	34	16.93	6.57	10.22	10.57	2.21	90	19.57	4.48	10.28	10.64	3.19
B	34	59.9	31.4	46.10	46.51	6.47	90	58.4	23.2	43.50	43.85	6.06
Cd	34	0.412	0.099	0.185	0.196	0.059	90	0.325	0.044	0.170	0.178	0.062
Cr	34	233.9	50	77.2	76.3	10.6	90	201.3	43.4	69.1	69.3	9.9

续表

元素/指标	第四纪全新世临沂组						第四纪全新世单县组					
	样本 n	最大值 X_{max}	最小值 X_{min}	中位值 X_{me}	背景值 $X_{a'}$	标准差 $S_{a'}$	样本 n	最大值 X_{max}	最小值 X_{min}	中位值 X_{me}	背景值 $X_{a'}$	标准差 $S_{a'}$
Co	34	29.09	10.04	13.22	13.08	1.99	90	30.12	7.55	12.75	12.50	2.38
Cu	34	57	18.6	28.3	28.0	5.1	90	41	10.7	25.6	25.6	6.5
F	34	663	409	520	530	72	90	829	361	569	567	111
Ge	34	1.75	1.02	1.270	1.303	0.183	90	1.67	0.82	1.300	1.292	0.130
Hg	34	0.543	0.013	0.0660	0.0675	0.0428	90	0.287	0.006	0.0525	0.0579	0.0313
I	34	6.72	1.06	1.78	1.84	0.40	90	4.7	0.48	1.52	1.59	0.57
Mo	34	1.97	0.44	0.74	0.77	0.21	90	9.49	0.29	0.72	0.71	0.19
Ni	34	66	22.9	31.1	29.9	3.5	90	60.4	18.4	29.8	30.2	6.0
Pb	34	79.6	17.3	28.15	28.00	5.94	90	46.6	16.2	24.50	25.05	5.37
S	34	1011	86	290.0	297.9	111.7	90	1061	79	308.0	301.1	122.1
Se	34	1.74	0.1	0.290	0.308	0.147	90	0.42	0.08	0.230	0.228	0.082
V	34	101.2	65.3	80.9	79.9	9.3	90	107.8	52.7	78.0	79.8	11.7
Zn	34	194.1	56.8	85.2	84.5	15.7	90	792.9	36.8	76.2	75.2	16.5
Cl	—	—	—	—	—	—	3	122	91	110.0	107.7	15.6
pH**	34	8.56	7.52	8.210	8.245	0.168	90	8.78	7.61	8.245	8.241	0.236
Mn	34	907	478	587.0	610.6	99.7	90	956	395	598.0	607.0	102.1
P	34	3226	518	778.5	811.5	182.3	90	2564	443	778.5	783.6	200.2
SiO_2*	34	68.65	44.66	57.115	57.494	3.022	90	70.6	42.53	58.370	58.688	4.768
Al_2O_3*	34	13.63	10.61	12.155	12.154	0.871	90	14.45	9.24	11.915	11.931	1.065
TFe_2O_3*	34	6.28	3.59	4.570	4.626	0.664	90	6.59	2.86	4.495	4.570	0.860
MgO*	34	4.51	1.38	2.150	2.141	0.304	90	5.42	1.35	2.250	2.227	0.389
CaO*	34	14.31	2.04	7.355	7.274	1.853	90	18.64	3.75	7.070	7.055	1.514
K_2O*	34	2.5	1.36	2.180	2.195	0.137	90	2.69	1.3	2.230	2.263	0.230
N	34	2340	255	969.0	968.3	370.3	90	2467	156	841.0	918.1	483.4
SOM*	34	4.52	0.33	1.725	1.995	0.996	90	4.45	0.26	1.520	1.602	0.836

续表

元素/指标	第四纪全新世巨野组						第四纪全新世白云湖组					
	样本 n	最大值 X_{max}	最小值 X_{min}	中位值 X_{me}	背景值 $X_{a'}$	标准差 $S_{a'}$	样本 n	最大值 X_{max}	最小值 X_{min}	中位值 X_{me}	背景值 $X_{a'}$	标准差 $S_{a'}$
As	3949	20	3.96	10.40	10.48	1.75	280	51.63	2.96	11.27	11.43	2.37
B	3949	105.4	16.73	50.14	50.40	7.09	280	97.6	11.3	47.98	48.00	6.62
Cd	3949	7.803	0.06	0.176	0.175	0.039	280	1.517	0.032	0.191	0.186	0.057
Cr	3949	427.2	14.8	63.7	63.8	4.9	280	5596	18.9	77.0	76.1	13.2
Co	3949	45.23	5.6	11.20	11.49	1.87	280	49.35	3.97	12.69	12.63	2.05
Cu	3949	254.4	10.7	22.0	22.5	4.3	280	102	6.4	26.1	25.9	5.4
F	3949	867	346.9	603	598	57	280	849	264	567	577	93
Ge	3949	2.01	0.59	1.330	1.326	0.109	280	1.77	0.75	1.340	1.343	0.128
Hg	3949	35.2	0.008	0.0347	0.0353	0.0118	280	2.681	0.009	0.0480	0.0497	0.0255
I	3949	20.07	0.49	2.24	2.36	0.85	280	4.87	0.4	1.76	1.81	0.57
Mo	3949	6.98	0.28	0.69	0.69	0.15	280	3.41	0.3	0.67	0.68	0.16
Ni	3949	123.8	13.8	26.5	27.1	3.9	280	195.9	6.7	30.8	30.4	4.5
Pb	3949	127.9	8.5	21.80	21.95	2.65	280	108.7	6.1	24.50	24.63	4.99
S	3949	10500	87	324.0	316.8	108.5	280	2790	69	290.5	289.6	115.6
Se	3949	1.638	0.05	0.220	0.220	0.052	280	1.09	0.06	0.299	0.292	0.127
V	3949	129.8	12.6	74.7	74.7	6.6	280	133.7	17.1	79.0	79.6	9.2
Zn	3949	1375.5	23.9	67.4	68.3	10.7	280	738.5	15.4	78.2	76.3	13.8
Cl	2526	6359	57	156.0	168.1	83.1	—	—	—	—	—	—
pH**	3949	9.56	7.13	8.130	8.121	0.264	280	8.8	7.38	8.250	8.263	0.174
Mn	3949	1591	211.66	576.3	585.3	79.6	280	1229	117	603.0	605.9	90.1
P	3949	8055.9	237.7	1287.4	1264.1	379.1	280	6672	163	899.0	925.8	286.5
SiO_2*	3402	70.98	34.56	63.410	63.083	2.390	134	68.53	10.52	57.710	57.506	5.001
Al_2O_3*	3402	15.41	4.42	11.300	11.430	0.755	134	15.48	2.85	12.300	12.314	0.965
TFe_2O_3*	3402	7.6	1.82	4.460	4.454	0.573	134	7.87	1.12	4.675	4.767	0.690
MgO*	3402	4.25	0.88	1.990	2.018	0.234	134	4.12	1.36	2.255	2.220	0.326
CaO*	3949	42.67	1.45	5.610	5.699	0.775	280	42.45	1.29	6.450	6.502	1.207
K_2O*	3949	2.92	0.85	2.250	2.268	0.114	280	2.69	0.5	2.240	2.257	0.156
N	3949	5331.34	148	1350.0	1295.9	422.3	280	7565	104	1011.0	985.0	408.5
SOM*	3949	13.52	0.21	2.330	2.240	0.801	280	16.34	0.19	1.785	1.795	0.816

续表

元素/指标	第四纪全新世黄河组						第四纪全新世鱼台组					
	样本 n	最大值 X_{max}	最小值 X_{min}	中位值 X_{me}	背景值 $X_{a'}$	标准差 $S_{a'}$	样本 n	最大值 X_{max}	最小值 X_{min}	中位值 X_{me}	背景值 $X_{a'}$	标准差 $S_{a'}$
As	599	17.83	1.7	10.70	10.93	2.45	80	14.5	7.4	11.50	11.61	1.28
B	599	72.5	10.8	47.99	48.60	7.83	80	64.1	35.3	53.90	53.39	6.09
Cd	599	26.472	0.056	0.179	0.175	0.051	80	0.44	0.11	0.190	0.187	0.038
Cr	599	448.3	40	67.3	68.2	9.3	80	74.8	51.5	62.6	63.1	4.7
Co	599	49.31	7.04	12.00	12.17	2.37	80	15.9	9.6	12.45	12.67	1.58
Cu	599	161.2	10.2	23.6	23.9	5.9	80	37.4	17.9	24.1	25.3	4.3
F	599	2934	285.7	596	588	87	80	695	498	617	617	45
Ge	599	1.66	0.77	1.300	1.303	0.109	80	2.22	1.14	1.310	1.316	0.090
Hg	599	0.327	0.003	0.0319	0.0328	0.0138	80	0.2884	0.0144	0.0286	0.0303	0.0081
I	599	6.65	0.13	1.83	1.87	0.76	80	6.24	1.03	2.78	3.00	1.01
Mo	599	2.79	0.27	0.70	0.69	0.16	80	1.15	0.53	0.77	0.76	0.10
Ni	599	111.1	16.1	28.9	29.3	5.6	80	36	20.7	29.0	29.3	3.4
Pb	599	90.9	8.1	22.80	22.91	3.86	80	33.4	18.2	22.55	22.31	1.75
S	599	2342	73	255.0	258.7	111.8	80	2803	177	312.5	316.6	60.6
Se	598	1.07	0.03	0.210	0.207	0.067	80	0.54	0.14	0.240	0.237	0.036
V	599	136.5	45.6	77.9	77.8	9.6	80	86.1	59.9	76.2	76.2	4.3
Zn	599	321.8	36.1	70.6	70.8	14.4	80	186.9	50.4	74.4	80.9	19.5
Cl	244	3206	55	134.0	149.8	80.7	80	472	82	137.0	154.1	62.7
pH**	599	9.83	7.24	8.260	8.226	0.257	80	8.75	7.75	8.335	8.263	0.211
Mn	599	1457	371	604.0	611.7	108.0	80	812.26	483.33	644.2	648.4	71.1
P	599	4762	349	926.0	985.5	333.5	80	2944.2	755	1469.2	1569.3	475.2
SiO_2*	443	71.58	35.87	62.030	61.560	4.013	80	66.89	50.65	62.120	62.064	2.009
Al_2O_3*	443	15.06	9.02	11.580	11.786	1.052	80	13.2	10.05	11.885	11.875	0.664
TFe_2O_3*	443	9.27	2.48	4.560	4.531	0.732	80	5.62	4.13	4.925	4.888	0.307
MgO*	443	6.54	1.15	2.090	2.121	0.331	80	2.56	1.68	2.160	2.164	0.191
CaO*	599	26.27	3.05	6.200	6.287	1.103	80	15.4	4.97	6.000	5.970	0.599
K_2O*	599	2.87	0.72	2.280	2.315	0.162	80	2.65	2.12	2.340	2.363	0.106
N	599	2885	111	1032.0	1074.6	480.4	80	2028.74	790.27	1415.4	1388.0	260.1
SOM*	599	6.29	0.17	1.720	1.794	0.864	80	3.7	0.78	2.380	2.377	0.684

续表

元素/指标	第四纪更新统大站组						第四纪全新世黑土湖组					
	样本 n	最大值 X_{max}	最小值 X_{min}	中位值 X_{me}	背景值 $X_{a'}$	标准差 $S_{a'}$	样本 n	最大值 X_{max}	最小值 X_{min}	中位值 X_{me}	背景值 $X_{a'}$	标准差 $S_{a'}$
As	177	20.6	2.79	10.47	10.47	1.64	102	14.7	6.01	10.21	10.09	1.89
B	177	69.22	10.46	51.13	51.33	7.92	102	65.5	29	47.35	47.47	7.88
Cd	177	5.539	0.059	0.199	0.201	0.071	102	3.93	0.063	0.166	0.166	0.051
Cr	177	4746.4	56.5	78.8	82.2	17.3	102	152.2	48.3	65.2	64.5	6.9
Co	177	65.89	6.92	12.94	13.09	1.99	102	16.8	7.16	11.12	11.12	1.96
Cu	177	436.5	16.9	27.3	28.3	6.0	102	169.3	11.6	23.7	24.7	7.1
F	177	10 445	261.3	575	572	87	102	716.7	377	543	541	74
Ge	177	1.92	0.72	1.320	1.311	0.128	102	1.96	0.82	1.300	1.293	0.130
Hg	177	1.659	0.007	0.0680	0.0706	0.0388	102	3.313	0.01	0.0370	0.0487	0.0330
I	177	18.68	0.51	2.15	2.04	0.48	102	4.96	0.7	2.18	2.24	0.79
Mo	177	7.96	0.41	0.68	0.70	0.19	102	2.89	0.3	0.59	0.60	0.15
Ni	177	278.5	15.9	31.4	31.4	4.1	102	82.3	18.1	26.2	26.5	3.9
Pb	177	985	5.5	27.10	28.23	6.80	102	168.2	13.7	23.00	23.41	5.15
S	177	3756	91	315.0	345.7	154.8	102	1253	91	271.0	268.0	110.7
Se	177	2.05	0.031	0.350	0.376	0.194	102	2.031	0.07	0.225	0.297	0.173
V	177	145.1	41.3	81.4	82.0	8.7	102	104.4	51.2	74.5	73.5	8.5
Zn	177	998.9	54	84.3	91.8	29.6	102	625.4	40.5	67.2	69.4	17.0
Cl	—	—	—	—	—	—	27	193	66	86.0	96.2	35.5
pH**	177	8.73	7.56	8.180	8.175	0.207	102	8.79	7.78	8.265	8.224	0.178
Mn	177	1383	405	632.0	644.3	75.7	102	1180	387	574.0	575.7	87.6
P	177	3404	280	1112.0	1098.8	449.7	102	3366	272	1101.5	1064.1	383.7
SiO_2*	43	67.76	39.75	55.170	55.095	6.093	41	69.72	59.6	64.510	64.441	2.216
Al_2O_3*	43	13.66	8.89	11.930	11.949	0.847	41	12.84	9.85	11.210	11.148	0.822
TFe_2O_3*	43	10.05	3.56	4.770	4.700	0.567	41	5.1	2.83	4.060	3.978	0.630
MgO*	43	4.14	1.48	2.190	2.264	0.423	41	2.35	1.36	1.940	1.878	0.252
CaO*	177	21.6	1.63	4.880	5.039	2.443	102	20.51	1.86	5.075	4.859	1.182
K_2O*	177	2.61	0.63	2.210	2.222	0.156	102	2.47	1.41	2.190	2.195	0.138
N	177	2857	109	1142.0	1128.2	473.7	102	2641	262	1028.0	1063.4	432.1
SOM*	177	19.84	0.17	2.240	2.296	1.129	102	6.69	0.24	1.845	1.983	0.938

具体来说，与全区土壤元素背景值相比，各地质单元土壤元素地球化学背景值具有以下特征。

（1）巨野组在区内占比最大，覆盖了工作区北部大部分平原区，基本上代表了工作区主要地质背景，其主要岩性为灰黄色粉砂土、黏质粉砂土与棕红色粉砂质黏土、黏土互层，以灰黄色调与下伏黑土湖组易于区分。纵向岩性粒度一般无变化，成因类型为黄河河漫滩（泛滥平原），物质来源为黄河中上游冲积物。养分指标 N、SOM 及 Cl、F、Ge、Si 等元素（指标）背景值显著偏高，pH 相对偏低，重金属 Cr、Cu、Hg、Ni、Pb、Zn 及 Al、Mn、Se、V 等元素背景值显著偏低；pH 离散程度较高，Al、Ca、Cd、Cr、Cu、Hg、K、Pb、Se、Zn 等元素含量分布相对局限，说明物质均一性较好，整体上受外来物质影响程度不高。

（2）黄河组主要分布在现今黄河、河床及低河漫滩上，主要岩性为灰黄色粉细砂、粉砂夹少量棕黄色、棕红色砂质黏土、黏土，厚度一般为 8~20 m，粒度由上游至下游略有变细，与下伏单县组、巨野组呈侵蚀冲刷接触，主要为现代黄河冲积沉积物，物质来源为现代黄河中上游冲积物或早期黄河冲积物。其物质别是表层土壤均一化程度较高，同时受水动力条件影响，易淋溶元素流失较严重，黄河组土壤仅 Al、K 等元素背景值相对偏高，Hg、S、Se、Zn 等元素背景值显著偏低；Al、B、Co、I、Mn、N、Ni、pH 等元素（指标）含量离散程度较高。

（3）白云湖组主要分布于华北平原地层分区交接洼地处的湖泊内，区内主要分布于黄河以南东西两侧，自云湖组主要岩性为灰—灰黑色粉砂质黏土，局部夹灰黄色粉砂土，常富含有机质及淡水贝壳。白云湖组厚度一般 3~10 m，边部薄，向湖中心变厚，粒度变化不大。与下伏黑土湖组、临沂组、巨野组、鱼台组整合接触，横向上与潍北组上部为相变关系。为近代—现代湖泊、河间洼地沼泽相沉积。由于湖相沉积作用导致其 As、Cr、Ge、Mg、Fe 等元素背景值显著偏高，土壤碱性较强，pH 偏高且变化幅度较小，此外多数元素含量水平变化不大。

（4）黑土湖组主要分布在华山附近湖沼洼地，主要岩性为灰、灰褐—灰黑色粉砂质亚黏土、黏土，局部夹灰白、黄色粉砂层，含铁核，厚一般 1~10 m，局部可达 16 m。与下伏平原组、大站组或大埠组整合接触，与上覆临沂组、单县组、巨野组、鱼台组整合接触。黑土湖组属全新世早中期形成，是与第一海侵层同时的湖沼相沉积物，具有区域性标志层意义。黑土湖组是由湖水悬浮物质静水沉积而成，富含有机质，多见锈斑纹、铁锰结核，古湖沼沉积物在 50 cm 以下有钙结核层，因此黑土湖组单元区地球化学特征表现为 Si 等少数元素（指标）背景值显著偏高且含量变化较稳定，Al、As、Ca、Cd、Cl、Co、Cr、F、Ge、K、Mg、Mn、Mo、Ni、S、Fe、V、Zn 等多数元素（指标）背景值显著偏低；B、Cu、Se 等元素（指标）含量离散程度较高，pH 较稳定。

（5）单县组主要分布于古黄河决口扇、古河道高地上，区内主要位于工作区西南、黄河南岸，其主要岩性为灰黄色细—粉砂土夹褐黄色黏质粉砂土及少量棕红色黏土，发育交错层理。厚度一般 4~13 m，由西向东、由南西至北东有变薄的趋势，岩性粒度区内变化不大，成因类型为黄河古河道及决口扇，物质来源为黄河中上游冲积物。由于土壤黏质成分的增加导致其 Al、Ca、Mg 等元素背景值显著偏高，但植物养分元素 B、Ge、I、N、P、Se、Si、SOM 等元素（指标）背景值显著偏低；Al、As、Cd、Co、F、K、Mg、Mn、Mo、N、Ni、pH、Fe、V 等元素（指标）含量离散程度较高，B、P 等元素（指标）含量分布相对局限。

（6）鱼台组主要分布于黄河决口扇前缘洼地、河间洼地、古河槽洼地处，主要岩性为一套棕红色黏土、亚黏土，偶夹粉砂质黏土，以其红色调易与单县组、巨野组及下伏黑土湖组区分。鱼台组厚度 2.3~8.6 m，岩性粒度一般无变化，成因类型为黄河河漫滩（泛滥平原），物质来源为黄河中上游冲积物。As、B、F、I、K、Mn、Mo、N、P、SOM、Fe 等元素（指标）背景值显著偏高，pH 显著偏高，Cr、Hg、Pb

等元素（指标）背景值显著偏低；P 等元素（指标）含量离散程度较高，Al、As、B、Ca、Cd、Co、Cr、Cu、F、Ge、Hg、K、Mg、Mn、Mo、N、Ni、Pb、S、Se、Si、SOM、Fe、V 等元素（指标）含量分布相对局限。

（7）临沂组主要分布于山地丘陵地层分区现代河流Ⅰ级阶地、高河漫滩及山前冲积平原表层，区内主要位于工作区西南、黄河南岸。其主要岩性为灰黄色黏土质粉砂、细砂、含砾中粗砂、沙砾石层，具水平层理和交错层理厚 2~13 m，与下伏黑土湖组为侵蚀接触或整合接触，横向上与潍北组相变接触。主要为河流冲积沉积物。由于土壤物质来源较复杂，其重金属 Cd、Cr、Cu、Hg、Pb、Zn 及 Al、Ca、Co、Mo 等元素（指标）背景值显著偏高，土壤碱性较强，pH 显著偏高且相对稳定，同时养分元素 B、F、K、N、P、Si 等元素背景值显著偏低；Ge、Hg、Mn、Mo、Pb 等元素（指标）含量离散程度较高，不排除其受到外源污染的可能。I、Ni、P 等元素（指标）含量分布相对局限。

（8）大站组主要分布于工作区东南山地丘陵地层分区内沟谷、山间盆地及山前斜坡、台地，常构成丘陵区第四系高堆积面及Ⅱ级河流阶地上部。主要岩性为土黄、灰黄色粉细砂、粉砂土、粉砂质黏土夹少量棕黄色—棕红色粉砂质黏土，含大量钙质结核为特点，有时含较多铁锰结核，近山前或沟底地层中多含透镜状、似层状沙砾层，层理不发育，常发育垂直节理或裂隙，厚一般 3~10 m，垂直节理发育，呈高大壁陡的沟谷地貌，颇似西北黄土地貌景观。与下伏羊栏河组呈平行不整合接触，与上覆黑土湖组整合接触。主要为黄土堆积，局部夹洪冲积物。由于其物质来源复杂、运移距离有限，因此土壤 B、Cd、Co、Cr、Cu、Hg、Mg、Mn、Ni、Pb、S、Se、SOM、V、Zn 等元素（指标）背景值显著偏高，Ca、K、Si 等元素背景值显著偏低；pH 相对偏低，B、Ca、Cd、Cr、Hg、Mg、Mo、N、P、Pb、S、Se、Si、SOM、Zn 等元素（指标）含量离散程度较高，进一步说明其物质来源的复杂性。I、Mn 等元素（指标）含量分布相对局限。

（三）主要土壤类型单元背景值特征

根据《全国土壤普查暂行技术规程》和《山东省第二次土壤普查土壤工作分类暂行方案》，全省土壤类型可分为 7 个土纲、10 个亚纲、15 个土类、35 个亚类。工作区内地貌和地质背景简单，因此土壤发育类型较为单一，共涉及 5 个土纲、5 个亚纲、6 个土类、9 个亚类、14 个土属，见表 4-5。

表 4-5　山东省主要土壤类型和工作区内发育情况

土纲	亚纲	土壤类型	土壤亚类	区内发育
淋溶土	湿暖温淋溶土	棕壤	棕壤	
			白浆化棕壤	
			酸性棕壤	
			潮棕壤	
			棕壤性土	
半淋溶土	半湿暖温淋溶土	褐土	褐土	
			石灰性褐土	
			淋溶褐土	
			潮褐土	●
			褐土性土	

续表

土纲	亚纲	土壤类型	土壤亚类	区内发育
初育土	土质初育土	红黏土	红黏土	
		新积土	冲积土	●
		风沙土	草甸风沙土	●
	石质初育土	火山灰土	火山灰土	
		石质土	酸性石质土	
			中性石质土	
			钙质石质土	
初育土	石质初育土	粗骨土	酸性粗骨土	
			中性粗骨土	●
			钙质粗骨土	
半水成土	暗半水成土	砂姜黑土	砂姜黑土	
			石灰性砂姜黑土	
		山地草甸土	山地灌丛草甸土	
	淡半水成土	潮土	潮土	●
			脱潮土	●
			湿潮土	●
			盐化潮土	●
			碱化潮土	
盐碱土	盐土	盐土	草甸盐土	
			碱化盐土	
		滨海盐土	滨海盐土	
			滨海潮滩盐土	
	碱土	碱土	草甸碱土	
人为土	水稻土	水稻土	潴育水稻土	●
			淹育水稻土	

其中9个土壤亚类包括潮土、盐化潮土、冲积土、潮褐土、湿潮土、脱潮土、草甸风沙土、潴育水稻土、中性粗骨土，其中潮土占比最大，达64%，其次为盐化潮土，占比约19%，再次为冲积土，占比7%，其他土类分布较局限。14个土属包括砂质潮土、壤质潮土、壤质硫酸盐盐化潮土、黄河滩冲积土、砂质硫酸盐盐化潮土、冲积潮褐土、砂质氯化物盐化潮土、壤质脱潮土、黏质潮土、冲积固定草甸风沙土、壤质湿潮土、砂质湿潮土、洪冲积潮褐土、基性岩类中性粗骨土。

潮土各亚类土壤养分和肥力水平差异很大，潮土、脱潮土和湿潮土养分含量和肥力水平相对较高，盐化潮土则很低，土壤钾、有效铜和有效钼含量较高，其他有益元素含量普遍较低。各土壤类型单元地球化学背景值及参数见表4-6。

表4-6 工作区主要土壤类型地球化学参数

元素/指标	潮褐土						草甸风沙土					
	样本 n	最大值 X_{max}	最小值 X_{min}	中位值 X_{me}	背景值 $X_{a'}$	标准差 $S_{a'}$	样本 n	最大值 X_{max}	最小值 X_{min}	中位值 X_{me}	背景值 $X_{a'}$	标准差 $S_{a'}$
As	201	20.6	4.62	10.51	10.63	1.56	68	14.7	6.01	9.65	9.51	1.84
B	201	88.81	25	52.63	52.95	6.90	68	65.5	29	46.35	46.69	7.10
Cd	201	5.539	0.068	0.193	0.190	0.054	68	0.31	0.063	0.150	0.142	0.028
Cr	201	386.6	55.7	72.8	72.4	7.5	68	67.8	48.3	59.4	60.0	3.9
Co	201	26.16	9.29	12.29	12.24	1.33	68	15	7.16	10.20	10.29	1.84
Cu	201	169.3	16.9	25.6	26.1	4.1	68	45.4	11.6	20.0	19.7	3.4
F	201	850.6	341	589	583	75	68	702	377	578	557	81
Ge	201	1.96	0.96	1.340	1.322	0.125	68	1.63	1.02	1.300	1.308	0.114
Hg	201	0.419	0.01	0.0530	0.0605	0.0300	68	0.0806	0.011	0.0254	0.0266	0.0080
I	201	18.68	0.72	2.27	2.24	0.49	68	4.96	0.7	2.00	2.25	1.02
Mo	201	7.39	0.32	0.59	0.59	0.09	68	0.82	0.3	0.60	0.59	0.13
Ni	201	69	21.9	30.1	30.2	3.8	68	32.3	18.1	24.4	24.3	3.2
Pb	201	406.7	17	25.70	25.49	3.51	68	25.9	13.7	20.00	19.89	2.21
S	201	728	95	274.0	288.3	93.2	68	1184	91	217.5	221.4	73.7
Se	201	1.434	0.069	0.316	0.315	0.108	68	0.22	0.1	0.170	0.167	0.032
V	201	138.3	61.6	79.2	79.5	7.0	68	83.7	51.2	73.4	71.0	7.8
Zn	201	998.9	48	79.4	79.1	14.0	68	77.7	40.5	58.2	58.0	7.5
Cl	—	—	—	—	—	—	53	2157	65	103.0	114.3	45.3
pH**	201	8.61	7.56	8.210	8.192	0.172	68	8.79	7.68	8.280	8.249	0.215
Mn	201	1591	405	628.0	634.6	78.1	68	701.89	387	543.3	539.5	71.7
P	201	3404	314	1228.0	1175.6	444.7	68	1801.9	499	1213.6	1189.6	303.9
SiO_2*	22	65.49	47.26	58.050	57.099	5.230	68	69.72	59.6	64.715	64.599	1.962
Al_2O_3*	22	13.59	10.64	12.020	12.005	0.884	68	12.84	9.85	11.065	11.091	0.716
TFe_2O_3*	22	10.05	3.56	4.790	4.812	0.748	68	5.1	2.83	4.145	4.043	0.572
MgO*	22	4.14	1.62	2.100	2.365	0.657	68	2.35	1.36	1.905	1.870	0.216
CaO*	201	20.51	1.63	4.100	4.189	1.388	68	6.9	4.18	5.495	5.460	0.526
K_2O*	201	2.61	1.33	2.260	2.255	0.132	68	2.47	2.09	2.215	2.237	0.088
N	201	2170	220	1176.0	1144.7	377.5	68	1674.89	228	1002.6	1019.5	338.4
SOM*	201	5.45	0.33	2.120	2.121	0.803	68	3.18	0.33	1.670	1.731	0.651

续表

元素/指标	冲积土						潮土					
	样本 n	最大值 X_{max}	最小值 X_{min}	中位值 X_{me}	背景值 $X_{a'}$	标准差 $S_{a'}$	样本 n	最大值 X_{max}	最小值 X_{min}	中位值 X_{me}	背景值 $X_{a'}$	标准差 $S_{a'}$
As	390	17.78	1.7	10.30	10.73	2.60	3396	51.63	1.92	10.46	10.59	1.83
B	390	72.5	18.23	47.00	47.35	8.16	3396	105.4	10.8	50.00	50.07	7.15
Cd	390	26.472	0.056	0.160	0.168	0.052	3396	7.803	0.032	0.180	0.178	0.040
Cr	390	174.3	40	65.8	67.2	9.6	3396	5596	14.8	63.7	63.9	5.4
Co	390	37.1	7.04	11.70	11.89	2.53	3396	49.35	3.97	11.40	11.68	1.98
Cu	390	161.2	10.6	22.2	22.9	6.0	3396	436.5	6.4	22.2	22.9	4.6
F	390	806	285.7	583	579	95	3396	10445	264	601	596	61
Ge	390	1.64	0.96	1.300	1.310	0.112	3396	2.22	0.59	1.330	1.327	0.110
Hg	390	0.327	0.003	0.0287	0.0296	0.0121	3396	35.2	0.008	0.0349	0.0351	0.0120
I	390	5.64	0.13	1.64	1.67	0.68	3396	20.07	0.43	2.27	2.39	0.87
Mo	390	1.14	0.27	0.68	0.68	0.17	3396	9.49	0.28	0.70	0.70	0.15
Ni	390	53.3	16.1	27.8	28.5	5.9	3396	195.9	6.7	26.8	27.5	4.2
Pb	390	90.9	8.1	22.05	22.39	3.94	3396	985	6.1	21.90	22.08	2.78
S	390	845	73	219.0	221.8	88.8	3396	10500	69	317.0	307.6	101.1
Se	390	0.91	0.03	0.190	0.191	0.062	3395	2.05	0.05	0.230	0.222	0.055
V	390	107.8	45.6	76.7	76.9	10.7	3396	156.2	12.6	74.8	75.0	6.9
Zn	390	269.3	36.1	67.2	68.2	14.5	3396	1375.5	15.4	68.0	69.2	11.2
Cl	160	648	55	108.0	138.1	78.5	2076	6359	58	148.0	160.8	77.1
pH**	390	8.82	7.28	8.300	8.277	0.245	3396	9.51	7.13	8.150	8.138	0.260
Mn	390	1226	371	581.0	598.8	114.0	3396	1326	117	579.9	592.2	84.4
P	390	4171.8	423	869.3	915.6	292.7	3396	6672	163	1274.6	1250.2	388.8
SiO_2*	281	71.58	51.18	62.760	62.119	4.085	2966	70.6	10.52	63.200	62.851	2.637
Al_2O_3*	281	15.06	9.02	11.460	11.708	1.126	2966	15.48	2.85	11.360	11.526	0.832
TFe_2O_3*	281	6.27	2.48	4.430	4.438	0.758	2966	9.27	1.12	4.485	4.495	0.584
MgO*	281	2.96	1.15	2.050	2.082	0.344	2966	6.54	1.21	2.000	2.033	0.246
CaO*	390	10.33	3.05	6.185	6.214	1.113	3396	42.67	1.29	5.640	5.742	0.817
K_2O*	390	2.87	0.79	2.270	2.303	0.149	3396	2.89	0.5	2.250	2.277	0.121
N	390	2764	111	934.5	966.8	447.3	3396	7565	134	1344.6	1285.8	427.5
SOM*	390	5.62	0.17	1.555	1.603	0.795	3396	19.84	0.21	2.330	2.240	0.816

续表

元素/指标	脱潮土						湿潮土					
	样本 n	最大值 X_{max}	最小值 X_{min}	中位值 X_{me}	背景值 $X_{a'}$	标准差 $S_{a'}$	样本 n	最大值 X_{max}	最小值 X_{min}	中位值 X_{me}	背景值 $X_{a'}$	标准差 $S_{a'}$
As	94	19.01	2.79	11.54	11.40	2.07	123	13.7	5.66	8.82	8.63	1.16
B	94	66.45	10.46	50.50	50.27	7.94	123	61.3	28.1	44.30	44.32	6.08
Cd	94	0.773	0.059	0.193	0.189	0.055	123	0.7	0.074	0.155	0.151	0.035
Cr	94	775.3	51.5	77.3	84.5	26.1	123	93.4	50.7	64.0	63.8	4.6
Co	94	65.89	8.91	12.46	12.89	2.35	123	14.6	7.28	9.84	9.78	1.08
Cu	94	64.1	16.2	25.2	25.7	3.9	123	82.6	10.7	18.6	18.3	2.9
F	94	797.5	261.3	584	582	82	123	678	357	538	528	64
Ge	94	1.67	0.87	1.300	1.285	0.130	123	1.54	1.05	1.340	1.333	0.105
Hg	94	3.313	0.007	0.0550	0.0608	0.0319	123	0.726	0.0106	0.0290	0.0284	0.0091
I	94	3.41	0.51	2.03	2.01	0.56	123	4.8	0.65	1.70	1.71	0.54
Mo	94	1.45	0.44	0.67	0.68	0.15	123	1.25	0.32	0.54	0.53	0.08
Ni	94	278.5	21.5	30.2	30.2	4.0	123	35.4	17.5	24.0	23.8	2.8
Pb	94	113.7	5.5	24.35	24.57	4.87	123	66.2	14.9	20.10	20.08	2.18
S	94	1328	91	298.0	329.7	128.0	123	1203	95	276.0	308.3	151.0
Se	94	0.869	0.031	0.304	0.354	0.184	123	0.44	0.05	0.190	0.186	0.052
V	94	145.1	60.7	80.0	81.2	10.0	123	88.4	53.1	67.9	67.9	5.5
Zn	94	193.4	49.7	74.6	76.7	12.8	123	207.4	35.8	59.5	58.0	8.1
Cl	—	—	—	—	—	—	20	469	57	91.0	168.9	134.5
pH**	94	8.62	7.91	8.220	8.235	0.165	123	9.11	7.47	8.120	8.133	0.293
Mn	94	1322	451	611.5	618.5	76.7	123	717.18	387.68	515.0	516.0	49.1
P	94	3069	280	1167.5	1120.6	398.8	123	2109.9	449	998.0	984.0	289.4
SiO_2*	2	55.17	51.39	53.280	53.280	2.673	112	70.95	51.77	64.445	64.631	2.431
Al_2O_3*	2	12.54	11.14	11.840	11.840	0.990	112	12.61	9.52	10.840	10.804	0.542
TFe_2O_3*	2	4.94	4.44	4.690	4.690	0.354	112	5.04	2.88	3.775	3.756	0.339
MgO*	2	2.27	2.19	2.230	2.230	0.057	112	2.42	1.34	1.850	1.827	0.212
CaO*	94	21.6	2.16	5.920	5.719	1.357	123	12.48	3.84	5.380	5.388	0.698
K_2O*	94	2.57	0.63	2.195	2.177	0.179	123	2.44	1.89	2.170	2.173	0.061
N	94	2352	109	1169.0	1113.0	447.1	123	2913	182	1103.0	1052.6	426.3
SOM*	94	6.78	0.17	2.120	2.058	0.910	123	5.29	0.24	1.810	1.726	0.695

续表

元素/指标	盐化潮土						潴育水稻土					
	样本 n	最大值 X_{max}	最小值 X_{min}	中位值 X_{me}	背景值 $X_{a'}$	标准差 $S_{a'}$	样本 n	最大值 X_{max}	最小值 X_{min}	中位值 X_{me}	背景值 $X_{a'}$	标准差 $S_{a'}$
As	1012	19	2.41	10.60	10.70	1.75	31	14.78	6.22	10.33	10.50	1.78
B	1012	100	14.94	50.50	50.89	6.98	31	61.95	30.54	48.05	47.61	7.32
Cd	1012	1.13	0.06	0.178	0.176	0.043	31	0.487	0.083	0.206	0.214	0.073
Cr	1012	427.2	46.6	65.7	65.9	5.8	31	146.5	52	71.8	83.1	24.3
Co	1012	45.23	7.5	11.70	11.91	1.91	31	16.2	8.4	11.65	11.86	1.58
Cu	1012	126.5	12.3	23.5	23.8	4.5	31	114.6	17.8	29.4	30.5	7.8
F	1012	1713.8	355.8	606	602	65	31	672.2	425	559	549	56
Ge	1012	1.7	0.78	1.310	1.310	0.110	31	1.6	0.82	1.380	1.372	0.110
Hg	1012	0.506	0.01	0.0378	0.0383	0.0137	31	1.841	0.017	0.0920	0.0925	0.0527
I	1012	15.65	0.35	2.03	2.11	0.77	31	3.12	0.93	2.06	2.00	0.57
Mo	1012	2.79	0.34	0.70	0.70	0.15	31	2.89	0.41	0.62	0.67	0.19
Ni	1012	123.8	17.2	27.9	28.4	4.2	31	82.3	19.9	28.9	28.4	3.6
Pb	1012	78.3	8.5	22.55	22.64	3.03	31	55	16.5	27.40	29.81	8.63
S	1012	5900	73	357.0	349.5	132.5	31	1253	172	440.0	508.9	275.4
Se	1012	1.11	0.06	0.230	0.224	0.058	31	2.031	0.1	0.511	0.480	0.182
V	1012	136.5	52.6	76.8	76.7	6.8	31	91.2	54	76.3	75.7	8.2
Zn	1012	401.4	40.6	69.9	70.8	10.9	31	225.9	51.5	82.1	94.1	31.4
Cl	572	4120	65	199.5	209.5	112.9	—	—	—	—	—	/
pH**	1012	9.83	7.24	8.120	8.118	0.267	31	8.81	7.43	8.200	8.167	0.269
Mn	1012	1457	399	595.8	600.3	82.8	31	1180	424	570.0	582.1	87.0
P	1012	8055.9	349	1185.3	1173.0	385.7	31	1587	272	1147.0	1079.5	310.0
SiO_2*	819	70.98	49.99	62.630	62.149	2.712	4	54.95	51.67	51.890	52.600	1.571
Al_2O_3*	819	14.61	9.82	11.490	11.647	0.797	4	13.21	11.39	11.885	12.093	0.788
TFe_2O_3*	819	7.87	3.11	4.600	4.564	0.571	4	5.09	4.41	4.665	4.708	0.309
MgO*	819	4.8	0.88	2.060	2.094	0.232	4	2.18	1.93	2.040	2.048	0.104
CaO*	1012	26.27	1.45	5.930	6.097	0.894	31	17.61	2.75	5.840	7.095	3.692
K_2O*	1012	2.92	1.05	2.260	2.273	0.128	31	2.43	1.41	2.150	2.112	0.177
N	1012	5331.34	104	1281.5	1243.6	464.6	31	2641	268	1359.0	1387.5	545.8
SOM*	1012	13.3	0.19	2.190	2.131	0.848	31	6.69	0.24	2.860	2.982	1.422

注：*为%，**为无量纲，其他为mg/kg，$X_{a'}$和$S_{a'}$为清除离群值后统计值。

区内各土壤亚类元素地球化学背景值具有以下特征。

（1）潮土是发育在河流沉积物上，受地下水影响，并经长期的旱耕熟化而形成的一类土壤。区内分布面积广大，其成土母质为黄河沉积物，潮土剖面通常由耕作层、犁底层、心土层和底土层构成。耕作层质地以壤土类为主，其次为黏壤土类，砂土类很少。壤质潮土的土壤水分状况比较适宜作物生长。潮土呈中性至碱性反应，碳酸盐含量一般在3%~15%。区内土壤I、P、F、N、Mo、K_2O等元素（指标）背景值显著偏高，Cr、pH等元素（指标）背景值显著偏低；I、P等元素（指标）含量离散程度较高，S、CaO、Pb、Ge、Cd、V、Hg、Se、Cr、F等元素（指标）含量分布相对局限。

（2）盐化潮土是潮土在主导成土过程中附加盐化过程形成的，是潮土与盐土之间的过渡类型，属一种盐渍土。区内与潮土交错分布，面积仅次于潮土亚类。区内盐化潮土以壤质硫酸盐盐化潮土和壤质氯化物盐化潮土为主。盐化潮土质地疏松，阳离子交换量很低，有效硼含量较高，但其他微量元素含量较低。由于区内盐化潮土盐化程度较低，盐碱危害有限，因此土壤多为中产水平。区内土壤Cl、F、Mo、B、K_2O、N等元素（指标）背景值显著偏高，pH显著偏低；Cl、pH、P、N、I等元素（指标）含量离散程度较高，F、Cr、V等元素（指标）含量分布相对局限。

（3）新积土指在新近沉积或堆积的母质上，发育程度微弱的一类土壤，区内仅见其冲积土亚类，冲积土主要分布在黄河大堤内的现代河漫滩和现代黄河三角洲。冲积土是向潮土过渡的土壤类型，它继承了黄河沉积物的特征，土体深厚，剖面基本没有发育土层分化，近期没有沉积物覆盖，发育时期较长的剖面有弱度发育的腐殖质层，剖面冲沉积层理明显，三角洲冲积土不同质地土层有更迭现象，但黄河滩冲积土全部为砂质壤均质构型剖面，由于冲积土的环境条件不稳定，在丰水年或汛期，部分冲积土被淹没，表层又接受新的沉积，故而表土覆盖频繁。冲积土颗粒组成离散度小，砂质壤土质地细砂含量高，粗粉砂含量可达60%以上，黏质冲积土黏粒含量很高，可达40%~60%，冲积土富含碳酸盐，有强烈的石灰反应，土壤有机质和各种养分含量一般较低，特别是黄河滩冲积土更低，剖面上下土层养分含量差异很小。黏质三角洲冲积土因黏粒含量高，其养分含量、阳离子交换量也都明显增高，其水热状况也与砂质壤冲积土有较大差异。区内冲积土pH、K_2O等元素（指标）背景值显著偏高，S、SOM、N、I、P等元素（指标）背景值显著偏低；Ni、As、Mn、F、Al_2O_3、V、B、Co、TFe_2O_3等元素（指标）含量离散程度较高，S、P等元素（指标）含量分布相对局限。

（4）潮褐土是受地下水影响且耕作熟化程度较高的褐土亚类，其下与潮土相接。潮褐土分布区地形平缓，高程较低，地面排水较好，但土壤内排水不良，地下水位较高，一般为4~5 m，区内潮褐土母质主要为洪积—冲积物，主要分布在工作区东南部。耕作层质地为砂质黏壤土或黏壤土，潮褐土呈中性至微碱性反应，pH介于6.5~8.2，潮褐土耕种历史久远，土体深厚，地势平坦，灌溉水源充足，土壤肥力高，土壤养分含量丰富，质地适中，构型上轻下重，保水、保肥性能较好，土性暖，耕性良好，适合各种旱作物，基本不存在障碍土层，因此目前潮褐土属山东的优良高产土壤。区内土壤Cl、MgO、B、Mn、Ni、TFe_2O_3、Al_2O_3、V、I、Co、Pb、Zn、Cu、Cd、Hg等元素（指标）背景值显著偏高，S、SiO_2、Mo、CaO等元素（指标）背景值显著偏低；MgO、SiO_2、P、Ge、TFe_2O_3等元素（指标）含量离散程度较高，S、As、N、Co、I、Mo、pH等元素（指标）含量分布相对局限。

（5）湿潮土是潮土土类中向水成土过渡的一个亚类，是在高位潜水或季节性地表积水的影响下形成的，一般成土环境属地表水汇集区，区内分布在鹊山水库以北等地，土壤内排水不良，潜水埋深一般在0.5~1.0 m，其土壤有效成分低，适耕期短，耕性差，易受渍涝危害。区内土壤SiO_2背景值显著偏高，N、Se、Hg、SOM、OrgC、K_2O、pH、Pb、Cd、P、Zn、I、MgO、Cu、Ni、B、Co、F、Mn、V、Mo、Al_2O_3、TFe_2O_3、As等元素（指标）背景值显著偏低；Cl、pH等元素（指标）含量离散程度较高，CaO、

F、Se、Cr、SOM、OrgC、Zn、Hg、I、Pb、Cd、P、TFe_2O_3、Cu、Ge、Ni、V、Co、Mo、As、Al_2O_3、K_2O、Mn、B 等元素（指标）含量分布相对局限。

（6）脱潮土是潮土土类中潮化特征微弱，而且初步具有褐土发育特征的亚类。区内主要分布在遥墙等地，面积不大，质地为壤土和黏壤土，排水良好，无盐渍化。脱潮土土层深厚，耕性好，地下水质良好，保水保肥性能好，适当人为改良和发展可将其培育成为高产土壤。区内土壤 Cr、V、Co、As、Ni 等元素（指标）背景值显著偏高，K_2O、SiO_2、Ge 等元素（指标）背景值显著偏低；Ge、Cr、Se、V、K_2O、B、Co、Al_2O_3、P、F、Hg、As、Cd、Pb 等元素（指标）含量离散程度较高，I、TFe_2O_3、MgO、pH 等元素（指标）含量分布相对局限。

（7）草甸风沙土主要分布在黄河冲积平原的黄河故道，古决口扇形地和现代决口冲积扇，区内零星分布在太平、回河等局部地区。草甸风沙土剖面一般只有很薄的腐殖质层和母质层，没有明显的淀积层，并经常出现一层或几层的埋藏土层。在半固定和固定草甸风沙土剖面的下部呈现潮化特征，有锈纹斑发育。草甸风沙土由于风的分选作用，颗粒组成均匀，调查区内草甸风沙土由于母质来源于黄河沉积物，细砂含量的90%以上黏粒含量一般小于5%。调查区内草甸风沙土。区内土壤偏碱性，pH、SiO_2、I、P 等元素（指标）背景值显著偏高，SOM、Mo、Hg、N、Se、As、V、Cu、S、Pb、TFe_2O_3、Cr、Al_2O_3、MgO、Mn、Zn、Co、Cl、Ni、Cd 等大量元素（指标）背景值显著偏低；I、F 等元素（指标）含量离散程度较高，Cr、CaO、Cu、Pb、SiO_2、P、Ni、Zn、Hg、S、SOM、OrgC、Se、K_2O、Cl、Cd、N 等元素（指标）含量分布相对局限。

（8）水稻土是在母质或其他类型母土之上，在种植水稻淹水条件下，经受人为活动和自然因素的双重作用，产生水耕熟化和氧化还原交替过程，从而形成的特有剖面特征的土壤，其有机质、养分和微量元素含量较高，土壤阳离子交换量一般高于 200×10^{-6}。水稻土在调查区内面积不大，仅在华山东部山前平原下缘的交接洼地可见少量潴育水稻土亚类。潴育水稻土是受地下水升降和季节性水分潴积的影响、剖面发育有潴育层、耕种历史久、熟化程度高的水稻土，其成土母质为黄土性冲积物或古湖相沉积物，引附近丰沛的泉水灌溉，栽培水稻历史悠久，久负盛名的“明水香稻”即为在该潴育水稻土上培育出来的优良品种。潴育水稻土土层深厚，地下水埋深 0.8~2 m，灌溉水源充足，排水方便，土壤质地为中壤土或重壤土，呈中性至微碱性反应，有机质含量较高，速效钾含量较高，速效磷和有效锌含量低，颗粒以粗粉沙为主，耕性较好，既适合旱耕也适合水耕。区内土壤养分元素 S、OrgC、SOM、Ge、Hg、Pb、Se、Zn、Cu、Cd、CaO、N、Cr、Al_2O_3、TFe_2O_3 等元素（指标）背景值显著偏高，F、SiO_2、K_2O 等元素（指标）背景值显著偏低；CaO、Zn、SOM、OrgC、S、Pb、Cu、Hg、N、Cd、Se、Cr、Mo、K_2O 等元素（指标）含量离散程度较高，MgO、SiO_2、TFe_2O_3、F 等元素（指标）含量分布相对局限。

（四）主要地貌单元背景值特征

地球化学特征的地理分布与地貌条件密切相关，具有一定的地带性规律，地貌是一系列地理条件和物理化学作用过程的综合体现，特定地貌类型内往往具有独特的气候、大气和水土运移方式及酸碱和氧化还原等反应条件，对于塑造和影响地球化学分布具有举足轻重的作用。

按照《山东省环境地质图集》（1996 年）地貌类型划分方案，将山东省地貌类型划分为 8 个Ⅰ级地貌类型和 22 个Ⅱ级地貌类型。据此工作区全区按地貌特征可划分为 3 个Ⅰ级地貌类型（山间平原Ⅳ、山前倾斜平原Ⅴ、微倾斜低平原Ⅵ）和 3 个Ⅱ级地貌类型（冲积—洪积平原Ⅳ3、洪积—冲积平原Ⅴ、黄河冲积平原Ⅵ1）。全区地貌类型除水域外均为平原，平原面积为 996 km^2，占全区面积的 96.69%，其中微倾斜低平原面积最大，约为 951 km^2，占平原区面积比例为 95.48%，山间平原与山间倾斜平原占比均低于5%。此外，水域面积约为34 km²，占全区面积比例为3.31%。全区按微地貌类型可分为4类：河滩高地、山前—平原交接洼地、缓平洼地和河间浅平洼地。各地貌单元区土壤元素基准值及其参数具有不同特点，区内各主要地貌单元区土壤元素背景值见表4-7（样本数小于30的没有进行统计），参与统计地貌单元包括微倾斜低平原和山前倾斜平原以及各微地貌类型。

表4-7 工作区主要地貌类型地球化学参数

元素/指标	山前倾斜平原						微倾斜低平原					
	样本 n	最大值 X_{max}	最小值 X_{min}	中位值 X_{me}	背景值 $X_{a'}$	标准差 $S_{a'}$	样本 n	最大值 X_{max}	最小值 X_{min}	中位值 X_{me}	背景值 $X_{a'}$	标准差 $S_{a'}$
As	265	18.19	6.22	10.63	10.70	1.52	5055	51.63	1.7	10.40	10.56	1.92
B	265	88.81	30.54	52.14	52.17	6.99	5055	105.4	10.46	49.70	49.81	7.30
Cd	265	3.93	0.068	0.193	0.189	0.051	5055	26.472	0.032	0.177	0.176	0.042
Cr	265	238.7	52	71.0	71.7	8.3	5055	5596	14.8	64.3	64.4	5.8
Co	265	17.46	8.4	11.84	11.89	1.38	5055	65.89	3.97	11.40	11.72	2.06
Cu	265	169.3	17.3	25.1	24.7	3.1	5055	436.5	6.4	22.3	23.0	4.8
F	265	850.6	418.4	594	591	67	5055	10445	261.3	599	593	67
Ge	265	1.96	0.82	1.330	1.322	0.118	5055	2.22	0.59	1.320	1.322	0.111
Hg	265	0.419	0.01	0.0530	0.0559	0.0253	5055	35.2	0.003	0.0348	0.0350	0.0124
I	265	18.68	0.72	2.29	2.26	0.45	5055	20.07	0.13	2.13	2.24	0.85
Mo	265	6.98	0.32	0.59	0.58	0.08	5055	9.49	0.27	0.70	0.69	0.16
Ni	265	41.1	19.9	29.0	29.0	3.5	5055	278.5	6.7	27.0	27.7	4.5
Pb	265	170.5	16.5	25.20	24.87	3.36	5055	985	5.5	22.00	22.12	2.93
S	265	2257	95	286.0	298.9	105.3	5055	10500	69	314.0	307.3	112.4
Se	265	2.031	0.069	0.333	0.346	0.136	5054	2.05	0.03	0.220	0.218	0.057
V	265	138.3	54	77.7	77.9	7.0	5055	156.2	12.6	75.2	75.4	7.4
Zn	265	1375.5	48	76.6	76.4	12.1	5055	812.6	15.4	68.1	69.1	11.7
Cl	—	—	—	—	—	—	2884	6359	55	151.5	164.2	81.3
pH**	265	8.81	7.6	8.220	8.201	0.181	5055	9.83	7.13	8.160	8.147	0.263
Mn	265	1591	405	612.0	615.1	81.5	5055	1457	117	580.5	592.3	87.0
P	265	3404	272	1217.0	1170.2	426.2	5055	8055.9	163	1217.5	1198.9	390.6
SiO_2*	—	—	—	—	—	—	4274	71.58	10.52	63.110	62.742	2.791
Al_2O_3*	—	—	—	—	—	—	4274	15.48	2.85	11.370	11.533	0.846
TFe_2O_3*	—	—	—	—	—	—	4274	10.05	1.12	4.480	4.479	0.606
MgO*	—	—	—	—	—	—	4274	6.54	0.88	2.010	2.039	0.254
CaO*	265	20.51	1.63	4.650	4.420	1.340	5055	42.67	1.29	5.720	5.857	0.890
K_2O*	265	2.61	1.41	2.240	2.246	0.122	5055	2.92	0.5	2.250	2.274	0.126
N	265	2641	220	1171.0	1147.5	371.7	5055	7565	104	1294.0	1242.0	448.8
SOM*	265	5.26	0.24	2.100	2.111	0.793	5055	19.84	0.17	2.230	2.149	0.843

续表

元素/指标	山前-平原交接洼地						海滩高地					
	样本 n	最大值 X_{max}	最小值 X_{min}	中位值 X_{me}	背景值 $X_{a'}$	标准差 $S_{a'}$	样本 n	最大值 X_{max}	最小值 X_{min}	中位值 X_{me}	背景值 $X_{a'}$	标准差 $S_{a'}$
As	331	26.86	4.87	11.26	11.50	2.29	4499	51.63	1.7	10.37	10.47	1.89
B	331	72.34	27.59	50.04	49.76	6.55	4499	105.4	10.46	49.40	49.68	7.36
Cd	331	7.803	0.073	0.191	0.187	0.049	4499	26.472	0.032	0.174	0.174	0.042
Cr	331	450	47.2	73.7	73.4	12.6	4499	5596	14.8	64.1	64.3	5.6
Co	331	20.8	7.86	11.77	12.05	1.94	4499	65.89	3.97	11.40	11.65	2.05
Cu	331	57.6	11.3	24.4	24.8	5.2	4499	255.5	6.4	22.2	22.8	4.8
F	331	849	346.9	585	594	76	4499	10445	261.3	600	593	67
Ge	331	1.72	0.94	1.330	1.329	0.111	4499	2.01	0.59	1.320	1.321	0.111
Hg	331	0.495	0.012	0.0450	0.0481	0.0245	4499	35.2	0.003	0.0340	0.0346	0.0121
I	331	4.32	0.49	1.90	1.98	0.62	4499	20.07	0.13	2.13	2.23	0.85
Mo	331	1.07	0.39	0.62	0.64	0.15	4499	9.49	0.27	0.70	0.69	0.16
Ni	331	69.8	17.5	28.8	29.4	4.5	4499	278.5	6.7	26.8	27.6	4.5
Pb	331	58	15.3	23.60	23.56	4.25	4499	985	5.5	21.90	22.02	2.85
S	331	1047	96	266.0	266.8	90.6	4499	10500	69	319.0	311.3	116.0
Se	331	0.945	0.086	0.297	0.298	0.116	4499	2.05	0.03	0.220	0.216	0.056
V	331	107.1	52	76.2	77.8	8.4	4499	156.2	12.6	75.1	75.2	7.4
Zn	331	190.4	39.4	74.3	74.2	12.8	4499	812.6	15.4	67.8	68.6	11.5
Cl	—	—	—	—	—	—	2673	6359	55	151.0	165.2	83.4
pH**	331	8.66	7.84	8.270	8.273	0.159	4499	9.83	7.13	8.140	8.139	0.269
Mn	331	942	381	581.0	589.0	84.4	4499	1457	117	579.5	590.8	86.9
P	331	3069	414	1020.0	1038.3	324.4	4499	8055.9	163	1223.4	1200.6	388.5
SiO_2*	52	64.83	50.49	56.850	57.456	3.800	4007	71.58	10.52	63.140	62.777	2.768
Al_2O_3*	52	14.46	11.01	12.690	12.590	0.908	4007	15.48	2.85	11.360	11.516	0.838
TFe_2O_3*	52	6.2	3.39	4.895	4.825	0.710	4007	10.05	1.12	4.470	4.463	0.606
MgO*	52	2.74	1.59	2.305	2.274	0.283	4007	6.54	0.88	2.010	2.033	0.251
CaO*	331	11.11	1.29	5.930	6.113	1.008	4499	42.67	1.45	5.700	5.843	0.886
K_2O*	331	2.69	1.81	2.240	2.256	0.135	4499	2.92	0.5	2.250	2.273	0.124
N	331	2077	199	985.0	992.8	369.7	4499	7565	104	1315.0	1256.2	452.4
SOM*	331	3.9	0.24	1.690	1.730	0.703	4499	19.84	0.17	2.260	2.170	0.851

续表

元素/指标	河间浅平洼地						缓平洼地					
	样本 n	最大值 X_{max}	最小值 X_{min}	中位值 X_{me}	背景值 $X_{a'}$	标准差 $S_{a'}$	样本 n	最大值 X_{max}	最小值 X_{min}	中位值 X_{me}	背景值 $X_{a'}$	标准差 $S_{a'}$
As	101	14.9	6.9	12.20	12.23	1.46	110	14.3	6.6	10.20	10.15	0.99
B	101	68.9	33.4	54.90	55.07	5.43	110	61	33.6	50.55	50.65	5.09
Cd	101	0.44	0.1	0.200	0.197	0.038	110	0.51	0.11	0.170	0.172	0.031
Cr	101	100.4	43.7	65.4	64.6	4.6	110	69	51.9	60.2	60.3	3.1
Co	101	16.9	8.4	13.40	13.38	1.79	110	15.8	8	10.90	11.11	0.94
Cu	101	34.6	10.2	26.9	26.9	3.9	110	42.6	15.1	21.2	21.4	2.6
F	101	709	447	628	621	44	110	705	492	592	591	44
Ge	101	2.22	1.12	1.330	1.326	0.093	110	1.6	1	1.320	1.328	0.099
Hg	101	0.2884	0.0121	0.0348	0.0342	0.0108	110	0.106	0.0188	0.0344	0.0371	0.0120
I	101	6.74	0.81	3.11	3.23	1.18	110	5.04	0.73	2.66	2.74	0.91
Mo	101	1.11	0.46	0.80	0.80	0.10	110	1.09	0.51	0.70	0.71	0.09
Ni	101	37.8	16.2	31.0	30.9	3.2	110	33.3	20.7	25.0	25.4	2.0
Pb	101	33.4	17.3	23.20	23.26	2.25	110	29	16.8	21.10	21.05	1.43
S	101	2803	123	315.0	312.8	71.3	110	776	134	293.0	291.8	73.3
Se	100	0.54	0.1	0.230	0.234	0.029	110	0.29	0.09	0.190	0.192	0.034
V	101	87.5	56.5	77.0	77.6	4.7	110	84.3	61.2	74.2	74.0	2.9
Zn	101	186.9	38.1	83.3	84.7	19.0	110	128	46.5	65.0	64.2	5.0
Cl	101	1163	67	156.0	164.6	69.5	110	703	68	147.0	160.2	67.0
pH**	101	8.75	7.75	8.200	8.195	0.235	110	8.7	7.53	8.020	8.048	0.251
Mn	101	832.79	398.33	693.6	688.4	72.2	110	665.97	436.08	565.1	566.8	33.4
P	101	2944.2	538.1	1457.3	1559.6	531.8	110	2710.6	659.7	1433.6	1442.9	367.2
SiO_2*	101	69.75	50.65	61.230	61.197	2.010	110	68.07	60.8	64.845	64.483	1.392
Al_2O_3*	101	13.86	9.4	12.220	12.197	0.731	110	12.54	10.31	11.030	11.048	0.359
TFe_2O_3*	101	5.76	2.97	5.060	5.055	0.343	110	5.15	3.39	4.375	4.382	0.263
MgO*	101	2.6	1.21	2.270	2.253	0.195	110	2.19	1.57	1.920	1.922	0.127
CaO*	101	15.4	4.33	6.170	6.117	0.684	110	6.8	4.51	5.320	5.430	0.470
K_2O*	101	2.7	2.12	2.430	2.423	0.119	110	2.45	2.12	2.230	2.236	0.048
N	101	2087.72	507.18	1391.8	1359.4	325.2	110	2063.46	377.44	1391.8	1362.1	336.8
SOM*	101	4.09	0.5	2.320	2.342	0.765	110	3.83	0.97	2.500	2.427	0.585

注：* 为%，** 为无量纲，其他为 mg/kg，$X_{a'}$ 和 $S_{a'}$ 为清除离群值后的统计值。

区内微倾斜低平原面积最大，其土壤 SiO_2、K_2O、P 背景值偏高，其他大部分元素如 Se、V、Mn、TFe_2O_3、Al_2O_3、MgO、B、As、Hg、Pb、I、Cu、Ni、Zn、Cr、Cd、Co 背景值均较低，pH、I、Co、Mn、MgO、TFe_2O_3、B、F、N、P、As 数据离散程度较高，Al_2O_3、SiO_2、Ge、Se 数据一致性较好，说明受外源影响不显著，山间倾斜平原土壤 B、pH、F、P、K_2O 背景值相对偏高，N、CaO、Mo、S、SOM、OrgC、Ge 背景值相对较低，山间平原样品量较少，初步统计发现，其 Ge、OrgC、SOM、S、Co、Cd、Cr、Zn、Ni、Cu、I、Pb、Hg、As、Mo、CaO、Mn、V、Se、N、Al_2O_3、MgO、TFe_2O_3 背景值均高于其他地貌，仅 SiO_2、pH、K_2O、P、F 背景值相对偏低。

对微地貌类型来说，其成因和区位差异也可导致特定元素的富集或分散，河滩高地全区占比最大，其他类型占比极少。从统计结果来看，河滩高地内土壤 S、Cl、SiO_2 背景值偏高，Ge 背景值偏低；山前—平原交接洼地 Hg、Cr、Se、pH、Al_2O_3、Pb、MgO、V、Ge、CaO 背景值显著偏高，I、Mo、P、SiO_2、S、SOM、OrgC、N 背景值显著偏低；缓平洼地 SiO_2、SOM、OrgC、N、P、Ge 背景值偏高，F、K_2O、Mn、Cd、Se、TFe_2O_3、Cr、Co、As、Zn、Cu、Al_2O_3、V、MgO、Cl、pH、Pb、Ni、CaO 背景值偏低；河间浅平洼地 F、B、K_2O、Mn、Co、Mo、Zn、Cd、I、Cu、As、TFe_2O_3、Ni、P 背景值显著偏高，Hg 背景值偏低。

（五）主要土地利用单元背景值特征

土地利用方式对土壤，特别是表层土壤的地球化学状况有着重要影响，土地利用方式是人为直接决定的，不同地类的地球化学差异性能够反映历史上作用在该地类的一系列人为活动的特点，因此，土地利用方式往往是研究人为活动历史、土地质量及环境污染的切入点，近年来在土地质量地球化学评价工作中受到重点关注。工作区参与统计的土地利用类型单元划分方案主要依据山东省第二次土地利用现状调查获取的工作区土地利用数据，结合《土地利用现状分类》（GB/T 21010—2017）标准来确定，参与统计的地类（按样本数量排序）包括：水浇地、水田、有林地、其他林地、村庄、城市、旱地、其他草地、建制镇、设施农用地、果园、采矿用地、水工建筑用地、公路用地、盐碱地、坑塘水面、沟渠、风景名胜及特殊用地、内陆滩涂、农村道路、铁路用地、河流水面、机场用地、裸地、其他园地共 25 类（其中水面用地指划定的水域周边邻近区域土地）。考虑到地类重要性和包含的样本数，这里仅对样本数不少于 22 个的 14 种地类进行统计和分析，包括：1 水浇地、2 水田、3 旱地、4 果园、5 设施农用地、6 有林地、7 其他林地、8 其他草地、9 盐碱地、10 城市、11 建制镇、12 村庄、13 采矿用地、14 公路用地。区内各土地利用单元土壤元素背景值地球化学参数见表 4-8。

表 4-8　工作区主要土地利用类型地球化学参数

元素/指标	水浇地						旱地					
	样本 n	最大值 X_{max}	最小值 X_{min}	中位值 X_{me}	背景值 $X_{a'}$	标准差 $S_{a'}$	样本 n	最大值 X_{max}	最小值 X_{min}	中位值 X_{me}	背景值 $X_{a'}$	标准差 $S_{a'}$
As	3531	22.76	1.7	10.45	10.57	1.70	96	17.51	6.86	10.12	10.33	1.94
B	3531	88.81	18.23	50.02	50.32	6.96	96	65.5	31.2	46.45	46.78	6.30
Cd	3531	26.472	0.056	0.180	0.179	0.038	96	0.361	0.076	0.160	0.173	0.052
Cr	3531	497.1	38.3	63.9	64.3	5.3	96	223.8	52.9	63.0	64.5	7.2
Co	3531	37.1	6.9	11.30	11.55	1.80	96	20.8	7.73	11.16	11.39	2.10

续表

元素/指标	水浇地						旱地					
	样本 n	最大值 X_{max}	最小值 X_{min}	中位值 X_{me}	背景值 $X_{a'}$	标准差 $S_{a'}$	样本 n	最大值 X_{max}	最小值 X_{min}	中位值 X_{me}	背景值 $X_{a'}$	标准差 $S_{a'}$
Cu	3531	169. 3	10. 6	22. 0	22. 6	4. 1	96	87. 2	12. 5	21. 7	22. 5	5. 1
F	3531	867	285. 7	606	605	56	96	794	404	570	573	69
Ge	3531	1. 96	0. 71	1. 330	1. 325	0. 109	96	1. 77	1. 07	1. 340	1. 331	0. 121
Hg	3531	35. 2	0. 003	0. 0354	0. 0360	0. 0118	96	0. 398	0. 011	0. 0310	0. 0309	0. 0122
I	3531	20. 07	0. 13	2. 34	2. 44	0. 86	96	6. 43	0. 48	1. 81	1. 80	0. 68
Mo	3531	6. 98	0. 27	0. 69	0. 69	0. 15	96	1. 01	0. 4	0. 63	0. 66	0. 15
Ni	3531	82. 3	16. 1	26. 7	27. 3	3. 8	96	69. 8	18. 9	26. 8	27. 4	4. 5
Pb	3531	170. 5	8. 1	22. 00	22. 13	2. 57	96	44. 1	15. 5	21. 20	21. 58	2. 96
S	3531	10500	73	318. 0	310. 9	98. 4	96	2536	80	241. 5	231. 9	78. 9
Se	3530	1. 638	0. 03	0. 230	0. 224	0. 052	96	0. 48	0. 08	0. 200	0. 199	0. 066
V	3531	109. 5	45. 6	75. 0	75. 2	6. 6	96	101. 5	60. 8	74. 5	75. 0	7. 4
Zn	3531	1375. 5	36. 1	67. 6	68. 6	10. 3	96	99	41. 4	65. 5	67. 4	13. 1
Cl	2147	4120	58	156. 0	169. 4	81. 9	49	6359	65	94. 0	100. 4	34. 9
pH**	3531	9. 15	7. 13	8. 110	8. 101	0. 258	96	8. 82	7. 61	8. 235	8. 222	0. 246
Mn	3531	1591	362	580. 2	590. 5	79. 5	96	870	431. 15	564. 2	577. 6	83. 7
P	3531	5971. 4	314	1320. 7	1306. 2	357. 1	96	2967. 2	519	1033. 6	1018. 0	324. 6
SiO_2*	2925	71. 58	49. 37	63. 490	63. 298	2. 072	94	68	50. 37	63. 120	62. 742	3. 011
Al_2O_3*	2925	15. 41	9. 02	11. 320	11. 419	0. 699	94	13. 88	9. 99	11. 395	11. 531	0. 869
TFe_2O_3*	2925	6. 77	2. 48	4. 480	4. 468	0. 548	94	6. 28	3. 25	4. 245	4. 304	0. 605
MgO*	2925	2. 96	1. 15	1. 990	2. 018	0. 222	94	3. 01	1. 43	1. 995	2. 027	0. 284
CaO*	3531	20. 51	1. 63	5. 540	5. 599	0. 705	96	10	4. 31	5. 950	5. 984	0. 919
K_2O*	3531	2. 89	0. 79	2. 250	2. 267	0. 108	96	2. 75	1. 93	2. 250	2. 264	0. 146
N	3531	5331. 34	111	1403. 6	1350. 6	401. 7	96	1772. 15	205	1044. 4	1054. 1	393. 0
SOM*	3531	5. 41	0. 17	2. 400	2. 326	0. 769	96	3. 23	0. 29	1. 700	1. 736	0. 742

续表

元素/指标	水田						设施农用地					
	样本 n	最大值 X_{max}	最小值 X_{min}	中位值 X_{me}	背景值 $X_{a'}$	标准差 $S_{a'}$	样本 n	最大值 X_{max}	最小值 X_{min}	中位值 X_{me}	背景值 $X_{a'}$	标准差 $S_{a'}$
As	502	26.86	2.96	11.90	11.90	2.25	55	51.63	5.66	10.80	11.09	2.01
B	502	97.6	11.3	50.90	50.56	7.13	55	69	28.1	53.00	52.45	8.40
Cd	502	0.652	0.032	0.200	0.196	0.051	55	0.526	0.087	0.160	0.160	0.039
Cr	502	356.5	18.9	70.0	71.0	8.4	55	149.5	48.6	63.4	63.3	5.8
Co	502	49.35	3.97	13.24	13.13	2.06	55	18.2	8	12.20	12.56	2.50
Cu	502	55.1	6.4	27.0	26.6	4.8	55	85.7	12.4	24.0	24.6	5.4
F	502	849	267	622	615	74	55	682	357	601	603	36
Ge	502	1.75	0.75	1.310	1.311	0.114	55	1.56	1.13	1.340	1.336	0.103
Hg	502	0.406	0.009	0.0461	0.0480	0.0217	55	0.1945	0.0108	0.0311	0.0344	0.0160
I	502	7.85	0.43	1.74	1.77	0.51	55	18.1	0.61	2.12	2.19	0.79
Mo	502	1.37	0.3	0.73	0.72	0.15	55	1.45	0.38	0.73	0.74	0.14
Ni	502	85.5	6.7	31.6	31.6	4.5	55	41.5	18.4	28.3	28.6	4.9
Pb	502	71.1	6.1	25.10	24.74	4.10	55	79.9	15.7	21.80	22.97	4.01
S	502	1629	69	333.5	332.5	116.0	55	1373	120	281.0	308.2	137.9
Se	502	0.945	0.06	0.250	0.253	0.080	55	1.35	0.06	0.200	0.200	0.064
V	502	133.7	17.1	80.8	80.9	7.9	55	94.7	53.1	76.9	77.5	6.0
Zn	502	284.1	15.4	78.8	77.3	11.7	55	238.8	39.6	69.8	70.3	13.8
Cl	155	1237	79	150.0	175.1	89.1	50	914	65	153.0	222.3	182.7
pH**	502	8.71	7.24	8.190	8.190	0.194	55	8.83	7.64	8.210	8.222	0.246
Mn	502	1229	117	626.0	635.5	98.1	55	863.91	430.83	592.0	621.0	106.5
P	502	8055.9	163	1053.5	1131.9	414.6	55	2670.9	449	992.1	1089.9	374.0
SiO_2*	338	68.65	10.52	58.695	58.741	3.667	53	69.79	54.48	62.300	62.205	3.410
Al_2O_3*	338	15.48	2.85	12.515	12.468	0.873	53	13.94	10.05	11.480	11.660	0.973
TFe_2O_3*	338	7.87	1.12	5.050	4.968	0.628	53	5.88	2.88	4.480	4.642	0.667
MgO*	338	4.12	1.36	2.350	2.317	0.264	53	2.91	1.41	2.060	2.104	0.317
CaO*	502	42.45	2.04	6.700	6.704	1.032	55	9.13	2.14	6.020	6.327	1.116
K_2O*	502	2.7	0.5	2.340	2.336	0.160	55	2.7	1.79	2.280	2.347	0.153
N	502	2885	134	1224.8	1205.8	452.1	55	2406.18	240	1056.0	1096.6	375.7
SOM*	502	5.29	0.21	2.140	2.088	0.840	55	5.27	0.44	1.830	1.882	0.721

续表

元素/指标	果园						其他草地					
	样本 n	最大值 X_{max}	最小值 X_{min}	中位值 X_{me}	背景值 $X_{a'}$	标准差 $S_{a'}$	样本 n	最大值 X_{max}	最小值 X_{min}	中位值 X_{me}	背景值 $X_{a'}$	标准差 $S_{a'}$
As	46	16.4	6.9	8.98	9.85	2.38	75	16.5	4.86	10.20	10.13	2.27
B	46	64	29	45.60	46.06	7.49	75	69.34	29.29	49.80	49.44	9.32
Cd	46	1.9	0.086	0.166	0.168	0.040	75	0.49	0.069	0.150	0.151	0.039
Cr	46	136	52.9	64.0	64.3	7.2	75	233.9	48.6	64.5	67.8	12.0
Co	46	25.36	7.94	10.11	10.88	2.38	75	29.09	7.04	12.00	12.31	2.85
Cu	46	74.3	15.1	20.3	21.9	5.4	75	47.4	10.7	23.4	23.6	6.3
F	46	691	383	544	545	70	75	747.3	360.1	546	542	79
Ge	46	1.63	1.14	1.330	1.333	0.116	75	1.55	1.05	1.330	1.318	0.113
Hg	46	0.142	0.016	0.0286	0.0336	0.0159	75	0.175	0.013	0.0310	0.0367	0.0212
I	46	14.13	0.6	2.00	2.29	0.98	75	3.4	0.48	1.59	1.71	0.64
Mo	46	6.98	0.34	0.52	0.58	0.17	75	1.05	0.29	0.68	0.66	0.17
Ni	46	46.2	20.2	24.6	26.3	5.6	75	66	17.2	28.0	28.0	5.1
Pb	46	56.4	16	20.40	20.88	2.82	75	53.7	16.2	22.30	22.52	3.92
S	46	681	105	212.0	240.4	99.6	75	2220	79	269.0	323.1	199.9
Se	46	0.435	0.07	0.200	0.207	0.066	75	0.636	0.08	0.180	0.177	0.049
V	46	122.6	57.3	70.6	72.3	9.3	75	107.8	52.7	76.3	77.7	11.7
Zn	46	256.9	48.6	65.0	65.9	12.1	75	170.9	36.8	66.2	66.9	14.0
Cl	11	255	71	127.0	137.4	54.9	25	4595	65	355.0	605.2	673.7
pH**	46	8.75	7.65	8.230	8.242	0.208	75	9.51	7.69	8.370	8.315	0.254
Mn	46	920.8	440	517.0	545.6	76.8	75	827.65	395	583.7	589.9	97.3
P	46	1996.2	574	1066.0	1067.2	319.8	75	1657.2	272	688.0	727.8	214.9
SiO_2*	31	67.96	55.54	63.910	63.125	3.243	48	70.6	42.53	62.555	61.994	4.234
Al_2O_3*	31	15.41	10.08	11.200	11.373	0.935	48	14.16	9.87	11.195	11.442	0.956
TFe_2O_3*	31	6.66	3.15	3.920	4.241	0.828	48	6.28	2.86	4.360	4.395	0.676
MgO*	31	2.66	1.55	1.900	1.996	0.302	48	4.51	1.35	2.100	2.090	0.324
CaO*	46	8.92	4.24	5.415	5.472	0.836	75	18.64	1.86	6.080	5.996	0.984
K_2O*	46	2.65	1.61	2.200	2.241	0.114	75	2.59	1.3	2.210	2.252	0.145
N	46	1690	299	882.5	925.6	373.6	75	3107.33	156	673.0	732.8	345.5
SOM*	46	3.39	0.41	1.430	1.546	0.716	75	6.54	0.24	1.190	1.319	0.673

续表

元素/指标	有林地						其他林地					
	样本 n	最大值 X_{max}	最小值 X_{min}	中位值 X_{me}	背景值 $X_{a'}$	标准差 $S_{a'}$	样本 n	最大值 X_{max}	最小值 X_{min}	中位值 X_{me}	背景值 $X_{a'}$	标准差 $S_{a'}$
As	266	16.2	4.28	9.66	9.91	2.17	225	19	5.9	9.04	9.13	1.74
B	266	72.18	25.36	47.25	47.69	7.73	225	69.22	24.3	45.00	44.86	6.49
Cd	266	2.402	0.072	0.150	0.151	0.040	225	0.661	0.077	0.144	0.147	0.035
Cr	266	243.2	43.7	62.8	62.7	6.9	225	208.4	44.1	62.8	63.2	6.4
Co	266	33.65	6.81	10.70	11.02	2.24	225	32.62	7.24	10.07	10.19	1.71
Cu	266	62.8	10.2	20.5	21.2	5.4	225	46.9	11	19.1	19.6	4.5
F	266	774	346.9	542	543	81	225	796	360	531	530	75
Ge	266	1.61	0.94	1.320	1.331	0.103	225	1.67	0.9	1.320	1.321	0.111
Hg	266	0.327	0.01	0.0270	0.0293	0.0117	225	0.231	0.006	0.0260	0.0270	0.0109
I	266	13.52	0.49	1.77	1.80	0.62	225	6.79	0.51	1.61	1.61	0.54
Mo	266	1.33	0.28	0.58	0.60	0.16	225	1.15	0.3	0.55	0.57	0.13
Ni	266	65.7	15.8	25.5	26.2	4.9	225	66.8	16.1	24.4	24.7	4.0
Pb	266	62.1	14.9	20.40	20.71	3.02	225	50.6	15.3	19.80	20.10	2.59
S	266	1443	87	219.5	217.8	92.3	225	1680	95	236.0	255.6	130.1
Se	266	0.74	0.05	0.194	0.191	0.055	225	0.57	0.05	0.190	0.188	0.057
V	266	143.8	52	72.2	72.4	8.6	225	112.5	52.5	70.3	70.3	7.4
Zn	266	232.2	38.1	62.9	64.1	12.5	225	108.3	35.8	60.4	60.5	11.1
Cl	93	2157	55	118.0	113.9	41.6	76	1743	57	93.0	108.4	50.1
pH**	266	8.95	7.66	8.350	8.311	0.224	225	8.95	7.55	8.300	8.275	0.266
Mn	266	921	389.85	541.3	557.7	88.4	225	935	387.68	519.0	526.4	68.9
P	266	2375.9	468	850.8	911.7	297.3	225	2042.8	480	817.5	874.8	273.8
SiO_2*	155	70.95	52.62	63.850	63.207	3.272	215	69.75	53.05	64.320	64.394	2.733
Al_2O_3*	155	14.51	9.61	11.190	11.421	0.899	215	14.61	9.46	11.000	11.016	0.772
TFe_2O_3*	155	5.91	2.93	4.270	4.312	0.689	215	6.83	2.88	3.820	3.885	0.530
MgO*	155	3.01	1.33	1.970	1.999	0.286	215	3.55	1.36	1.880	1.871	0.272
CaO*	266	9.97	2.76	5.625	5.750	0.944	225	8.99	2.02	5.470	5.510	0.789
K_2O*	266	2.71	1.36	2.220	2.249	0.134	225	2.73	1.62	2.220	2.228	0.098
N	266	2476.15	182	835.8	882.8	384.1	225	3350.09	228	841.0	884.0	358.9
SOM*	266	5.49	0.21	1.405	1.523	0.748	225	6.73	0.26	1.370	1.426	0.630

续表

元素/指标	村庄						采矿用地					
	样本 n	最大值 X_{max}	最小值 X_{min}	中位值 X_{me}	背景值 $X_{a'}$	标准差 $S_{a'}$	样本 n	最大值 X_{max}	最小值 X_{min}	中位值 X_{me}	背景值 $X_{a'}$	标准差 $S_{a'}$
As	181	17	3. 96	10. 70	10. 72	1. 72	25	15. 4	4. 4	11. 00	10. 60	2. 65
B	181	100	16. 73	53. 10	52. 30	7. 41	25	105. 4	31	54. 00	56. 70	16. 40
Cd	181	0. 84	0. 07	0. 160	0. 165	0. 039	25	2. 18	0. 06	0. 150	0. 143	0. 032
Cr	181	427. 2	51. 5	63. 3	63. 0	4. 1	25	129. 2	14. 8	65. 1	66. 4	11. 4
Co	181	45. 23	7. 5	12. 00	12. 10	1. 81	25	24. 2	5. 6	12. 30	12. 34	2. 84
Cu	181	126. 5	13. 4	25. 0	25. 0	4. 7	25	182. 3	10. 7	24. 5	23. 3	6. 1
F	181	692	355. 8	576	577	52	25	717	510	574	582	52
Ge	181	2. 22	0. 82	1. 300	1. 293	0. 107	25	2. 01	0. 59	1. 350	1. 359	0. 143
Hg	181	0. 3141	0. 0132	0. 0358	0. 0349	0. 0116	25	0. 0703	0. 0141	0. 0240	0. 0259	0. 0106
I	181	15. 65	0. 48	1. 88	1. 91	0. 59	25	3. 31	0. 73	1. 81	1. 81	0. 74
Mo	181	2. 89	0. 36	0. 81	0. 80	0. 16	25	2. 79	0. 54	0. 76	0. 78	0. 17
Ni	181	123. 8	17. 4	27. 7	28. 2	4. 2	25	39. 1	13. 8	27. 9	27. 7	5. 9
Pb	181	60. 3	8. 5	22. 90	22. 71	2. 96	25	87. 2	14. 3	21. 60	21. 76	3. 28
S	181	2803	82	330. 0	327. 9	140. 9	25	2010	113	245. 0	265. 6	172. 4
Se	181	2. 031	0. 06	0. 200	0. 204	0. 072	25	0. 9	0. 09	0. 170	0. 289	0. 260
V	181	129. 8	53. 5	75. 1	74. 8	5. 3	25	88. 7	12. 6	74. 8	74. 8	8. 2
Zn	181	401. 4	40. 6	75. 4	75. 8	14. 1	25	732. 9	23. 9	67. 9	64. 8	15. 0
Cl	155	4611	65	163. 0	165. 1	86. 2	21	1216	58	112. 0	114. 3	48. 5
pH**	181	8. 96	7. 6	8. 270	8. 266	0. 264	25	9. 26	7. 93	8. 400	8. 396	0. 311
Mn	181	1180	413. 31	602. 2	601. 8	73. 2	25	830. 77	211. 66	591. 0	606. 5	93. 4
P	181	6618. 6	466	909. 4	988. 0	327. 2	25	3947. 4	237. 7	761. 9	743. 0	185. 6
SiO_2*	157	68. 24	50. 65	61. 340	61. 118	2. 818	25	69. 34	34. 56	61. 500	61. 248	4. 569
Al_2O_3*	157	13. 74	9. 91	11. 520	11. 569	0. 807	25	13. 54	4. 42	11. 860	11. 820	0. 981
TFe_2O_3*	157	5. 79	3. 26	4. 550	4. 558	0. 448	25	5. 62	1. 82	4. 750	4. 559	0. 654
MgO*	157	3. 32	1. 52	2. 080	2. 078	0. 233	25	4. 25	1. 34	2. 080	2. 011	0. 272
CaO*	181	17. 61	3. 23	6. 780	6. 737	0. 790	25	42. 67	4. 34	6. 440	6. 351	1. 052
K_2O*	181	2. 92	1. 05	2. 320	2. 319	0. 147	25	2. 8	0. 85	2. 300	2. 292	0. 205
N	181	3180. 16	194	935. 0	942. 4	346. 7	25	1917. 8	377. 44	704. 0	739. 3	272. 4
SOM*	181	5. 98	0. 22	1. 650	1. 677	0. 748	25	10. 21	0. 77	1. 080	1. 370	0. 659

续表

元素/指标	城市						建制镇					
	样本 n	最大值 X_{max}	最小值 X_{min}	中位值 X_{me}	背景值 $X_{a'}$	标准差 $S_{a'}$	样本 n	最大值 X_{max}	最小值 X_{min}	中位值 X_{me}	背景值 $X_{a'}$	标准差 $S_{a'}$
As	176	21.48	1.92	9.66	9.37	2.52	73	20	6.3	12.00	11.60	2.10
B	176	70.35	10.46	45.49	45.63	8.79	73	76.4	22.9	52.40	53.49	6.85
Cd	176	5.539	0.044	0.199	0.200	0.082	73	2.798	0.09	0.170	0.177	0.044
Cr	176	5596	40.4	95.2	98.5	34.9	73	91.2	51.8	66.7	65.8	5.5
Co	176	65.89	6.67	13.20	13.51	2.91	73	22.1	9.16	13.00	13.10	1.99
Cu	176	436.5	13	30.2	31.6	10.1	73	254.4	15.6	27.2	26.7	4.3
F	176	10445	261.3	502	496	79	73	712.8	462	594	592	48
Ge	176	1.92	0.72	1.275	1.275	0.167	73	1.63	1.1	1.360	1.346	0.102
Hg	176	2.681	0.007	0.0755	0.0825	0.0607	73	0.1708	0.0162	0.0357	0.0363	0.0117
I	176	18.68	0.35	1.78	1.74	0.60	73	4.96	1.01	2.39	2.63	0.82
Mo	176	9.49	0.35	0.78	0.81	0.26	73	2.3	0.45	0.83	0.83	0.15
Ni	176	278.5	13	31.4	31.5	6.6	73	49.9	17.2	30.7	30.1	4.6
Pb	176	985	5.5	30.70	30.34	10.92	73	58.4	18.3	24.20	24.25	3.08
S	176	3756	73	365.0	373.5	184.8	73	1578	130	340.0	362.9	176.7
Se	176	2.05	0.031	0.310	0.360	0.214	73	0.62	0.08	0.210	0.225	0.083
V	176	156.2	38.2	78.8	79.6	10.7	73	100.1	55.2	79.4	78.1	8.0
Zn	176	812.6	42	89.6	99.8	38.1	73	194.4	51.9	80.8	80.1	13.8
Cl	—	—	—	—	—	—	66	1003	72	149.5	167.5	81.2
pH**	176	9.83	7.38	8.220	8.229	0.251	73	8.82	7.82	8.320	8.302	0.227
Mn	176	1457	404	627.0	626.4	98.7	73	952.86	479.68	652.2	649.7	83.3
P	176	6672	280	777.0	813.9	254.9	73	3069	556.9	810.7	900.4	274.6
SiO_2*	114	67.76	34.47	55.790	55.602	5.765	69	70.98	52.19	59.720	59.827	2.630
Al_2O_3*	114	13.66	8.88	11.665	11.648	1.006	69	14.42	9.91	12.110	12.033	0.874
TFe_2O_3*	114	10.05	2.9	4.565	4.657	0.781	69	7.6	3.58	4.850	4.789	0.498
MgO*	114	6.54	1.48	2.140	2.163	0.341	69	2.54	0.88	2.120	2.133	0.215
CaO*	176	26.27	2.16	7.775	8.062	2.961	73	12.62	1.45	7.180	7.299	1.264
K_2O*	176	2.54	0.63	2.070	1.994	0.291	73	2.69	2.05	2.380	2.371	0.125
N	176	7565	104	920.5	953.4	499.4	73	2427.6	315.59	990.8	1056.1	399.8
SOM*	176	19.84	0.17	1.955	2.141	1.279	73	13.3	0.34	1.630	1.888	0.941

续表

元素/指标	水工建筑用地						公路用地					
	样本 n	最大值 X_{max}	最小值 X_{min}	中位值 X_{me}	背景值 $X_{a'}$	标准差 $S_{a'}$	样本 n	最大值 X_{max}	最小值 X_{min}	中位值 X_{me}	背景值 $X_{a'}$	标准差 $S_{a'}$
As	24	17.23	7.22	9.92	9.84	1.46	22	14.2	7.4	11.12	11.15	1.75
B	24	66.63	37	50.15	50.76	6.61	22	67.36	30	54.45	52.48	8.80
Cd	24	0.349	0.079	0.156	0.159	0.042	22	0.22	0.09	0.169	0.164	0.038
Cr	24	117.4	53	69.5	72.3	9.6	22	146.2	51.5	67.1	67.1	6.2
Co	24	15.85	8.66	10.96	11.49	1.87	22	15.6	8.9	12.32	12.17	1.81
Cu	24	43.9	16.4	22.6	22.8	4.1	22	29.2	15.3	24.4	23.7	4.1
F	24	659	423	515	531	63	22	664.7	481	576	582	61
Ge	24	1.52	1.05	1.295	1.293	0.106	22	1.46	0.96	1.320	1.327	0.083
Hg	24	0.183	0.012	0.0335	0.0355	0.0237	22	0.096	0.0149	0.0335	0.0399	0.0205
I	24	2.75	0.99	1.79	1.78	0.47	22	4.87	0.71	2.18	2.23	0.92
Mo	24	1.25	0.45	0.57	0.62	0.14	22	0.88	0.41	0.70	0.67	0.13
Ni	24	37.4	21.9	27.8	28.4	4.1	22	36.7	20	30.9	29.3	4.7
Pb	24	38.3	15.2	21.00	21.55	3.32	22	28.7	16.5	22.30	22.68	3.11
S	24	732	148	285.0	348.1	188.4	22	657	109	261.5	295.4	127.0
Se	24	1.11	0.09	0.207	0.213	0.082	22	0.514	0.09	0.180	0.224	0.109
V	24	87	62.9	75.6	76.1	6.9	22	89.5	60.7	79.4	77.5	7.1
Zn	24	135	50.4	68.6	68.7	11.1	22	99.5	47.6	73.4	73.3	12.7
Cl	2	150	140	145.0	145.0	7.1	12	801	89	163.0	230.2	190.7
pH**	24	9.14	7.9	8.400	8.408	0.272	22	8.94	7.94	8.305	8.298	0.241
Mn	24	745.6	455	559.0	582.6	78.4	22	757.1	442.99	612.7	602.0	94.9
P	24	1740.4	584	706.0	703.0	95.8	22	1771.9	437	759.6	863.6	319.3
SiO_2*	17	65.54	51.77	61.550	60.825	3.558	13	66.9	58.37	61.480	62.241	2.498
Al_2O_3*	17	12.88	9.97	10.780	10.990	0.747	13	13.05	10.19	11.950	11.784	0.864
TFe_2O_3*	17	5.35	3.42	4.020	4.086	0.523	13	5.37	3.44	4.870	4.657	0.586
MgO*	17	2.4	1.87	2.080	2.111	0.148	13	2.33	1.6	2.010	2.025	0.246
CaO*	24	12.48	5.16	6.610	6.466	0.739	22	7.35	1.29	6.395	6.112	0.915
K_2O*	24	2.51	1.89	2.150	2.192	0.151	22	2.55	1.98	2.275	2.272	0.155
N	24	1480.84	311	718.0	793.6	322.2	22	1822	316	962.9	935.4	379.8
SOM*	24	5.29	0.48	1.500	1.567	0.784	22	3.38	0.52	1.745	1.695	0.775

注：* 为%，** 为无量纲，其他为 mg/kg，$X_{a'}$和 $S_{a'}$为清除离群值后统计值。

从统计结果来看，主要用地类型土壤背景值具有以下特征。

（1）水浇地全区占比最大，其典型特征是土壤肥力指标N、P、SOM等丰富，I、F、SiO_2、Cd背景值显著偏高，CaO、pH背景值显著偏低。

（2）水田常量元素MgO、Al_2O_3、TFe_2O_3、土壤肥力指标和部分重金属元素如As、Ni、V、Cd、N、F、Mn、Co、SOM、P等背景值显著偏高，土壤黏质成分高，砂质成分少，因此其SiO_2背景值显著偏低。

（3）旱地土壤元素背景值整体较均衡，相对而言其SiO_2、Ge背景值偏高，Mo、Co、I、Cl、TFe_2O_3、S、B背景值偏低。

（4）果园I、SiO_2、P、Ge背景值显著偏高，Ni、TFe_2O_3、Co、CaO、B、V、Mn、Mo背景值显著偏低。

（5）设施农用地K_2O、F、Mn、As背景值偏高，Hg、Cd、Cr、Se背景值显著偏低。

（6）有林地pH、SiO_2、Ge背景值显著偏高，SOM、Zn、S、F、Pb、Co、Cu、Ni、Cd、Mn、V、Mo等多数元素背景值显著偏低。

（7）其他林地与有林地背景相似，SiO_2背景值显著偏高，Cu、B、Al_2O_3、Mo、As、Ni、MgO、Co、Mn、V、TFe_2O_3等多数元素背景值显著偏低。

（8）其他草地Cl、pH背景值显著偏高，土壤碱性较强，I、F、Cd、Se、SOM、P、N背景值显著偏低。

（9）盐碱地土壤盐分较高，导致S、Cl背景值极高，P、F、SiO_2背景值显著偏高，Cu、Se、I、Mn、Ni、MgO、Co、Al_2O_3、Ge背景值显著偏低，但pH相对最低。

（10）城市Cr、Hg、Pb、Zn、Se、Cu、CaO、Cd、Ni背景值极高，Co、SOM、V、Mo、MgO背景值显著偏高，F、SiO_2、K_2O背景值极低，I、P、B、As、Ge背景值显著偏低。

（11）建制镇I、Mn、Mo、As、CaO、K_2O、Co、Al_2O_3、TFe_2O_3、B、Ge、Ni、Cu、Zn背景值显著偏高，SiO_2背景值显著偏低。

（12）村庄Mo、B、K_2O、CaO背景值显著偏高，Ge背景值显著偏低。

（13）采矿用地B、pH、Ge、Se、Mo背景值显著偏高，SOM、P、Cd、N背景值显著偏低。

（14）公路用地As、I、B、TFe_2O_3、Ni背景值显著偏高，其他元素背景值无显著特点。

总的来看，城市等建设用地和工业用地内重金属等污染元素和工业排放标志性元素具有显著的富集特征；耕地土壤养分元素丰富，微量元素略显缺乏；草地林地等土壤基本保持自然状态，养分和微量元素不突出，污染元素相对偏低；盐碱地盐渍化标志元素十分突出，说明盐渍情况尚且普遍存在。

二、土壤地球化学分布

土壤地球化学指标特性和控制因素不同，分布特征有所差异，同时又相互联系。通过总结各地球化学指标的区域分布特征，并利用聚类分析、因子分析等手段，研究这些指标之间的联系，不仅可以揭示区域地球化学状况，而且能够为研究地球化学分布模式与地质背景、环境污染、人类活动的关系提供指导信息。

表层土壤提供植物生长的基础环境，表层土壤中各类元素含量既受成土母质控制，又受到各种表生作用影响，如耕作、灌溉、淋滤、污染、降尘等活动都对元素在土壤中等积累和运移产生了影响，加之元素的地球化学行为具有显著差别，因此，往往造成不同地区元素在表层土壤中的含量水平和分布形成较大差异。土壤中的元素按其生物学性质大体可分为有益元素和有害元素两类。

（一）主要养分元素（指标）

工作区表层土壤N元素含量背景值为1232 mg/kg，高于山东省平均含量886 mg/kg，全区各地N含量分布不均，数据变异系数较高，达0.364，说明各地差异较大，农耕区N含量较高，黄河沿岸以及城区N含量普遍较低，全区土壤N含量介于267~3965 mg/kg之间，N含量较高的土壤（>1000 mg/kg）主要集中分布在黄河以北地区（图4-1），以回河—孙耿一带最为丰富。N含量较低的区域以大桥和黄河南岸为主，其中以遥墙北部最低。野外样品采集时间为10月中下旬到12月底，期间农业无大面积施肥，故化肥对土壤养分含量的影响程度不高。

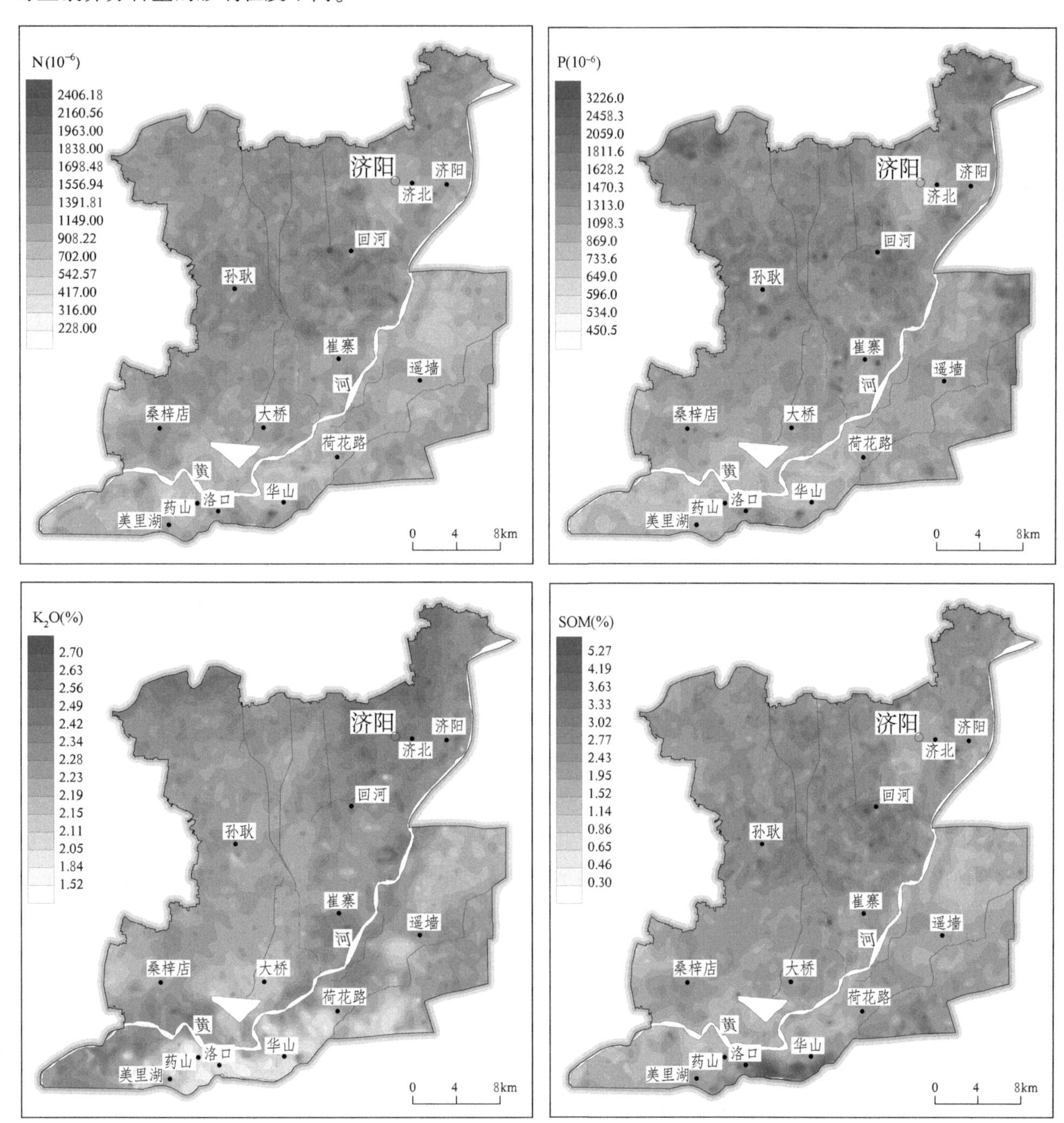

图4-1 工作区主要养分元素分布

表层土壤P含量介于163~2963 mg/kg，变异系数为0.396，区内背景值为1192 mg/kg，高于山东省平均水平。工作区表层土壤P含量分带特征比较明显，除章丘区外黄河以南大部分地区土壤P含量偏低，与N含量分布相对一致，P含量相对较丰富区域主要集中分布在黄河以北地区，普遍高于1000 mg/kg。

工作区表层土壤 K 含量水平较一致，变异系数仅为 0.074，含量介于 0.5%~2.92%（以 K_2O 计），背景值为 2.273%，K 的分布趋势与 N 相似，工作区东北部土壤 K 含量相对较高，孙耿北部、崔寨等地次之，大桥及黄河南岸城区等地区土壤 K 含量相对较低。

土壤有机质（SOM）是土壤重要的组成部分，与土壤的发生演变、肥力水平和诸多属性都有密切关系，是作物所需养分的主要来源，能够改善土壤的物理和化学性质，影响和制约着土壤的结构和保水保肥性能进而直接制约土壤肥力水平的优劣，有机质的积累和矿化过程是土壤与生态环境之间物质和能量循环的一个重要环节。土壤中有机质含量可以用土壤有机碳比例（即换算因数）乘以有机碳百分数而求得。换算因数随土壤有机质含碳率而定，我国目前沿用的“Van Bemmelen 因数”1.724（假设土壤有机质含碳为 58%）。工作区 SOM 含量变化范围较大，含量介于 0.17%~19.84%，背景值为 2.137%，远高于山东省背景值。SOM 分布趋势与 N 相近，区别是 SOM 在黄河南岸城区出现独特的富集现象。

（二）健康元素

Se 是植物生长的有益元素，土壤硒含量适中，能保持人体适当的硒营养，能提高机体的抑癌、抗癌能力。研究发现，我国土壤 Se 含量普遍较低。近年来，随着 Se 对人体健康的作用越来越受到重视，其研究热度也不断升高，富硒土地作为重要的土地资源日益受到重视。区内土壤 Se 背景值为 0.221 mg/kg，高于全省背景但低于全国水平。Se 含量整体变幅不大，含量介于 0.03~2.05 mg/kg，土壤 Se 含量相对较高的地区集中分布在黄河南岸城区及遥墙等地，一般高于 0.3 mg/kg，局部达到 0.4 mg/kg。此外，大桥北部存在小范围 Se 富集区，其成因与该处常年大量堆放粉煤灰有关。工作区北部及东部地区土壤 Se 相对较低，Se 的分布情况见图 4-2。

F 是环境化学与生命科学研究中常见的元素，也是人体内重要的微量元素之一，在人的骨骼、肌肉、血液和脏器中都有它的存在。适量的 F 可以促进人体生长发育，保持正常生理功能，特别对于骨骼和牙齿。但是长期、过量摄入 F 会对人体产生危害。因此，一个地区的土壤 F 含量通常可以反映出这个地区的人们健康水平或污染状况。区内 F 背景值为 592 mg/kg，略高于山东省背景值，含量区间大部分在425~867 mg/k 间，大桥、桑梓店以北的黄河北岸地区土壤 F 含量相对较高，普遍高于 610 mg/kg，其他大部分地区土壤 F 含量介于 500~610 mg/kg。区内表层土壤 F 含量分布情况见图 4-2。

I 与 F、Se 均为影响人体健康的重要元素，人体摄入的 I 不足或过量均可能导致疾病。土壤 I 是各种农作物中 I 的最主要来源。区内表层土壤 I 含量平均为 2.23 mg/kg，各地分布差异较大，工作区西南及黄河沿岸等地区土壤 I 含量较低，一般低于 2 mg/kg，济阳城区北部、太平等地及荷花路东部地区土壤 I 含量相对较高，普遍高于 2.8 mg/kg，区内土壤 I 含量分布情况见图 4-2。

（三）常量元素（指标）

对于供给植物生长所需的元素可划分为常量元素和微量元素，对应其在土壤中的含量级别，又可分为大量元素、中量元素和微量元素，其含义大体一致。这里常量元素（指标）指标包括：Ca、Mg、Al、Fe、Si 等，pH 是表征土壤酸碱度的重要理化指标，对反映土壤基础状况至关重要。

土壤中的 Ca 包含 4 种存在形态，即矿物态钙、有机物中的钙、土壤溶液中的钙、土壤代换性钙，其中矿物态钙一般占土壤总钙量的 40%~90%，是主要的钙存在形式。区内土壤 Ca 以黄河沿岸地区含量相对最高，桑梓店—大桥及章丘区高官寨含量相对最低，其他地区土壤 Ca 含量一般介于 5%~6%。

Mg 是农作物生长的必需元素，参与叶绿素分子的形成，通常状态下土壤 Mg 含量高或低不会对农作物造成危害，但土壤中有效 Mg 过高会制约农作物的生长。土壤中 Mg 与 Co、Ni 等具有显著的正相关关

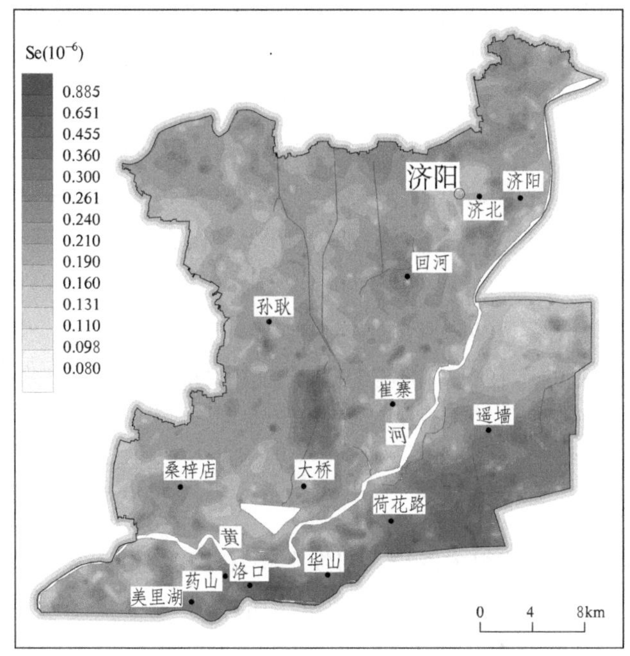

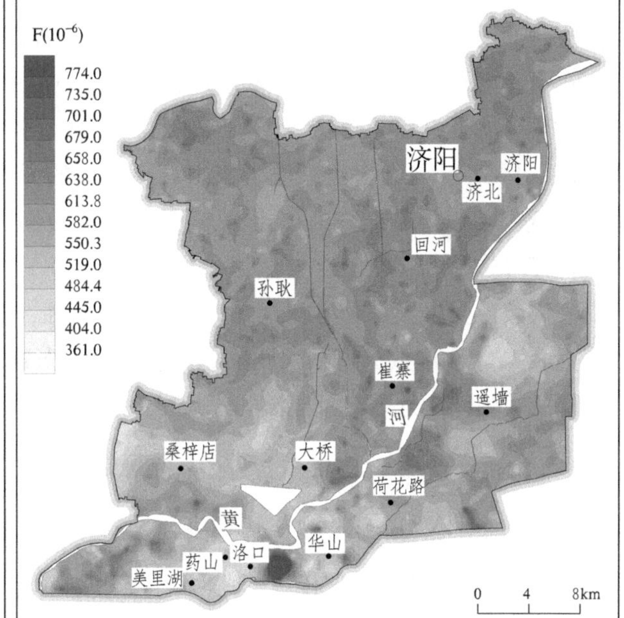

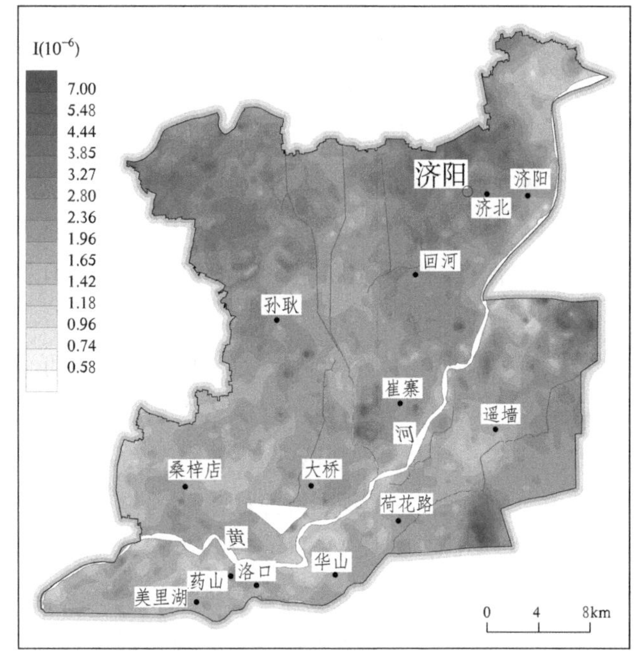

图 4-2　工作区主要健康元素分布

系，Mg 与 SiO_2 和 Na 等具有显著的负相关关系。工作区北部和西南部土壤 Mg 含量较高，一般高于 2.2%，桑梓店—大桥—孙耿一带及章丘区高官寨等地土壤 Mg 含量一般低于 2%。土壤中的 Mg 含量主要取决于成土母质，黄河冲积物母质土壤 Mg 含量通常偏高，其他地质单元土壤 Ca 含量一般介于 2%～2.2%。土壤 Mg 易受淋溶作用影响，砂质土壤淋溶作用强于黏质土壤，淋溶作用可以促进土壤中 Mg 的运移，因此，黏质土壤 Mg 含量明显高于砂质土壤。

Fe 是土壤中含量较高的元素之一，也是农作物生长不可或缺的必需元素。由于 Fe 通常与多种元素共生于各类矿物中，因此土壤 Fe 含量与多种元素包括 Co、Ni、As、F、Mn、C、Cr、Mg、Ca、K 均具有显著的正相关关系，与 SiO_2 和 Na 具有显著的负相关关系。土壤中大多数 Fe 存在于原生矿物、黏粒、氧化物和氢氧化物中，因此，很大程度上受土壤成土母质制约。区内土壤 Fe 元素分布具有显著的分区特征，工作区北部及黄河南岸药山附近 Fe 含量最高，桑梓店—大桥一带及章丘区高官寨 Fe 含量相对最低。

Si 是土壤中含量最多的元素，也是作物所必需的元素之一，土壤中 Si 主要存在于石英、长石、黏土矿物中，含量一般在 25 以上，区内土壤 Si 含量较高，平均为 58.4%（以 SiO_2 计），由于砂质土壤含 Si 较高，因此 Si 与大多数黏质土壤中容易富集的元素呈现显著的负相关关系。评估区中部桑梓店—大桥—孙耿一带以及高官寨地区土壤 Si 含量相对较高，约在 62%以上，外围地区土壤 Si 含量相对较低，一般低于 55%。

区内表层土壤大部分呈碱性，少部分呈弱碱性，中性土壤极少，无酸性土壤，pH 值 7.13~9.83，中位值为 8.17，全区数据离散程度较低，总体上，黄河以北的工作区中部相对偏低，土壤呈弱碱性，工作区北部及黄河南岸地区 pH 偏高，呈碱性。

（四）微量元素

土壤中含有植物生长发育需要的多种元素，但对其需求量有很大差别，习惯上将其分为大量元素和微量元素，微量元素指占生物体总质量 0.01%以下的元素，对于植物生长是不可或缺的，土壤微量元素包括 B、Mo、S、Ge、Mn、Co 等。微量元素在自然条件分布与众多因素有关，土壤中微量元素的供给水平受成土母质、土壤类型、土壤物化性状、水分动态等共同影响。

B 是农作物生长必需的微量元素之一，B 对棉花、苹果、花生、蔬菜等农作物产量有着较好的促进作用，土壤 B 是农作物吸收 B 的主要来源。我国土壤 B 含量平均为 64 mg/kg，山东省略低为 41 mg/kg，评估区土壤 B 含量平均为 49.88 mg/kg，略高于全省水平，B 与土壤中其他元素和指标相关性均不明显，土壤整体 B 含量水平趋于一致，大部分介于 40~55 mg/kg，工作区西南部地区及章丘高官寨等地土壤 B 含量偏低，济阳城区周边偏高。此外，潮土、脱潮土和盐化潮土相对较低，但总体上各类型土壤 B 含量差异不大。

S 是作物生长必需的元素之一，其重要性日益受到重视，土壤中的 S 可分为无机硫和有机硫两大部分，它们之间的比例关系随土壤类型、pH、排水状况、有机质含量、矿物组成和剖面深度变化很大。土壤中的硫约有 90%以有机态存在。土壤中无机硫以水溶态、吸附态和不溶态无机硫酸盐的形式存在，土壤全 S 含量反映了土壤的供硫潜力。区内土壤 S 与 Cl 均为盐渍化的标志元素，因此二者具有较显著的正相关关系，S 与有机质具有一定的正相关性，与 pH 具有一定的负相关关系。区内土壤 S 含量分区特征明显，中部地区土壤 S 含量相对较高，一般高于 340 mg/kg，黄河沿岸地区及遥墙、章丘高官寨、太平等地土壤 S 含量相对较低，一般低于 280 mg/kg。土壤 S 来源较多，包括成土母质、大气沉降、灌溉水及施肥等，地质背景主要决定了一些含硫矿物的含量进而对土壤全 S 含量产生影响。盐化土壤 S 含量较高，应受硫酸盐成分影响较大。

Mo 是土壤中含量较少的微量元素，豆科作物和十字花科作物对土壤 Mo 比较敏感，我国土壤 Mo 含量为 0.1~6.0 mg/kg，平均为 1.7 mg/kg，山东省表层土壤 Mo 含量平均为 1.16，评估区土壤 Mo 含量平均为 0.69 mg/kg，远低于山东省和全国平均水平。区内土壤 Mo 含量相对较高的地区位于黄河南岸济南城区及北部济阳地区，土壤 Mo 含量高于 0.73 mg/kg，其他大部分地区均在 0.60 mg/kg 以下。土壤 Mo 的来源主要是含 Mo 矿物如辉钼矿，因此花岗岩发育的土壤 Mo 含量较高，区内的黄河冲积物母质 Mo 含量较低。

Mn 是农作物必需的重要元素，主要的粮、棉、油作物及果树、蔬菜等对 Mn 均比较敏感，土壤全 Mn 不能作为土壤 Mn 供给水平的指标，但可以指示 Mn 的供应潜力。评估区土壤 Mn 与 Co、Ni 等呈显著的正相关关系，含量与全省水平较一致，平均为 593.2 mg/kg，各地差异显著，工作区北部、崔寨及黄河南岸地区土壤 Mn 含量相对较高，普遍高于 640 mg/kg，桑梓店—大桥—孙耿一带及章丘区高官寨地区土壤 Mn 含量相对较低，一般在 550 mg/kg 以下，土壤 Mn 主要来自成土母岩中的成土矿物，辉石、角闪石、橄榄石 Mn 含量较高，石英、长石等 Mn 含量较低。

Co 是生物固氮的必需元素，对某些作物具有提高产量和改善品质的作用，Co 对某些牲畜健康也至关重要。土壤 Co 来源主要是含 Co 岩石的风化，由于 Co 易被 Fe、Mn 氧化物吸附，因此 Co 与包括 Fe、Mn 在内的多种元素具有显著的正相关关系。评估区土壤 Co 含量平均为 11.71 mg/kg，东北部和西南部土壤 Co 含量相对较高，一般高于 12 mg/kg，桑梓店—大桥—孙耿一带及章丘区高官寨地区土壤 Co 含量相对较低，一般低于 11 mg/kg。

土壤中 Cl 是含量相对较高的微量元素，在一定范围内，土壤 Cl 能促进作物的生长发育，但当浓度过高时，它又抑制作物的正常生长，产生氯毒，致使作物减产甚至绝产。土壤中的 Cl 在很大程度上以离子形态存在，是土壤盐渍化水平的标志指标之一。区内土壤 Cl 含量数据离散程度很大，含量范围在 55～6359 mg/kg，平均为 164.1 mg/kg，工作区内历城、天桥区前期无 Cl 调查数据。评估区中部 Cl 含量较高，北部及章丘高官寨地区土壤 Cl 含量较低。由于主要受土壤盐渍化水平影响，区内主要土壤类型中盐化土 Cl 含量最高。

（五）重金属元素

重金属元素在土壤中的含量一方面受地质背景控制，地质背景决定了重金属元素的自然背景，另一方面也可因人类活动发生迁移和富集，土壤重金属污染是指由于人类活动影响，土壤中的重金属元素过量沉积而引起的含量过高，超过背景值或环境要求极限造成的污染。土壤环境质量标准中规定的重金属等污染元素包括 As、Cd、Cr、Hg、Pb、Cu、Zn、Ni 等，其中 Cu、Zn、Ni 在不构成污染的情况下可作为微量元素探讨。

土壤中重金属元素是不能被微生物降解的污染物，并且容易受土壤胶体和颗粒物的吸附作用影响长期存在于土壤中，土壤重金属可以通过食物链被生物富集，产生生物放大作用，因此被划为土壤主要污染物对待。工作区主要重金属元素分布情况见图 4-3。

工作区表层土壤重金属元素含量均值如下：As 为 10.56 mg/kg，Cd 为 0.176 mg/kg，Cr 为 64.8 mg/kg，Cu 为 23.1 mg/kg，Hg 为 0.0356 mg/kg，Ni 为 27.8 mg/kg，Pb 为 22.23 mg/kg，Zn 为 69.4 mg/kg。相比全国水平来看，As、Cr、Cu 与全国平均水平相当，Hg、Ni、Pb、Zn 低于全国平均水平，Cd 高于全国平均水平，与全省水平相比，Pb 低于全省平均水平，As、Cd、Zn 明显高于全省平均水平。区内土壤 Cr 和 Hg 含量离散程度较高，其他元素含量区间幅度较小。

重金属总体分布趋势受地质背景控制，工作区土壤 Cr、Pb、Cu、Zn、Ni 的总体分布规律相似，黄河南岸城区、济阳城区及北部等地区含量相对较高，大桥、桑梓店、孙耿、章丘等局部地区含量相对较低。受人为活动影响，各重金属在局部地区存在异常偏高的点状分布。如城区、城镇中心区可见明显的 Cd、Cu、Hg、Pb、Zn 的高值区。黄河南岸城区可见明显的 Cd、Cr、Hg、Pb、Cu、Zn、Ni 多元素富集区。济阳城区北部可见大范围 Hg、As、Cu、Zn、Ni 富集区，其中 Hg 的富集情况最为突出。这些局部异常高值区内多种重金属含量远超工作区背景值，显示可能受到人类活动的强烈影响。

三、土壤地球化学异常

地球化学异常（geochemical anomaly）是指在给定的空间或地区内化学元素含量分布或其他化学指标

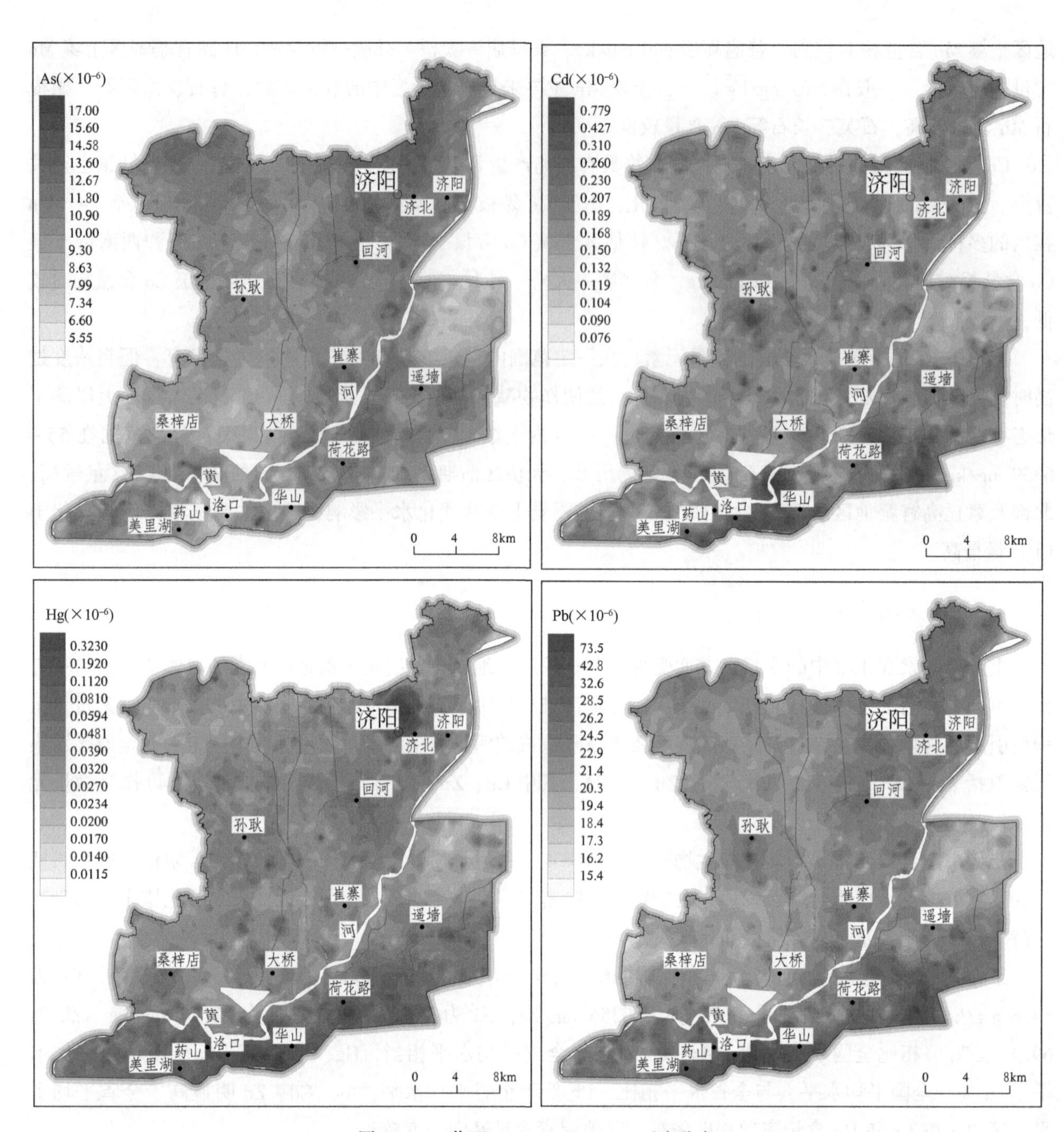

图 4-3　工作区 As、Cd、Hg、Pb 元素分布

对正常地球化学模式的偏离。地球化学异常是一个相对概念，在不同尺度上对异常下限值和背景值的选取有不同的要求。在区内地球化学指标分布以及分类的研究基础上，根据区域地球化学异常分类、圈定原则及异常查证要求，对区内土壤各类异常分布进行了详细研究，并对典型异常区进行了检查。地球化学异常按元素含量变化可分为正异常和负异常，对地球化学指标来说正异常所反映的信息和价值通常远比负异常要高，因此，这里讨论的地球化学异常均指的是正异常。

由于调查介质均一化程度不同，土壤大部分地球化学指标变异性弱于传统化探找矿的水系沉积物地球化学数据，因此在进行土壤异常下限值应适当低于传统的异常下限值确定方法，选用背景值或基准值加 1.5 倍或 2.0 倍标准差作为异常下限值仅能够合理划分某些微量元素异常区，对一些元素如常量元素异常区的划分则无法保证异常区的连贯性，并且异常区面积也过小。经综合比较发现，采用累积频率法根据地球化学指标的频数分布来确定地球化学异常下限较为合理，既能够保证异常分布的连续性，异常区的面积也较为合理，以85%频率值作为异常下限，浓度分带值分别按90%和95%的频率值确定。

（一）健康和环境相关地球化学异常

与环境质量或污染有关的元素异常通常包括重金属元素As、Cd、Cr、Cu、Hg、Ni、Pb、Zn及F、I等，这些元素异常一方面可能由较高的局部地质背景引起，并通过深层土壤地球化学异常显现出来，同时在表层土壤异常中延续。另一方面这些有害元素异常也可能由表层土壤污染所导致，通常这种异常仅在表层土壤中出现，而在深层土壤中表现不明显甚至不出现。根据上述特点，将区内与环境质量和污染相关的异常进行了分类。

As元素最大异常区集中于济阳城区以北，异常面积大，强度高，分带特征明显，其他异常区主要分布在太平北、回河、崔寨、遥墙、荷花路等地，面积较小，具有一定的分带特征，济南城区等地零星分布有若干点状异常，分带特征不明显。As异常总体来看虽然不连续但具有沿黄河分布的总体趋势，与城市和城镇、地质单元分布关联性不强，与土壤类型分布具有一定的相关性，局部与工业企业分布具有一定相似特征。

Cd元素异常主要集中于黄河南岸洛口、华山、荷花路和遥墙等地，城区异常强度较大，分带特征显著，黄河北岸异常分布较零散，除孙耿南小规模异常区外，多数异常强度不高，面积局限。Cd的异常分布与城市和工业生产相关性较大，与土壤和地质背景关系不密切。

Cr元素异常主要集中分布在黄河南岸城区至遥墙一带，异常面积较大，强度较高，其中城区异常强度强于遥墙南部异常，黄河北岸仅出现少量零星弱异常，北部大部分地区无异常区。Cr异常与城市关联性较强，与地貌和土壤分布也具有一定的相关特征。

Cu元素异常主要集中分布于黄河南岸城区及济阳北两处，其中黄河南岸异常区规模较大，强度较高，分带特征显著；济阳北部异常区面积较大但强度较低，分带特征显著；其他地区异常零星出现，面积局限。Cu异常分布于城市分布具有一定关联，与工业企业分布具有一定的相似性，与地质、土壤等自然背景关系不明显。

Pb元素异常与Cr元素异常分布具有较高的相似性，异常主要集中分布在黄河南岸城区至荷花路一带，异常面积较大，强度较高；黄河北岸仅零星出现少量异常，多为点状污染源引起。Pb异常分布与城市和工业区分布相关性较大，与自然背景关系不显著。

Hg元素与Pb、Cr异常分布在黄河南岸地区套合较好，一致性较高；济阳北存在一处高强度的Hg异常区，面积较大但分带特征不显著，分布形式较为孤立，推断可能由于单一污染源引起，其原因有待进一步查证。Hg异常分布与城市和工业区分布相关性较大，与自然背景关系不显著。

Ni、Zn元素异常区分布特征与Cu、Pb具有较高相似性，异常主要集中分布于黄河南岸城区及济阳北两处，其中黄河南岸异常区规模较大，强度较高，分带特征显著，Ni、Zn异常局部分布有差异；济阳北部异常区面积较大但强度较低，Ni异常分带特征显著；Ni、Zn异常分布于城市分布具有一定关联，与工业企业分布具有一定的相似性，与地质、土壤等自然背景关系不明显。

F元素全区含量较一致，因此其异常分布较零散，仅在洛口、遥墙、太平、回河和济阳北出现小规模的、分带特征较显著的异常分布，F异常受物质来源控制较明显，与局部土壤或地质背景具有一定关联，与局部污染源可能具有关联但与整体城市和工业企业分布关系不显著。

Cl元素异常分布主要集中于工作区中部的崔寨—孙耿一带，异常面积大，异常强度高，分带特征明显，此外济阳北存在较小规模的异常区，具有较明显的分带特征。Cl 元素是土壤盐渍化的指示元素，其分布主要反映了土壤的天然属性，与土壤和地质背景关系密切，后期可能受到农业耕作、灌溉等土壤改良作用影响，与城市和工业企业分布无显著关联。

I 元素异常主要集中于济阳北以及太平地区，此外在荷花路以东和高官寨有少量局部异常，其他地区分布较零散。I 元素一般不是污染排放的标志元素，其大部分异常分带特征较明显，说明其分布主要还是受到物质来源影响导致的天然属性，与外源污染关系不大。局部物质的搬运和特殊地质条件可能对 I 元素分布构成影响，局部孤立且较高强度的异常有待进一步查证。

Se 元素异常在黄河南岸集中分布于药山—遥墙一带的城区，面积大，异常强度高，局部甚至超过 0.4 mg/kg。Se 元素在济南南部—淄博一带存在面积广大的富集区，Se 元素可能随着物质运移向北部地区扩散，此外 Se 元素是燃煤尘的标志性元素之一，因此与人类活动关系密切，且极易随降尘或水迁移并在地表土壤中富集。上述作用共同造成 Se 元素在济南城区及周边的异常富集，因此，城区的 Se 元素异常虽受大区域地质背景控制，同时也可看作是长期人类活动的结果。黄河以北地区仅在大桥北局部地块出现小范围的 Se 元素异常区，经实地勘查，发现该地块近数十年电厂用于粉煤灰堆存，厚度近 10 m，由于粉煤灰中 Se 含量较高，其长期堆放直接造成该地区土壤 Se 普遍升高，属于外源输入造成的异常。

（二）农业相关地球化学异常

与农业相关的植物生长营养元素和有益元素（指标）包括 N、P、K、SOM 等，其分布对农业生产至关重要。耕作土壤中养分元素受地质背景控制，同时又受到施肥、灌溉等因素的长期影响，一般与污染因素关系不大，这些因素共同塑造了区内养分元素的地球化学状况。区内 N、P、SOM 异常分布形态比较相似，异常区主要分布于黄河以北的孙耿—回河一带，此外，P 在济阳北和太平等地有小范围的异常区分布，SOM 在黄河南岸城区有较强的异常区分布。N、P、SOM 异常总体上较分散，异常区主要位于农耕区内，说明工作区内耕地 N、P、SOM 等养分元素分布总体上较为均衡；K、B 异常区分布具有一定的相似性，异常区均位于济阳城区及北部地区、太平北部等地，异常区范围较大，具有明显的分带特征，其成因应为土壤和地质背景因素为主。S 元素异常区集中分布在工作区中部的崔寨—孙耿一带，异常面积大，异常强度高，分带特征明显，该异常分布与 Cl 相似度较高，与土壤盐渍化水平有关。与 Cl 不同的是 S 在济南城区出现局部异常，说明 S 异常一方面受土壤性质和地质背景控制，同时也可能是由于遭受城市或工业排放等外源输入所导致，S 是城市污水和酸性沉降的特征元素之一，其对城市和农耕区的影响方式具有较大差别，其影响程度有待进一步研究查证。

Mo 是工作区内相对缺乏的土壤微量元素之一，Mo 异常在黄河南岸城区较为集中，分带特征不明显，可能是由城市污染引起，黄河以北异常区散布于济阳、孙耿、回河和太平等地，面积局限，具有一定的分带特征，反映的主要还是局部土壤性质差异，与外源污染关系不大。Ge 异常在全区分布较广泛，以桑梓店—大桥及济阳附近相对较集中，与城市和工业企业分布没有明显的关联性，主要应为土壤和地质背景导致的差异。

全区土壤基本均属碱性土壤，因此，pH 异常仅表示区内土壤碱性的相对强弱。pH 正异常区主要分布在遥墙以北、济阳附近及药山—鹊山—华山一带，pH 普遍高于 8.34，接近强碱性土壤；pH 负异常区主要集中分布在工作区中部的桑梓店—大桥—孙耿—回河—崔寨一带，异常区较为连续、分带特征较显著。影响土壤 pH 的因素较多，因此，pH 往往处于不断的变化当中，碱性过强或酸性加剧均不利于农作物和多数植被生长，对土壤 pH 的变化规律应进一步通过动态监测等手段进行研究。

四、元素组合特征

（一）聚类分析

在长期的自然营力和人类活动影响下，土壤元素发生了迁移、分散和富集作用，一些地球化学元素呈有规律的组合，出现良好的共同消长关系和较好的相关性、聚集性。对表层土壤、深层土壤中元素聚类分析研究表明，深层、表层土壤中元素组合特征十分相似，不同类型元素往往聚集在同一簇类中。

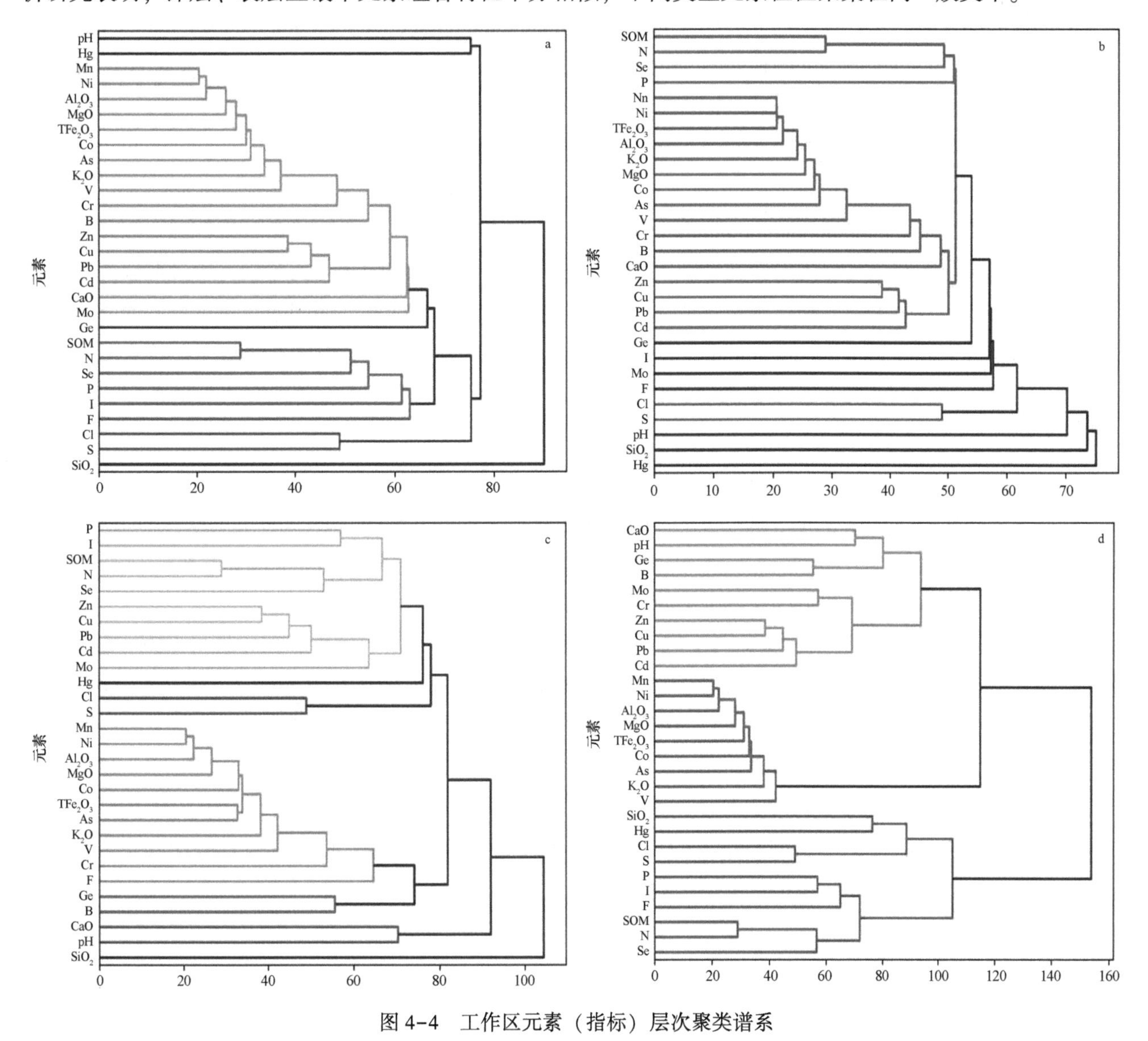

图 4-4　工作区元素（指标）层次聚类谱系

横坐标轴为标准化距离度量值，数据标准化方法为 Z-score，聚类簇间距为欧氏距离，距离算法分别为 a-average，b-single，c-complete，d-ward

聚类分析是一种根据数据特征进行分类的方法，聚类的判定要素和标定方法有很多种，常用的有相关系数法、欧氏距离法、夹角余弦法及数量积法等，这里选用 SciPy 提供的聚类算法（scipy. cluster. hierarchy）对区内表层土壤元素和指标进行聚类分析，进而对区内土壤中元素或指标的共生组合特征及其差异性进行研究，探讨农业地质环境与元素含量间较深层次的相关信息。数据采用 Z-Score 方法进行标准化，簇间距离算法是聚类算法的核心问题，这里采用4种簇间距离算法进行对比，包括：single，complete，average，ward。

从区内表层土壤29项指标相关系数聚类关系可以看出，按ward方法，指标可分为3组：

1组：CaO、pH、Ge、B、Mo、Cr、Zn、Cu、Pb、Cd；

2组：Mn、Ni、Al_2O_3、MgO、TFe_2O_3、Co、As、K_2O、V；

3组：F、Hg、I、S、Se、Cl、P、SiO_2、N、SOM。

采用其他方法时元素（指标）主要可以聚为4~6类，簇间距不同但聚类元素相对较稳定，各种聚类组合中，相关性显著并在各种方式下均稳定地聚为一类的元素组合有：①Mn、Ni、Al_2O_3、MgO、TFe_2O_3；②Se、N、SOM、P；③S、Cl；④Zn、Pb、Cu；⑤Ge、B。其他元素（指标）与上述元素组合相关性偏低，具有相对独立的地球化学特征。

（二）因子分析

元素地球化学组合主要通过因子分析的手段来判断，因子分析通过大量的元素分析数据，在关系复杂的情况下，寻找影响它们的共同因素和特殊因素。并以原始数据间的相关关系为基础，通过数据方法将许多彼此间具有错综复杂关系，指示出某种地质元素的共生组合和成因联系。用因子代替原始元素，不仅对原始元素的相关信息损失无几，而且更能反映地质现象的内在联系。研究元素组合的因子分析手段主要指R-型因子分析，即通过变量的相关系数矩阵内部结构的研究，找出联系所有变量的几个主要成分，又称主成分分析。

因子分析的目的不仅要找出主因子，而且要了解每个主因子所代表的内涵，为了更好地解释这种内涵。首先计算初始因子载荷矩阵，但初始因子的整体关联性并非十分密切（原始变量系数差别不大），为使各原始变量的系数具有明显的差别，采用最大方差旋转的正交因子载荷矩阵对因子分析的结果进行剖析，并根据因子得分情况判断本区表层土壤与深层土壤元素组合特征。

通过SPSS软件的因子分析模块，对土壤29项元素或指标进行了因子分析。首先进行KMO与Bartlett球形检验，结果显示Bartlett球形检验的统计量值为53 388.151，相应的概率P值为0，在显著性水平下，应拒绝原假设，认为相关系数矩阵与单位矩阵存在显著差异。同时KMO值为0.844，根据Kaiser给出的度量KMO的标准可知数据适合做因子分析。其次根据元素（指标）公因子方差提取值，B、Cu、Mo、Se、Zn偏低，提取值介于0.6~0.7，其他元素（指标）均不低于0.7，说明元素（指标）数据基本能够被公因子很好地表达。计算得到相关矩阵的特征根和相应的特征向量，按照特征根百分比（方差贡献）和特征对比图（图4-5）走势确定主因子个数。

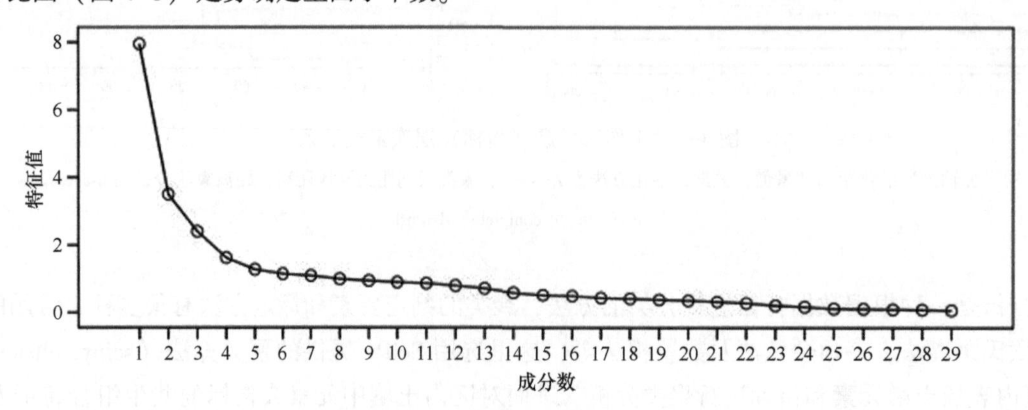

图4-5 初始因子特征值对比

由土壤特征根及因子提取结果（表4-9）可见，因子中最高的方差贡献率达到27.415%。根据方差贡献与走势确定用6个因子的分布特征就可以代表土壤29项原始变量的主要分布信息，它们所包含的原始变量的信息为81.220%。采用最大方差旋转的正交因子载荷矩阵对因子分析的结果进行剖析，判断出土壤29项元素或指标与6个因子的对应关系，并从中分析出究竟何种因素对不同元素或指标组合的区域分布起着支配作用。按照旋转后各因子载荷大小可以显示对应的区内深层土壤元素和指标组合特征（表4-10）。

表4-9　区内土壤元素（指标）因子提取结果

因子序号	初始因子载荷平方和			旋转后因子载荷平方和		
	特征值	特征值占比（%）	特征值累计占比（%）	特征值	特征值占比（%）	特征值累计占比（%）
1	7.950	27.415	27.415	5.365	18.502	18.502
2	3.500	12.068	39.483	2.932	10.112	28.613
3	2.404	8.291	47.774	2.689	9.272	37.885
4	1.629	5.617	53.391	2.182	7.525	45.410
5	1.284	4.429	57.820	2.003	6.907	52.317
6	1.154	3.979	61.800	1.539	5.306	57.623

表4-10　旋转因子矩阵

载荷系数	因子					
	1	2	3	4	5	6
As				0.668		
B						
Cd						
Cr						
Co	0.929					
Cu			0.596			
F						
Ge						
Hg						
I						
Mo			0.657			
Ni	0.886					
Pb			0.875			
S						0.752
Se			0.559			
V	0.875					
Zn			0.668			

续表

载荷系数	因子					
	1	2	3	4	5	6
Cl						0.912
pH		-0.743				
Mn	0.836					
P		0.707				
SiO_2					-0.746	
Al_2O_3	0.653			0.563		
TFe_2O_3	0.721					
MgO	0.683				0.548	
CaO					0.857	
K_2O				0.895		
N		0.912				
SOM		0.838				

提取方法：主成分分析法；旋转法：Kaiser 标准化正交旋转法；忽略小于 0.5 的载荷系数。

因子 1 代表 Co、Ni、V、Mn、Al_2O_3、TFe_2O_3、MgO 铁族及相关元素指标组合，该组合地球化学性质相近，都具有亲铁、亲硫和亲氧特性。其在表层土壤中的含量受人类活动影响较大，元素的亲和性也多有变化，反映了生物作用（动植物残体分解）和人类活动（如施肥、农药、居民生活）影响下元素间的高度相关，局部地区因土壤质地不同其分布特征也有所不同。

因子 2 代表 pH、P、N、SOM 等亲生物元素或指标，或可称之为养分指标组合，该元素（指标）组合对农业生产和植被生长有重要意义，其分布和含量水平易受耕作、施肥等人为因素影响，易与有机物共生并形成强烈表层富集，因此，具有相似的地球化学特征。

因子 3 代表 Cu、Mo、Pb、Se、Zn 亲铜元素组合，该组合以往多代表成矿元素组合，但在区内应为同源物质属性导致的聚合特征，即这些元素多具有相似的输入和局部富集条件，或共同继承的成土母质的元素组合特点。

因子 4 代表 As、Al_2O_3、K_2O 黏土矿物元素组合，土壤中黏土矿物对 As 等元素的吸附作用可能导致这些元素的含量和分布表现出一定的亲和性。

因子 5 代表 SiO_2、MgO、CaO 常量元素组合，表 SiO_2、MgO、CaO 均为构成土壤的主导矿物成分，区内土壤成土母质较单一，因此，构成土壤的矿物成分也具有相似特征，易在属性和分布上聚为一类，可以视作反映土壤质地的基础指标。

因子 6 代表 S、Cl 等土壤盐渍化指标组合，区内土壤局部存在盐渍化现象，土壤中盐分主要是氯盐、硫酸盐、碳酸盐等，因此，S、Cl 具有相似地球化学特征，区内土壤盐渍化为天然形成，与局部地貌造成的成土母质差异有关。

第二节 大气干湿沉降物环境地球化学特征

大气质量是大气受污染的程度，即自然界空气中所含污染物质的多少。大气的组成成分，在未受人为影响的情况下，在水平方向上的空间中几乎没有差异，大气质量的优劣主要取决于受人类污染的程度。大气是环境要素之一，大气质量的评定，主要按空气中所含污染物的量来衡量，以对人体健康影响的程度为尺度。

大气降尘是指在空气环境条件下，依靠重力自然沉降在集尘缸中的颗粒物，是大气中粒径大于10 μm的固体颗粒物的总称，大气降尘是大气污染的重要污染物之一，随着城市化和工业化的不断推进，降尘量明显增加，降尘中各种污染金属含量亦增加。这些颗粒物源于多种途径，并且具有形态学、化学、物理学和热力学等多方面的特性。大气降尘的粒径多小于100 μm，可以长时间悬浮于大气中，并且在风力的作用下长距离、大范围传输。降尘及其携带的细菌等有害物质对人体和环境具有较大影响。大气降尘量值可作为空气质量的指标，因此，对现代大气降尘的监测研究作为大气污染研究的主要内容之一，对环境质量研究具有重要意义。

近年来，随着工业经济的快速发展，大中型煤炭、化工企业陆续建设投产，区内大气污染风险日益增大。作为土壤重金属输入和积累的主要途径之一，大气沉降物质的增加对农耕区土壤环境造成的威胁日益突出。重金属基本上是以气溶胶的形态进入大气，又以干湿沉降的形式进入土壤或农作物表面，直接危害到作物的生态安全和人体健康，而酸性气体的大量积累会导致酸雨的产生，对人们正常的工农业生产影响很大。

为了对区内的空气质量和降尘对土壤元素的贡献量进行分析，本研究采集了63件大气干湿沉降样品，分析了As、Hg、Se、Cl、N、B、I、P、Mo、F、Cu、Ge、Cd、Pb、Cr、Mn、Ni、Zn、K共19项元素。沉降物中元素主要来自地表扬尘、高空飘尘、生物带入等途径，人为途径中除城市生活排放以外受工业企业排放影响也较大，工作区内主要工业企业共计110家，行业（代码）涵盖：仓储业（1），纺织业（2），废弃资源综合利用业（3），公共设施管理业（4），黑色金属冶炼和压延加工业（5），化学纤维制药业（6），化学纤维制造业（7），化学原料和化学制品制造业（8），金属制品业（9），煤炭开采和洗选业（10），皮革、毛皮、羽毛及其制品制造业（11），生态保护和环境治理业（12），石油加工、炼焦及核燃料制造业（14）、医药制造业（16）、有色金属冶炼和压延加工业（17）共15个行业，其中化学原料和化学制品制造企业（8）达73家，分布较广。

一、大气干湿沉降物元素特征

大气降尘物质来源主要包括土壤、燃煤尘、交通尘、建筑尘、冶金尘等，不同端源尘往往具有不同的特征元素或元素组合。大气沉降物质的元素富集程度通常用元素在降尘中的含量与区内表层土壤中含量的比值，即“富集系数”表示，可以直接反映工作区大气干湿沉降物的特点，由于大气干湿沉降物很大比例来自当地地表扬尘，元素基本组成主要受土壤地球化学状况控制，除非有外源输入进入其中，否则沉降物将在很大程度上继承当地土壤（特别是表层土壤）的元素含量特征，也就是说，当富集系数接近1时，说明元素含量基本继承了附近土壤的元素含量，较少受到外源输入扰动；而当富集系数远大于1时，则明确意味着有外源物质输入并且强度较高。

就工作区重金属元素而言（表4-11），As、Cr、Ni元素富集系数接近1，说明As、Cr、Ni元素主要来自扬尘、降水等天然物质来源，与污染排放关系不大；Zn、Cd、Pb、Hg、Cu元素富集系数较高，其中沉降物Zn、Cd约可达土壤背景值的4~5倍，说明Zn、Cd、Pb、Hg、Cu元素物质来源具有非天然的特点，是受污染和排放影响较严重的元素。

其他元素当中，B、Ge、Mn、K元素富集系数接近1，说明其主要天然源为主，生产生活排放通过大气干湿沉降的形式对土壤中这些元素造成的影响不显著；Mo、I、F、P富集系数偏高，变化范围在1.64~3.65，说明其大气沉降物在一定程度上受到外源输入影响；Cl、Se、N富集系数可达10.3~37.6，说明其受生产生活大气排放影响强烈，具有显著的非天然属性，其中Se富集系数达12，但其在土壤中含量远低于Cl和N，可见长期来看沉降物中Se可能极大影响土壤（特别是表层土壤）Se的含量水平。

表4-11　工作区大气干湿沉降物元素富集系数统计

元素/指标	As	Hg	Cu	Cd	Pb	Cr	Ni	Zn	B	I
沉降物平均含量	6.51	0.1	52.4	0.8	60.6	68	32.7	348	54.1	5.4
区内土壤背景值	10.6	0.04	23.1	0.18	22.2	64.8	27.8	69.4	49.9	2.23
富集系数	0.62	2.68	2.27	4.57	2.73	1.05	1.18	5.01	1.09	2.42
元素/指标	Mo	Ge	F	Mn	P	K_2O	Cl	Se	N	
沉降物平均含量	2.52	1.02	968	532	2275	1.96	6164	2.66	12 705	
区内土壤背景值	0.69	1.32	592	593	1192	2.27	164	0.22	1232	
富集系数	3.65	0.77	1.64	0.9	1.91	0.86	37.6	12	10.3	

含量单位：K_2O为%，其他为mg/kg

沉降物中重金属元素Zn、Cd、Pb、Hg、Cu及Mo等元素分布态势相近，高值区集中于两处，一处位于黄河南岸济南城区的药山—洛口—遥墙，形态基本连续，表明城区大气环境状况较差并且具有普遍性；另一处高值区位于济阳城区附近，范围相对较小，含量水平较济南城区略偏低。Cl、I高值区主要位于洛口—华山以及北部大桥—桑梓店等地，N、P高值区集中于桑梓店和回河以东两处地区，此外，N在太平附近也存在一处高值区，F高值区集中分布在济阳北部地区，Se高值区集中在洛口—大桥—孙耿一带。总体来看，大气干湿沉降物中多数元素分布与城市、城镇布局密切相关，与工业企业分布具有一定的关联，其具体关系需进一步通过污染端元尘调查和重点企业周边的大气和土壤环境长期监测进行研究和判断。

二、沉降物通量空间分布

来自大气干湿沉降的元素是否能够影响土壤环境除沉降物元素含量因素以外，还要考虑单位时间内沉降物的总量，即沉降物质输入通量。工作区大气干湿沉降中各元素通量统计情况见表4-12。

表4-12　大气干湿沉降元素通量统计

元素/指标	As	Hg	Cu	Cd	Pb	Cr	Ni	Zn	Se	B
最小值	0.21	0.002	2.07	0.03	1.40	1.98	1.02	8.52	0.06	1.93
最大值	2.56	0.034	30.48	0.29	74.12	22.11	10.58	162.69	4.59	19.03
平均值	0.89	0.013	6.86	0.11	8.82	9.34	4.40	47.22	0.42	7.59

续表

元素/指标	I	Mo	Ge	Cl*	F*	Mn*	N*	P*	K_2O*	总量*
最小值	0.18	0.06	0.04	0.04	0.03	0.02	0.35	0.05	0.65	9.06
最大值	4.21	0.95	0.58	11.27	0.27	0.21	5.92	1.74	6.06	82.16
平均值	0.70	0.34	0.14	0.81	0.13	0.07	1.71	0.31	2.71	38.69

注：* 为 g/（m^2·a），其他为 mg/（m^2·a），时间：2020-06—2021-06。

2014 年，中国地质调查局根据 21 个省市区 1450 件大气干湿沉降物中 As、Cd、Hg、Pb、Cr、Ni、Cu、Zn 沉降通量和年均降雨量计算并统计了我国主要地区的元素大气干湿沉降通量值，见表 4-13。工作区大气干湿沉降中重金属元素通量与之相比（图 4-6），可以发现，区内重金属通量明显低于全国平均水平，二者比值介于 0.22~0.75，各元素通量比值排序由大到小依次为 Ni、Zn、Cr、Cu、Pb、As、Hg、Cd。可见，工作区大气干湿沉降所反映的大气颗粒物环境质量显著优于全国近年平均水平，环境质量状况总体较好。

表 4-13 全国大气干湿沉降通量统计值

	As	Cd	Hg	Pb	Cr	Cu	Zn	Ni
几何均值	2.45	482.17	36.03	22.99	15.08	13.09	70.11	5.90
标准差	11.571	4603.498	8465.619	190.959	198.265	57.219	570.041	75.570
极小值	0.062	0.010	0.603	0.461	0.256	0.367	1.219	0.223
极大值	278.702	118 470.408	219 774.851	4032.924	5241.401	914.170	15 757.469	2071.986

注：Hg 和 Cd 单位为 g/（m^2·a），其他元素单位为 mg/（m^2·a）。

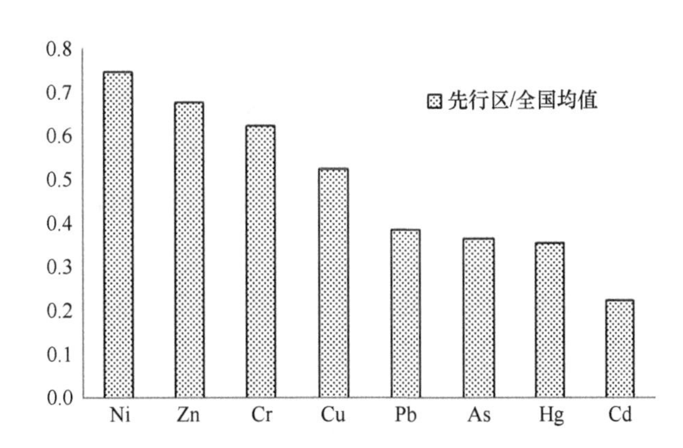

图 4-6 工作区大气干湿沉降物重金属元素沉降通量与全国均值对比

由于排放源、风向、风力等因素影响，区内各地沉降物总量差异较大，进而造成沉降物元素通量在各地分布极不均衡。黄河南岸城区附近存在较普遍的元素沉降通量高值区。

重金属元素 Zn、Cd、Pb、Hg、Cu 以及 Mo、I、Cl、Se、F 等元素沉降通量普遍偏高，高值区形态略有差异，总体上均以洛口为中心向周边辐射，向北一般可延伸至大桥镇以北地区，向南有延续趋势。工作区中部的桑梓店—大桥—崔寨一带可见明显的 P、N 通量高值区，范围较大，向东有延续趋势；孙耿—太平一带存在较明显的多元素高值区分布，面积较局限，向西有延续趋势；此外值得注意的是，济阳城区各元素沉降通量普遍较低，与元素含量分布特点存在明显差异，说明济阳周边沉降物中元素行两水平较高，但沉降物总量较低，总体大气颗粒物环境质量状况较好。

第三节　灌溉水环境地球化学特征

灌溉水资源对农业生产和发展至关重要，灌溉水水质情况直接关系农产品安全，并且直接利用污染水体灌溉可能加剧土壤有害元素的积累，对土壤环境质量造成巨大损害。此外，有些地区使用含盐量过高的地下水灌溉会加剧土壤盐渍化，不仅不利于作物增产反而降低了土壤生产力。农产品产地灌溉水环境质量是指农产品产地灌溉水环境要素质量的优劣，主要包括用于农产品灌溉的地表水质量（包括灌溉用的生活、工业污水）和地下水质量。近年来，由于工业、生活污水的不达标排放和农药、化肥使用量的激增，农产品产地农灌地表水水环境质量恶化严重。按照水环境质量标准要求，劣Ⅴ类水已不适合作为农业灌溉用水。农产品产地灌溉水环境质量评价一个主要目的是为保证农产品品质安全。灌溉水除了要按照相关标准进行定级评价外，其地球化学指标含量水平和分布特征同样具有重要的研究价值。

一、灌溉水元素含量地球化学特征

工作区灌溉水调查以浅层地下水调查和地表水调查为主，并辅以主要河流地表水调查。由于区内以地表水灌溉的耕地面积较大，灌溉用地表水输水设施较发达，地表水系纵横交错，因此区内灌溉水调查的调查对象以地表水为主。区内地下水灌溉方式属于根据短期或局部需求所采用的补充性灌溉手段，其应用范围主要以太平镇附近地区为主。工作区东北部、西南部和东南部存在少量的水田，其灌溉用水与全区基本一致，均主要引自黄河水，经由输水沟渠实施灌溉。黄河及引黄干渠及小清河等水体是区内主要的灌溉水源，其水质对下游水体具有重要影响。根据上述分析，全区布置40处灌溉水取样点，其中地下水样点为10处，地表水样点为30处，另外在黄河等主要河流、干渠布置地表水取样点为9处。

灌溉水中的污染物种类较多，关注较多的包括各种无机盐类、有机污染物、氰化物、重金属及非金属元素等。区内灌溉水源丰富、灌溉设施便利，总体源头水质较优良，因此分析重点侧重于常规污染指标河微量元素指标。区内灌溉水元素（指标）统计结果见表4-14，统计发现，各指标中Cr^{6+}、Hg均未检出，氨氮、As、Se、Cd、Pb检出率分别为97.5%、65%、7.5%、15%和82.5%，其他指标检出率均为100%。水体pH整体差别不大，水质普遍略偏碱性，氯化物、氨氮、总氮、总磷、As、Zn数据离散程度较大，变异系数普遍高于1，其他元素含量数据分布相对稳定。

表4-14　工作区灌溉水元素（指标）统计结果

元素/指标	检出样本数 (n)	检出率 (%)	最大值 (X_{max})	最小值 (X_{min})	算术平均值 (X_a)	标准差 (S_a)	变异系数 (CV_a)	几何平均值 (X_g)	众值 (X_{mo})	中位值 (X_{me})
pH	40	100	8.05	6.78	—	—	—	—	7.46	7.490
氟化物	40	100	1.5	0.1	0.51	0.26	0.506	0.45	0.50	0.45
氯化物	40	100	418	85	127	64	0.504	119	103	103
COD_{Mn}	40	100	21.03	0.80	4.92	5.42	1.103	3.26	2.14	2.69
Cr^{6+}	0	0	—	—	—	—	—	—	—	—

续表

元素/指标	检出样本数 (n)	检出率 (%)	最大值 (X_{max})	最小值 (X_{min})	算术平均值 (X_a)	标准差 (S_a)	变异系数 (CV_a)	几何平均值 (X_g)	众值 (X_{mo})	中位值 (X_{me})
氨氮	39	97.5	37.55	0.01	1.09	6.02	5.511	0.04	0.03	0.03
总氮	40	100	50.67	0.05	3.37	7.76	2.304	1.90	2.13	2.12
总磷	40	100	4.64	0.02	0.31	0.76	2.487	0.12	0.07	0.07
Hg	0	0	—	—	—	—	—	—	—	—
As	26	65	0.031	0.001	0.003	0.006	1.871	0.002	0.001	0.002
Se*	3	7.5	1.99	0.47	1.00	0.86	0.862	0.79	0.54	0.54
Cd*	6	15	0.20	0.07	0.12	0.05	0.376	0.12	0.11	0.11
Pb*	33	82.5	2.44	0.09	0.84	0.63	0.752	0.62	0.64	0.64
Cu*	40	100	7.96	0.13	2.67	1.58	0.591	2.11	2.52	2.51
Zn*	40	100	353.2	3.5	40.0	62.2	1.557	25.7	24.5	24.1
B*	40	100	3003	314	748	683	0.913	579	460	455

注：* 为 μg/L，其他为 mg/L。

灌溉水中的污染物种类较多，关注较多的包括各种无机盐类、有机污染物、氰化物、重金属及非金属元素等。区内灌溉水源丰富、灌溉设施便利，总体源头水质较优良，因此分析重点侧重于常规污染指标河微量元素指标。

统计发现，各指标中 Cr^{6+}、Hg 均未检出，氨氮、As、Se、Cd、Pb 检出率分别为 97.5%、65%、7.5%、15%和 82.5%，其他指标检出率均为 100%。水体 pH 整体差别不大，水质普遍略偏碱性，氯化物、氨氮、总氮、总磷、As、Zn 数据离散程度较大，变异系数普遍高于 1，其他元素含量数据分布相对稳定。

由于水源的不同，灌溉水中浅层地下水和地表水水质部分指标具有显著差异（见表 4-15），浅层地下水和地表水 pH 相差不大，水质均偏弱碱性；受土壤盐分影响，氟化物、氯化物、锌在浅层地下水中的含量水平明显高于地表水；而其他多数污染指标如 COD_{Mn}、氨氮、总氮、总磷、Se、Cd、Pb、Cu、B 在浅层地下水中的含量水平则明显低于地表水，其中硒、镉在浅层地下水中均未检出，氨氮、砷、铅在浅层地下水中的检出率也明显偏低。

表 4-15　工作区灌溉水元素（指标）分类统计结果

元素/指标	类别	检出样本数 (n)	检出率 (%)	最大值 (X_{max})	最小值 (X_{min})	算术平均值 (X_a)	标准差 (S_a)	变异系数 (CV_a)	几何平均值 (X_g)	众值 (X_{mo})	中位值 (X_{me})
pH	g	10	100	7.96	7.28	—	—	—	—	7.54	7.545
	s	30	100	8.05	6.78	—	—	—	—	7.52	7.445
氟化物	g	10	100	1.5	0.15	0.63	0.41	0.658	0.52	0.45	0.48
	s	30	100	0.95	0.1	0.47	0.17	0.366	0.43	0.50	0.45

续表

元素/指标	类别	检出样本数 (n)	检出率 (%)	最大值 (X_{max})	最小值 (X_{min})	算术平均值 (X_a)	标准差 (S_a)	变异系数 (CV_a)	几何平均值 (X_g)	众值 (X_{mo})	中位值 (X_{me})
氯化物	g	10	100	323	90	151	69	0.458	140	126	133
	s	30	100	418	85	120	62	0.515	112	99	101
COD_{Mn}	g	10	100	2.70	0.80	1.53	0.56	0.362	1.45	1.33	1.46
	s	30	100	21.03	1.67	6.04	5.85	0.967	4.28	2.14	3.01
氨氮	g	9	90	0.11	0.01	0.03	0.03	0.922	0.02	0.02	0.02
	s	30	100	37.55	0.01	1.41	6.86	4.861	0.04	0.03	0.03
总氮	g	10	100	2.69	0.05	1.01	0.72	0.713	0.72	0.96	0.97
	s	30	100	50.67	0.91	4.15	8.85	2.13	2.62	2.44	2.47
总磷	g	10	100	0.20	0.03	0.09	0.06	0.629	0.08	0.07	0.07
	s	30	100	4.64	0.02	0.38	0.87	2.295	0.13	0.06	0.08
As	g	1	10	—	—	0.003	—	—	—	—	—
	s	25	83.3	0.031	0.001	0.003	0.006	1.895	0.002	0.001	0.001
Se*	g	0	0	—	—	—	—	—	—	—	—
	s	3	10	1.99	0.47	1.00	0.86	0.862	0.79	0.54	0.54
Cd*	g	0	0	—	—	—	—	—	—	—	—
	s	6	20	0.20	0.07	0.12	0.05	0.376	0.12	0.11	0.11
Pb*	g	8	80	1.57	0.10	0.46	0.48	1.039	0.32	0.39	0.29
	s	25	83.3	2.44	0.09	0.97	0.64	0.659	0.77	0.78	0.78
Cu*	g	10	100	4.61	0.26	1.47	1.37	0.929	1.06	0.99	1.05
	s	30	100	7.96	0.13	3.07	1.45	0.473	2.65	2.85	2.98
Zn*	g	10	100	353.2	3.5	81.5	116.4	1.428	38.4	30.0	31.2
	s	30	100	78.0	3.7	26.1	14.3	0.549	22.5	23.6	23.7
B*	g	10	100	1056	346	545	226	0.415	512	469	473
	s	30	100	3003	314	816	770	0.944	604	426	429

注：* 为 μg/L，其他为 mg/L；类别：g 为地下水，s 为地表水。

二、灌溉水元素含量空间分布特征

工作区灌溉水和干流水体主要元素和指标的地球化学分布形态可以看出，大部分元素和指标在不同地区具有显著差异。全区灌溉水普遍呈弱碱性，其中工作区中部和东北部偏中性，黄河水体碱性略强；氟化物和氯化物在工作区东部和北部含量明显偏高；氨氮、总氮、总磷、COD_{Mn}、As 在工作区东北部水田灌溉区含量普遍偏高，西北部的地下水灌溉区内氨氮、总氮、总磷、COD_{Mn}、As、Cd、Cu、B显著偏低；工作区中部的引黄灌溉区范围内水体总磷、COD_{Mn}、As相对偏高，但内部各位置有所不同。区内样点水质与干流水体水质存在较大差异，特别是重金属元素，其在黄河水体中含量明显高于引黄干渠和直流水体，随着水体进入支流和次级支流和田间渠道内，部分重金属等元素含量具有逐级降低的趋势，推断其可能为分支河道内底泥沉淀和生物吸附等净化作用共同导致的结果；Se元素在灌溉水中检出率极低，而在干流水体中基本均能检出，说明Se在随水体运移的过程中也可能了发生转移。

三、主要河流断面水体地球化学特征

山东省是资源性缺水的省份，水资源总量是$308\times10^8\ m^3$，人均水资源占有量344 m^3，仅为全国人均占有量的13%，水资源短缺日益成为山东省高质量发展的“瓶颈”。作为最主要的客水资源，黄河在山东省经济社会发展中的作用举足轻重。黄河及区内主要河流水库是区内主要的灌溉水源和饮用水源，水体质量对区内乃至济南市均至关重要。2020年，山东段黄河上的引水工程已有74处，设计引水流量达到2499 m^3/s；引黄灌区有60处，有效灌溉面积3040万亩。引黄供水量已经达到了全省总供水量的30%以上，供水范围涵盖了沿黄各市和胶东4市。全省16个市中，有13个市的115个县（市、区）用上了黄河水，近10年平均引用黄河水近$70\times10^8\ m^3$，黄河水已由单纯的农业灌溉发展为工农业生产、居民生活和生态环境等多种用途，成为支撑山东省可持续发展的战略资源。

根据山东省生态环境监测中心公布的山东省省控地表水水质状况2022年3月监测数据，区内黄河、大寺河、小清河河流断面水质较好，水质一般为Ⅱ和Ⅲ类（表4-16），水质情况总体较好，能够满足集中式生活饮用水地表水源和灌溉水源水质要求。

表4-16　山东省省控地表水水质状况监测数据

断面名称	所在河流	考核地市	水质类别
北沙河入黄河口	北沙河	济南市	Ⅳ
田家桥	大寺河	济南市	Ⅲ
大辛河入小清河口	大辛河	济南市	Ⅳ
东泺河入小清河口	东泺河	济南市	Ⅱ
泺口	黄河	济南市	Ⅱ
城西洼	锦水河	济南市	Ⅳ
腊山河入小清河口	腊山河	济南市	Ⅲ
浪溪河大桥	浪溪河	济南市	Ⅰ
漯河曹庄桥	漯河	济南市	Ⅱ
寨子河桥	牟汶河	济南市	Ⅰ
贺小庄	牟汶河	济南市	Ⅱ
刘集桥	沙河	济南市	Ⅳ
夏口	徒骇河	德州市	Ⅲ
英贤桥	西泺河	济南市	Ⅲ

续表

断面名称	所在河流	考核地市	水质类别
辛丰庄	小清河	济南市	Ⅲ
睦里庄	小清河	济南市	Ⅱ
辛庄河入牟汶河断面	辛庄河	济南市	Ⅱ

为进一步明确区内主要河流目前水质情况，分别在大寺河、齐济河、黄河布置地表水取样点，分析水体中17项指标，包括：pH、Hg、As、Cr^{6+}、氟化物、氯化物、COD_{Mn}、总磷、总氮、Cd、Pb、Cu、Zn、Se、B、Ni、Ge，分析结果见表4-17和表4-18。从分析结果来看，所有地表水样品Hg和Cr^{6+}均未检出，此外，大寺河样品中Cd和黄河样品中总磷均未检出。检出项中，As、氯化物在黄河水体中显著偏低，而黄河水体中重金属Cd、Pb、Cu、Zn、Ni、Ge等元素则远高于大寺河和齐济河水体样品。黄河水体中pH值和Se元素略高于大寺河和齐济河水体，总体较为一致。水体中重金属等物质与水体携带泥沙含量有关，黄河水体中泥沙含量远大于大寺河和齐济河水体，并且大寺河和齐济河流速较缓，底泥沉淀和生物吸附作用较强，元素易固定于底泥和生物群落，因此造成水体中元素含量的较大差异。

表4-17 工作区主要干流地表水元素（指标）分析结果

河流	点位	pH	Hg	As	Cr^{6+}	氟化物	氯化物	COD_{Mn}	总磷	总氮	Cd*	Pb*	Cu*	Zn*	Se*	B*	Ni*	Ge*
大寺河	W01	7.48	ND	0.0034	ND	0.425	120	12.1	0.82	6.31	ND	0.81	3.55	136	0.44	222	1.60	0.10
	W02	7.87	ND	0.0048	ND	0.481	254	6.53	0.10	2.49	ND	0.69	2.06	45.0	0.55	300	1.81	0.16
	W03	7.69	ND	0.0027	ND	0.526	278	3.75	0.12	2.98	ND	0.53	1.70	21.3	0.42	284	2.03	0.14
齐济河	W04	7.55	ND	0.0031	ND	0.435	109	7.84	0.21	4.25	0.08	6.41	5.41	50.8	0.47	222	3.86	0.53
	W05	7.42	ND	0.0034	ND	0.826	128	4.07	0.16	3.53	ND	0.40	2.10	3.50	ND	190	1.57	0.16
	W06	7.95	ND	0.0025	ND	0.385	109	3.60	0.19	3.10	0.15	12.6	6.11	51.1	0.54	193	3.27	0.42
黄河	W07	8.36	ND	0.0006	ND	0.392	78.5	10.5	ND	2.44	1.12	67.3	52.3	111	0.74	163	44.1	12.2
	W08	8.39	ND	0.0006	ND	0.474	74.5	6.71	ND	2.63	0.85	48.7	47.0	89.0	0.63	179	37.4	9.49
	W09	8.23	ND	0.0005	ND	0.446	75.7	11.3	ND	2.64	1.08	56.3	56.5	102	0.62	175	42.4	10.5

注：* 为μg/L，其他为mg/L。

区内各样点分布和水体主要元素（指标）含量分析得出，不同河流间指标差异较大，同一河流上、中、下游水质指标差别较小。大寺河下游较上游水体氟化物、氯化物含量有所升高，COD_{Mn}、总氮、总磷及Cd、Pb、Cu、Zn等有所降低；齐济河下游较上游pH略有升高，COD_{Mn}、总氮逐渐降低；黄河水体上、下游指标变化不大，总体以中游COD_{Mn}、Cd、Pb、Cu、Zn、Ni含量偏低，上、下游偏高。地表水——特别是河流地表水流速较快，并且季节性变化巨大，水量和携带物质及其化学成分均处于不断的变化当中，随着环境保护政策的实施和环保理念的深入，地表水环境状况近年来取得了巨大改善，因此，对地表水的监测分析应以动态监测为主。

表 4-18　工作区主要干流地表水元素（指标）统计结果

元素/指标	检出率 (%)	最大值 (X_{max})	最小值 (X_{min})	算术平均值 (X_a)	标准差 (S_a)	变异系数 (CV_a)	几何平均值 (X_g)	众值 (X_{mo})	中位值 (X_{me})
pH	100	8.39	7.42	—	—	—	—	7.87	7.870
氟化物	100	0.83	0.38	0.49	0.13	0.275	0.48	0.45	0.45
氯化物	100	278	75	136	76	0.561	121	109	109
COD_{Mn}	100	12.06	3.60	7.37	3.29	0.446	6.69	6.71	6.71
总氮	100	6.31	2.44	3.37	1.24	0.369	3.22	2.98	2.98
总磷	66.7	0.82	0.10	0.27	0.27	1.028	0.20	0.16	0.18
As	100	0.005	0.001	0.002	0.002	0.633	0.002	0.001	0.003
Se*	88.9	0.74	0.42	0.55	0.11	0.197	0.54	0.55	0.55
Cd*	55.6	1.12	0.08	0.66	0.51	0.77	0.42	0.85	0.85
Pb*	100	67.30	0.40	21.53	27.62	1.283	4.94	6.41	6.41
Cu*	100	56.50	1.70	19.64	24.38	1.242	7.90	5.41	5.41
Zn*	100	136.0	3.5	67.7	44.0	0.65	47.3	51.1	51.1
B*	100	300	163	214	48	0.226	210	222	193
Ni*	100	44.1	1.57	15.3	19.6	1.276	5.9	3.27	3.3
Ge*	100	12.2	0.1	3.744	5.286	1.412	0.772	0.16	0.420

注：Hg 和 Cr^{6+}未检出；单位：* 为 μg/L，其他为 mg/L。

第五章　元素地球化学等级划分

第一节　土壤元素地球化学等级

一、土壤养分指标地球化学等级及影响因素

土壤养分指植物所必需的，主要由土壤来提供的营养元素。土壤养分是土壤肥力的重要组成部分。土壤养分的丰缺程度及其供应能力直接影响作物的生长发育和产量。土壤养分属于人为可控因子，即土壤养分的不足或过量可以通过增加施肥量或适当减少施肥量而加以调控，因此，土壤营养元素分级评价成果对于指导农田施肥、充分发挥土壤的潜力具有十分重要的意义。

土壤提供的养分包括各种化学元素，根据联合国粮农组织的推荐，作物所需要的营养元素一共有 16 种，即 C、O、H、N、P、K、Ca、Mg、S、Fe、Mn、Cu、B、Zn、Mo 和 Cl。其中，C、O、H 主要通过空气和水获得，其余 13 种营养元素，主要通过土壤吸收。根据目前对微量元素的研究进展，有 20 余种元素被认为是构成人体组织、参与机体代谢、维持生理功能所必需的，其中，Fe、Cu、Zn、Se、Cd、I、Co 和 Mo 被认为是必需微量元素；Mn、Si、Ni、B、V 为可能必需微量元素；F、Zn、Cd、Hg、As、Al、Sn、Li 为具有潜在毒性，但低剂量可能具有功能作用的微量元素。每种微量元素都有其特殊的生理功能。尽管它们在人体内含量极小，但它们对维持人体中的一些决定性的新陈代谢却是十分必要的。一旦缺少了这些必需的微量元素，人体就会出现疾病，甚至危及生命。

根据山东省土地质量地球化学评价技术要求指定的评价指标，调查区的土壤养分元素评价指标按含量高低可分为（表 5-1）：必需大量营养元素：N、P、K、有机质、Ca、Mg、S；微量营养元素：Fe、Mn、Cu、B、Zn、Mo、Co、F、I、Se、Ge、V。

表 5-1　土壤养分地球化学评价指标

评价指标层	次级评价指标层	评价指标
土壤养分指标	必需大量营养元素	N、P、K、有机质、Ca、Mg、S
	微量营养元素	Fe、Mn、Cu、B、Zn、Mo、Co、F、I、Se、Ge、V

（一）土壤养分地球化学综合等级

根据山东省土地质量地球化学评价技术要求，在 N、P、K 土壤单指标养分地球化学等级划分基础上，按照如下公式计算土壤养分地球化学综合得分 $f_{养综}$。

$$f_{养综} = \sum_{i=1}^{n} k_i f_i$$

式中，$f_{养综}$为土壤 N、P、K 评价总得分，$1 \leq f_{养综} \leq 5$；k_i 为 N、P、K 权重系数，分别为 0.4、0.4 和 0.2；f_i分别为土壤 N、P、K 的单元素等级得分。5 等、4 等、3 等、2 等、1 等所对应的f_i 得分分别为 1 分、2 分、3 分、4 分、5 分。

土壤养分地球化学综合评价等级划分统计结果见表 5-2。由表 5-2 可知，调查区表层土壤养分综合以较丰富为主，占调查区面积的 69.35%，其次为中等和较缺乏，分别占 24.46%和 5.23%，丰富和缺乏占比相对较少，分别占调查面积的 0.90%和 0.06%。说明调查区表层土壤综合养分储备尚足。

表 5-2　土壤$f_{养综}$养分地球化学等级划分统计

	评价等级	1 等	2 等	3 等	4 等	5 等
养分地球化学综合等级	$f_{养综}$	≥4.5	4.5~3.5	3.5~2.5	2.5~1.5	<1.5
	定义	丰富	较丰富	中等	较缺乏	缺乏
	面积（km^2）	9.32	714.21	251.97	53.86	0.65
	比例（%）	0.90	69.35	24.46	5.23	0.06

调查区表层土壤养分地球化学综合等级见图 5-1。由图 5-1 可知，丰富区分布较少，呈零星状分布，如调查区中部回河街道、崔寨街道等，分布面积仅为 9.32 km^2；较丰富区分布范围较广，主要分布在黄河北大部分区域、荷花路街道—遥墙街道一带、洛口街道局部区域等，总分布面积为 714.21 km^2；中等区分布亦较广，主要分布在调查区西南部美里湖街道—华山街道一带、遥墙街道北部以及济北街道部分区域等，总分布面积为 251.97 km^2；较缺乏区主要分布在调查区南部黄河沿岸、大桥镇北部少量分布，其余区域分布较分散，分布面积为 53.86 km^2；缺乏区的分布较少，零星分布在济北街道、荷花路街道、美里湖街道等，分布面积均较小，总计仅为 0.65 km^2。

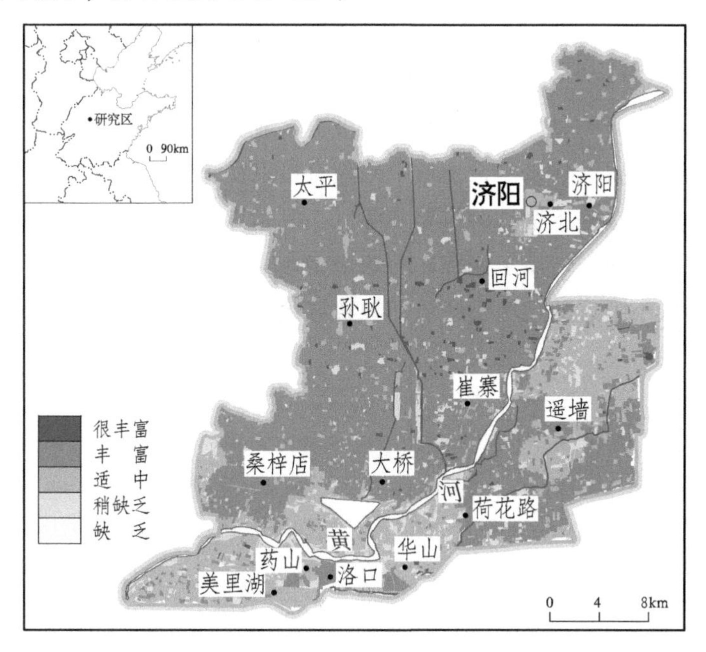

图 5-1　表层土壤养分地球化学综合等级

根据土地利用类型统计土壤养分综合等级面积（表 5-3）和比例（图 5-2），调查区总耕地面积为 581.67 km^2，1、2、3 等面积合计为 560.90 km^2，占总耕地面积的 96.43%，说明耕地综合养分含量充足；其中，水浇地中 1、2 等占比最高，为 83.67%，水田次之，1、2 等占 63.75%，旱地相对最低，1、2 等为 56.32%。

调查区总园地面积为 4.40 km^2，1、2、3 等面积合计为 4.24 km^2，占总园地面积的 96.36%，说明园地综合养分含量充足；其中，其他园地中 1、2 等占比为 71.08%，果园 1、2 等占比 47.87%。

总林地面积为 71.41 km^2，1、2、3 等面积之和为 64.72 km^2，占总林地面积的 90.64%，说明林地中综合养分含量亦充足；其中，灌木林地 1、2 等占比最高，为 64.51%，其次为有林地，1、2 等占 59.22%，其他林地占比相对最低，1、2 等为 46.91%。

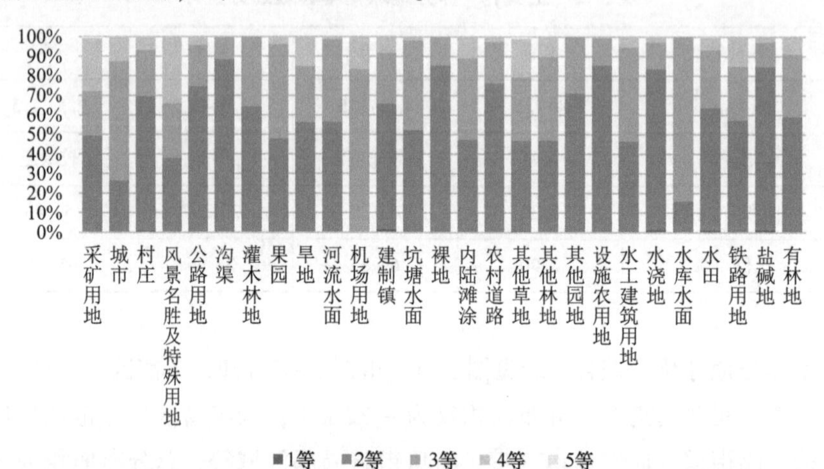

图 5-2　不同土地利用类型下土壤养分地球化学综合等级比例

（二）土壤 Se 含量等级及影响因素

硒（Se）是生物必需的微量元素，可以改善和促进有机体的免疫反应系统，可预防细胞老化。保证人体适当的硒营养，能提高机体的抗癌能力。硒与硫一样，完全呈非金属性，两者形成广泛类质同象关系。硒为亲铜分散元素，在地壳中呈分散状态存在，极少形成具有工业意义的独立矿床。地壳中各种岩石矿物中的硒，是土壤中硒的主要天然来源。土壤中硒除直接来源于岩石矿物的风化分解外，人为活动，特别是工业生产中废物的排放，也是土壤硒的重要来源。工业燃煤是土壤中硒的主要间接来源，硒的人为排放中很大部分来自燃煤动力工业、玻璃工业和矿石焙烧工业，主要由于煤和碳质页岩中硒一般较高。大气中的硒大部分降落在工业城市附近的土壤中，从而导致城镇及周边的表层土壤中硒的富集。

表 5-3　不同土地利用类型下土壤养分地球化学综合等级统计

三大类	1级类			2级类			分等	1等	2等	3等	4等	5等
	类别	面积（km^2）	百分比（%）	类别	面积（km^2）	百分比（%）	含义	丰富	较丰富	中等	较缺乏	缺乏
农用地	01 耕地	581.67	56.47	012 水浇地	502.06	48.74	面积（km^2）	6.88	413.18	67.61	14.35	0.04
							等级百分比（%）	1.37	82.30	13.47	2.86	0.01
				013 旱地	11.59	1.13	面积（km^2）	0.00	6.53	3.32	1.75	0.00
							等级百分比（%）	0.00	56.32	28.61	15.07	0.00
				011 水田	68.02	6.60	面积（km^2）	0.83	42.53	20.02	4.40	0.24
							等级百分比（%）	1.22	62.53	29.44	6.46	0.35
	02 园地	4.40	0.43	021 果园	4.15	0.40	面积（km^2）	0.00	1.99	2.00	0.16	0.00
							等级百分比（%）	0.00	47.87	48.26	3.86	0.00
				023 其他园地	0.25	0.02	面积（km^2）	0.00	0.18	0.07	0.00	0.00
							等级百分比（%）	0.00	71.08	28.92	0.00	0.00
	03 林地	71.41	6.93	031 有林地	40.48	3.93	面积（km^2）	0.02	23.95	12.94	3.57	0.00
							等级百分比（%）	0.06	59.16	31.95	8.83	0.00
				033 其他林地	30.92	3.00	面积（km^2）	0.11	14.40	13.29	3.12	0.00
							等级百分比（%）	0.34	46.57	42.99	10.09	0.00
				035 灌木林地	0.01	0.001	面积（km^2）	0.00	0.01	0.003	0.00	0.00
							等级百分比（%）	0.00	64.51	35.49	0.00	0.00
	10 交通用地	2.26	0.22	104 农村道路	2.26	0.22	面积（km^2）	0.00	1.73	0.48	0.06	0.00
							等级百分比（%）	0.00	76.32	21.10	2.58	0.00
	11 水域及水利设施用地	55.59	5.40	113 水库水面	8.98	0.87	面积（km^2）	0.00	1.44	7.54	0.00	0.00
							等级百分比（%）	0.00	16.04	83.96	0.00	0.00
				114 坑塘水面	29.05	2.82	面积（km^2）	0.002	15.18	13.31	0.55	0.00
							等级百分比（%）	0.01	52.27	45.81	1.91	0.00
				117 沟渠	17.57	1.71	面积（km^2）	0.00	15.56	1.94	0.07	0.00
							等级百分比（%）	0.00	88.55	11.04	0.41	0.00
	12 其他土地	16.05	1.56	122 设施农用地	16.05	1.56	面积（km^2）	0.02	13.70	2.24	0.09	0.00
							等级百分比（%）	0.14	85.33	13.96	0.57	0.00

续表

三大类	一级类			二级类			分等	一等	二等	三等	四等	五等
	类别	面积（km^2）	百分比（%）	类别	面积（km^2）	百分比（%）	含义	丰富	较丰富	中等	较缺乏	缺乏
未利用地	04 草地	10.01	0.97	043 其他草地	10.01	0.97	面积（km^2）	0.07	4.61	3.27	1.95	0.11
							等级百分比（%）	0.68	46.05	32.69	19.44	1.14
	11 水域及水利设施用地	34.83	3.38	111 河流水面	29.31	2.85	面积（km^2）	0.00	16.60	12.29	0.41	0.00
							等级百分比（%）	0.00	56.64	41.95	1.41	0.00
				116 内陆滩涂	5.53	0.54	面积（km^2）	0.00	2.62	2.30	0.60	0.00
							等级百分比（%）	0.00	47.36	41.71	10.92	0.00
未利用地	12 其他土地	1.98	0.19	124 盐碱地	1.70	0.17	面积（km^2）	0.02	1.42	0.21	0.05	0.00
							等级百分比（%）	1.36	83.22	12.54	2.88	0.00
				127 裸地	0.28	0.03	面积（km^2）	0.00	0.24	0.04	0.00	0.00
							等级百分比（%）	0.00	85.35	14.65	0.00	0.00
	06 工矿仓储用地	7.36	0.71	062 采矿用地	7.36	0.71	面积（km^2）	0.00	3.63	1.67	1.99	0.06
							等级百分比（%）	0.00	49.37	22.75	27.01	0.87
建设用地	07 城市住宅	190.56	18.50	071（城市）城镇住宅用地	82.18	7.98	面积（km^2）	0.40	32.39	40.31	9.03	0.05
							等级百分比（%）	1.42	90.98	86.85	20.65	0.10
				072（村庄）农村宅基地	108.38	10.52	面积（km^2）	1.00	74.49	25.50	7.24	0.14
							等级百分比（%）	0.93	68.73	23.53	6.68	0.13
	09 特殊用地	3.80	0.37	09 特殊用地	3.80	0.37	面积（km^2）	0.00	1.44	1.06	1.30	0.00
							等级百分比（%）	0.00	37.96	27.88	34.15	0.00
	10 交通运输用地	28.16	2.73	101 铁路用地	3.70	0.36	面积（km^2）	0.00	2.12	1.02	0.56	0.00
							等级百分比（%）	0.00	57.36	27.43	15.21	0.00
				102 公路用地	20.33	1.97	面积（km^2）	0.00	15.19	4.26	0.88	0.00
							等级百分比（%）	0.00	74.70	20.95	4.35	0.00
				107 机场用地	4.13	0.40	面积（km^2）	0.00	0.00	3.44	0.69	0.00
							等级百分比（%）	0.00	0.00	83.33	16.67	0.00
	11 水域及水利设施用地	21.90	2.13	118 水工建筑用地	21.90	2.13	面积（km^2）	0.00	10.18	10.55	1.17	0.00
							等级百分比（%）	0.00	46.49	48.16	5.35	0.00

1. 土壤硒的区域分布特征

调查区表层土壤硒的含量范围为（0.03~2.05）$\times10^{-6}$，平均含量为0.243$\times10^{-6}$，高于山东省表层土壤平均值（0.13$\times10^{-6}$），略低于全国表层土壤平均值（0.29$\times10^{-6}$）。调查区表层土壤硒的养分地球化学评价结果显示（表5-4），调查区适量区分布最广，占调查区面积的77.43%；其次为高含量区，占调查区面积的13.42%；边缘区分布为7.25%；缺乏区分布较少，仅为1.90%。

表5-4　土壤硒含量分级及面积统计

	评价等级	缺乏	边缘	适量	高	过剩
Se	含量（$\times10^{-6}$）	≤0.125	0.25~0.175	0.175~0.40/0.3*	0.40/0.3*~3.0	>3.0
	面积（km^2）	19.60	74.63	797.56	138.21	0.00
	比例（%）	1.90	7.25	77.43	13.42	0.00

注：* pH>7.5时，为0.3$\times10^{-6}$，pH≤7.5时，为0.4$\times10^{-6}$。

根据富硒土壤的土地利用类型进行统计，统计结果如表5-5所示。由表5-5可知，调查区农用地富硒土壤面积为73.627 km^2，其中富硒水浇地面积最大，面积为47.067 km^2，主要分布在荷花路街道和遥墙街道以及大桥街道等。

表5-5　富硒土壤土地利用分类面积统计（GB/T21010—2007）　　单位：km^2

三大类	一级类	二级类	富硒面积	统计
农用地	01 耕地	011 水田	15.684	73.627
		012 水浇地	47.067	
		013 旱地	0.562	
	02 园地	021 果园	0.409	
	03 林地	031 有林地	5.089	
		032 灌木林地	0.002	
		033 其他林地	1.214	
	10 交通用地	104 农村道路	0.144	
	11 水域及水利设施用地	114 坑塘水面	1.580	
		117 沟渠	0.606	
	12 其他土地	122 设施农用地	1.270	
建设用地	06 工矿仓储用地	062 采矿用地	2.055	60.107
	07 城市住宅	071（城市）城镇住宅用地	36.575	
		072（村庄）农村宅基地	15.991	
	09 特殊用地	09 特殊用地	0.398	
	10 交通运输用地	101 铁路用地	0.095	
		102 公路用地	3.411	
	11 水域及水利设施用地	118 水工建筑用地	1.582	

续表

三大类	一级类	二级类	富硒面积（km^2）	统计
未利用地	04 草地	043 其他草地	1.578	4.476
	11 水域及水利设施用地	116 内陆滩涂	0.275	
		111 河流水面	2.288	
	12 其他土地	124 盐碱地	0.062	
		127 裸地	0.273	
合计			138.21	

由硒的养分地球化学丰缺评价图可知（图 5-3），高含量区主要集中在调查区南部美里湖街道—华山街道—遥墙街道一带，大桥镇北部也有部分区域分布，总体分布面积为 138.21 km^2；适量区分布较广，调查区中黄河以北、美里湖街道以西绝大部分区域均为足硒区，分布面积为 797.56 km^2；边缘区分布较少，主要分布在遥墙街道北部局部区域，其他地区零星少量分布，分布面积为 74.63 km^2；缺乏区分布少，呈零散分布，分布面积为 19.60 km^2。

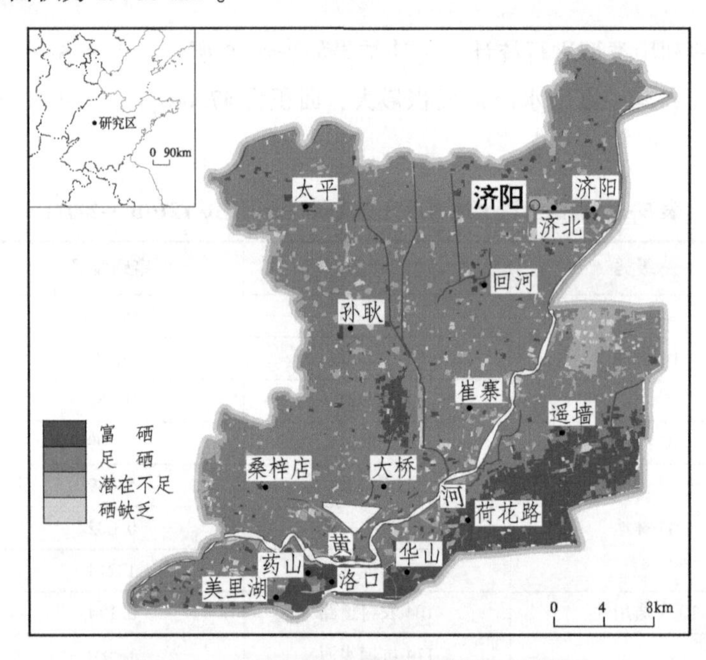

图 5-3 表层土壤硒养分地球化学丰缺等级

2. 影响土壤硒含量的因素

土壤硒的人为源主要与燃煤排放有关，因为煤和炭质页岩中富含硒元素，而这些物质又是现代工业所需的大量消耗品，包括燃煤动力工业、玻璃工业和矿石焙烧工业等。经过燃煤废气排放后，废气中的硒大部分降落在城市及相关工矿活动区域附近的土壤中，在土壤有机质（SOM）的吸附下，从而导致周边的表层土壤中硒的富集。统计土壤中 Se 元素与有机质（SOM）之间的相关性，为显著的正相关性（图 5-4）。

调查区南部土壤硒含量较高，北郊电厂、黄台电厂坐落其中，而济南钢铁总厂、济南炼油厂虽不在调查区内，但距离较近，对调查区内土壤仍存在影响。大桥镇北部谷家村、前吴村、双庙村、姚家村、祝家村等地出现连片富硒土地，经实地调查访问，黄台电厂在该区域大面积堆放煤灰，这可能是导致土壤硒元素含量激增的因素。

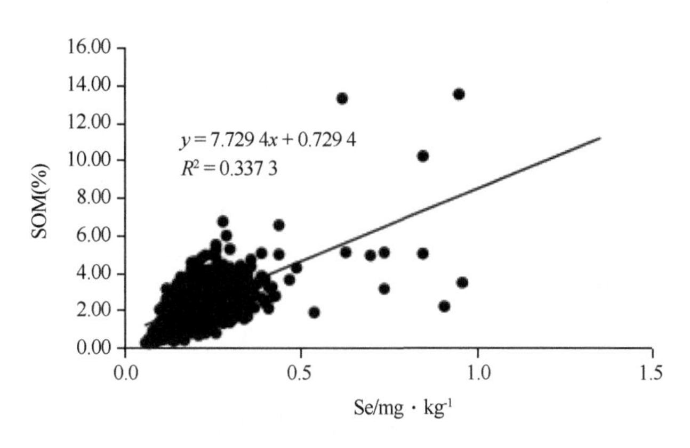

图 5-4　表层土壤硒与有机质（SOM）之间的散点图

二、土壤环境指标地球化学等级及影响因素

（一）土壤单指标环境地球化学等级及影响因素

1. 评价标准

以《土壤环境质量 农用地土壤污染风险管控标准（试行）》（GB 15618—2018）和《土壤环境质量 建设用地土壤污染风险管控标准（试行）》（GB 36600—2018）为评价标准，对调查区 Hg、Cd、Pb、Ni、Cu、Zn、Cr、As 等 8 个土壤重金属元素含量做出分级和评价，标准是为了贯彻《中华人民共和国环境保护法》，GB 15618—2018 是保护农用地土壤环境，管控农用地土壤污染风险，保障农产品质量安全、农作物正常生长和土壤生态环境；GB 36600—2018 是加强建设用地土壤环境监管，管控污染地块对人体健康的风险，保障人居环境安全，而制定的农用地和建设用地土壤环境质量标准，具有一定的权威性和法律效应。

标准制定了不同土地利用类型下的土壤污染风险筛选值和管制值，土壤中参比指标与筛选值和管制值进行比较，获得评价结果见表 5-6～表 5-8。

表 5-6　农用地土壤污染风险筛选值（基本项目）　　10^{-6}

污染物项目[1,2]		风险筛选值			
		pH≤5.5	5.5<pH≤6.5	6.5<pH≤7.5	pH>7.5
镉	水田	0.3	0.4	0.6	0.8
	其他	0.3	0.3	0.3	0.6
汞	水田	0.5	0.5	0.6	1.0
	其他	1.3	1.8	2.4	3.4
砷	水田	30	30	25	20
	其他	40	40	30	25
铅	水田	80	100	140	240
	其他	70	90	120	170
铬	水田	250	250	300	350
	其他	150	150	200	250
铜	果园	150	150	200	250
	其他	50	50	100	100

续表

污染物项目[1,2]	风险筛选值			
	pH≤5.5	5.5<pH≤6.5	6.5<pH≤7.5	pH>7.5
镍	60	70	100	190
锌	200	200	250	300

注：1. 重金属和类金属砷均按原始总量计；

2. 对于水旱轮作地，采用其中较严格的风险筛选值。

表 5-7 农用地土壤污染风险管制值 10^{-6}

污染物项目	风险筛选值			
	pH≤5.5	5.5<pH≤6.5	6.5<pH≤7.5	pH>7.5
镉	1.5	2.0	3.0	4.0
汞	2.0	2.5	4.0	6.0
砷	200	150	120	100
铅	400	500	700	1000
铬	800	850	1000	1300

表 5-8 建设用地土壤污染风险筛选值和管制值（部分基本项目） 10^{-6}

污染物项目	筛选值		管制值	
	第一类用地	第二类用地	第一类用地	第二类用地
砷	20	60	120	140
镉	20	65	47	172
铬（六价）	3.0	5.7	30	78
铜	2000	18 000	8000	36 000
铅	400	800	800	2500
汞	8	38	33	82
镍	150	900	600	2000

安全利用类：当参比指标含量低于筛选值时，农用地对农产品质量安全、农作物生产或土壤生态环境的风险低，一般情况下可以忽略；建设用地对人体的健康风险可以忽略。

风险可控类：当参比指标含量高于筛选值且低于管制值时，农用地对农产品质量安全、农作物生长或土壤生态环境可能存在风险，应当加强土壤环境监测和农产品协同监测，原则上应当采取安全利用措施；建设用地对人体健康可能存在风险，应当开展进一步的详细调查和风险评估，确定具体污染范围和风险水平，存在安全利用风险。

风险较高类：当参比指标含量高于管制值时，农用地中食用农产品不符合质量安全标准等，农用地土壤污染风险高，原则上应当采取严格管控措施；建设用地对人体健康通常存在不可接受风险，应当采取风险管控或修复措施，风险较高。

2. 评价方法

参照土壤环境质量标准筛选值，将土壤中 pH、Cd、Hg、As、Pb、Cu、Zn、Cr、Ni 各指标的实测数据进行图斑赋值，使每块地块有一组 8 种重金属含量和 pH 值数据，农用地参照 GB 15618—2018 中不同土地利用类型和 pH 值下的筛选值和管制值进行比较（表 5-9），小于筛选值时为 1 级，安全利用，筛选值与管制值之间时，为 2 级，风险可控，原则上需要采取安全利用措施，大于管制值时为 3 级，风险较高，原则上应当采取严格管控措施；建设用地参照《土壤环境质量 建设用地土壤污染风险管控标准（试行）》（GB 36600—2018）中不同的土地利用分类下的筛选值和管制值进行比较，小于筛选值时为 1 级，安全利用，筛选值与管制值之间时，为 2 级，风险可控，需要进一步详细调查和风险评估，大于管制值时，为 3 级，风险较高，需要严格管控。

表 5-9　土壤环境地球化学等级划分方法

等级	1 级	2 级	3 级
污染风险	无风险	风险可控	风险较高
划分方法	$C_i \leqslant S_i$	$S_i < C_i \leqslant G_i$	$C_i > G_i$
颜色			

注：C_i为参比指标的含量，S_i为筛选值，G_i为管制值。

土壤环境地球化学综合等级采用一票否决制，每个评价单元的土壤环境地球化学综合等级等同于单指标划分出的环境等级最差的等级。如 As、Cr、Cd、Cu、Hg、Pb、Ni、Zn 划分出的环境地球化学等级分别为 3 级、2 级、2 级、2 级、1 级、3 级、1 级和 1 级，该评价单元的土壤环境地球化学综合等级为 3 等。

3. 土壤单指标环境地球化学等级及影响因素

土壤环境地球化学等级划分是土壤中重金属元素 As、Cd、Cr、Pb、Hg、Ni、Cu、Zn 含量以《土壤环境质量 农用地土壤污染风险管控标准（试行）》（GB 15618—2018）和《土壤环境质量 建设用地土壤污染风险管控标准（试行）》（GB 36600—2018）中的筛选值和管制值作为参照进行评价的等级，各重金属元素单指标土壤环境地球化学划分等级如表 5-10。

表 5-10　土壤重金属单指标环境地球化学等级统计表

等级	1 级		2 级		3 级	
含义	无风险		风险可控		风险较高	
指标	面积（km^2）	百分率（%）	面积（km^2）	百分率（%）	面积（km^2）	百分率（%）
As	1029.79	99.98	0.21	0.02	0.00	0.00
Cd	1028.06	99.81	1.94	0.19	0.00	0.00
Cr	1030.00	100.00	0.00	0.00	0.00	0.00
Cu	1029.75	99.98	0.25	0.02	0.00	0.00
Hg	1030.00	100.00	0.00	0.00	0.00	0.00

续表

等级	一级		二级		三级	
含义	无风险		风险可控		风险较高	
指标	面积（km^2）	百分率（%）	面积（km^2）	百分率（%）	面积（km^2）	百分率（%）
Ni	1029.54	99.96	0.46	0.04	0.00	0.00
Pb	1029.92	99.99	0.08	0.01	0.00	0.00
Zn	1030.00	100.00	0.00	0.00	0.00	0.00

（1）砷（As）

As 的评价中农用地筛选值参考表 5-10，城市用地的筛选值分为一类用地和二类用地，因地块信息仅划分到建设用地，无细分信息，这里统一用最严标准作为参比评价，参照一类用地（人居居住聚集区，如居民区、学校等）筛选值 20×10^{-6}。调查区表层土壤中 As 的含量 99.98%在筛选值以内，超过筛选值的区域分布在调查区南部荷花路街道朱家桥村、美里湖街道肖家屯村以及洛口街道小片区域等，面积为 0.21 km^2。超过筛选值的地块主要有城市居民区、设施农用地、水田等，超过筛选值的居民区和农用地地块周边分布有物流园区、铁路、动车所等，超标可能与周边的企业活动存在联系。

（2）镉（Cd）

Cd 的评价结果表明，调查区表层土壤中 Cd 的含量 99.81%在筛选值以内，说明调查区表层土壤 Cd 总体质量较好，少量地块超过筛选值，占调查区 0.19%。从地块类型来看，超标地块主要有水浇地、水田、有林地、设施农用地、其他林地、果园等，主要分布在大桥街道蒋家村、路店村、香王店村、坡东村、王庙村、桃园村，美里湖街道石佛屯村，荷花路街道朱家桥村、苏家庄村、冷水沟村、路家庄村、南滩头村、曲家庄村、新码头村，遥墙街道北柴村，孙耿街道高家村、杨家寨子村、孙家村，回河街道席闫村等。从地块周边环境来看，超标地块周边多数都存在机械厂、食品加工厂、建筑工地、化工厂等企业分布。部分地区 Cd 的积累可能与农业相关活动有关，在农产品种植过程中会大量使用地膜，地膜在生产过程中会加入含有 Cd 和 Pb 的热稳定剂，势必会导致土壤中 Cd 和 Pb 的积累。

（3）铜（Cu）

Cu 元素以一级土壤分布最广，分布面积为 1029.75 km^2，占 99.98%，超过筛选值的土壤面积为 0.25 km^2，占 0.02%。从土地利用类型来看，主要为水浇地，主要分布在调查区南部华山街道姬家庄村、荷花路街道南滩头村、裴家营村等。从地块周边环境来看，附近分布有大型物流园区、高铁站等，超标可能与周边企业活动有关，受人为源排放影响较大。

（4）镍（Ni）

Ni 元素全区几乎均为一级土壤，分布面积为 1029.54 km^2，占 99.96%，超过筛选值土壤面积为 0.46 km^2，占 0.04%，分布在调查区南部卧牛山与小清河之间的城市用地，该区域正处于集中建设阶段，附近建筑工地密集，可能是土壤超标的主要因素。

（5）铅（Pb）

Pb 元素以一级土壤为主，分布面积为 1029.92 km^2，占 99.99%，超过筛选值土壤面积为 0.08 km^2，占 0.01%，分布在调查区南部洛口街道小清河北岸城市用地，该区域附近分布有北郊热电厂、泺口服装城等大型企业，企业活动可能是土壤超标的主要因素。

(6) 铬（Cr）、汞（Hg）和锌（Zn）

重金属 Cr、Hg 和 Zn 的评价结果表明，调查区农用地和建设用地表层土壤含量均未超过相应土壤环境质量筛选值，属于安全利用类。

(7) 土壤酸碱度（pH）

调查区表层土壤总体呈碱性（表 5-11），其中强碱性区分布较为分散，主要分布在回河街道—济阳街道部分区域、太平街道部分区域、调查区南部黄河沿岸、遥墙街道北部也有一定程度分布，分布面积累计为 33.27 km^2，占调查区面积的 3.23%；中性区分布极少，仅个别地块为中性区，主要分布在大桥街道—回河街道一带，面积仅 2.20 km^2，占调查区面积 0.21%；调查区剩余区域均为碱性区，面积累计为 994.53 km^2，占调查区面积的 96.56%，分布面积较广。

表 5-11　土壤酸碱度（pH）分级统计

pH 值	pH<5.5		5.5<pH≤6.5		6.5<pH≤7.5		7.5<pH≤8.5		>8.5	
等级	强酸性		酸性		中性		碱性		强碱性	
颜色										
项目	面积（km^2）	百分比（%）	面积（km^2）	百分比（%）	面积（km^2）	百分比（%）	面积（km^2）	百分比（%）	面积（km^2）	百分比（%）
pH	0.00	0.00	0.00	0.00	2.20	0.21	994.53	96.56	33.27	3.23

（二）土壤环境地球化学综合等级

土壤环境地球化学综合等级是在单指标土壤环境地球化学等级划分基础上，综合等级等同于每个评价单元的单指标环境地球化学最差等级。按照综合评价结果统计各等级面积及百分比如表 5-12，土壤环境地球化学综合等级见图 5-5。

表 5-12　土壤环境质量地球化学综合等级统计

1 等		2 等		3 等	
安全区		风险区		管制区	
面积（km^2）	百分率（%）	面积（km^2）	百分率（%）	面积（km^2）	百分率（%）
1026.63	99.67	3.37	0.33	0.00	0.00

调查区土壤环境质量总体较好，安全区面积为 1026.63 km^2，占调查区面积的 99.67%；风险区面积为 3.37 km^2，占调查区面积的 0.33%。调查区整体环境质量较好，局部受人为活动影响，风险区受土壤 As、Cd、Cu、Hg、Ni 或 Pb 元素不同程度影响超过土壤环境质量标准筛选值，主要存在于调查区南部城市区域中。土壤元素超标基本都与周边工矿企业的生产活动有关，Cd 元素超标部分可能受农业生产活动影响，部分可能受周边的工矿企业活动影响。

三、土壤质量地球化学综合等级

将土壤养分地球化学综合等级与土壤环境地球化学综合等级进行叠加，获得土壤质量地球化学综合等

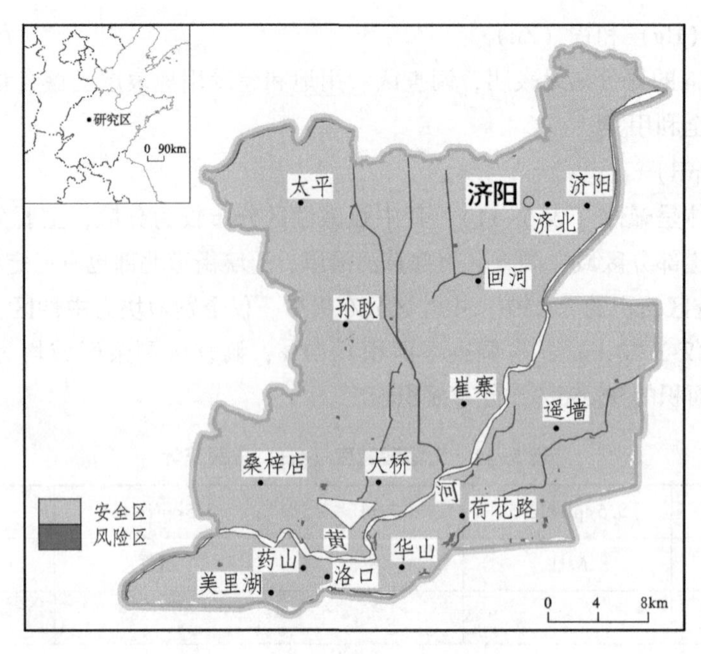

图 5-5 土壤环境地球化学综合等级

级，叠加原则及含义详见第三章。根据叠加结果统计各等级面积及百分比见表 5-13，土壤质量地球化学综合等级见图 5-6。

表 5-13 土壤质量地球化学综合等级统计表

1 等		2 等		3 等		4 等		5 等	
优质		良好		中等		差等		劣等	
面积（km^2）	百分率（%）	面积（km^2）	百分率（%）	面积（km^2）	百分率（%）	面积（km^2）	百分率（%）	面积（km^2）	百分率（%）
722.07	70.10	250.23	24.29	57.05	5.54	0.65	0.06	0.00	0.00

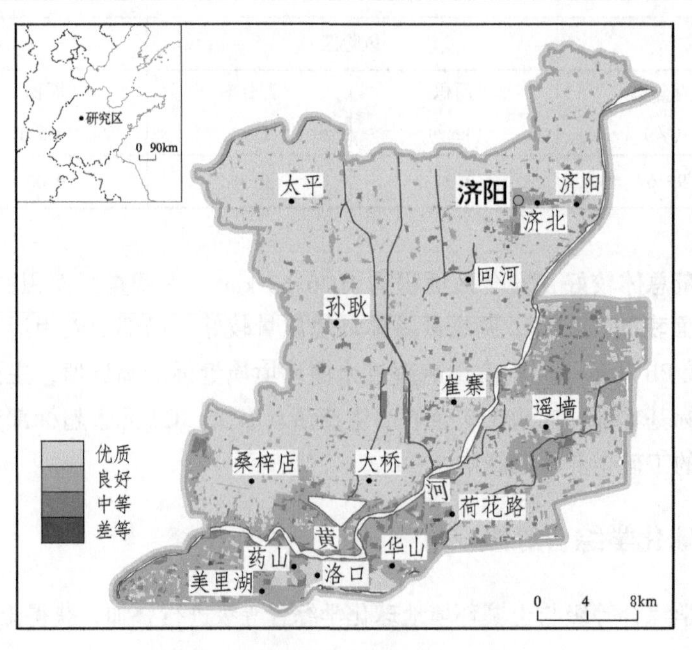

图 5-6 土壤质量地球化学综合等级

调查区表层土壤质量总体较好，优质、良好和中等之和占调查区总面积的99.93%。其中，占比最高的为优质土壤，面积为722.07 km^2，占调查区面积的70.10%，主要分布在调查区的北部、西部、东南部以及南部城区部分区域等；良好土壤面积为250.23 km^2，占24.29%，主要分布在调查区东部遥墙街道、南部美里湖街道—华山街道一带等区域；中等区土壤分布面积为57.05km^2，占5.54%，主要分布在黄河沿岸、济北街道、遥墙街道等区域；差等土壤分布较少，分布面积为0.65 km^2，占0.06%，分布较为分散，如华山街道东北、美里湖街道西北等。

根据土地利用类型进行统计（图5-7，图5-8，表5-14），不同土地利用类型下，土壤质量均以优质土壤为主，占比均超过50%；农用地优质土壤占比高达76.07%，良好其次，占19.71%，中等占4.16%，差等占比仅0.06%；建设用地中优质土壤占55.82%，良好占34.84%，中等占9.24%，差等占0.10%；未利用地优质土壤占53.77%，良好占38.87%，中等占7.11%，差等占0.25%，无劣等土壤。

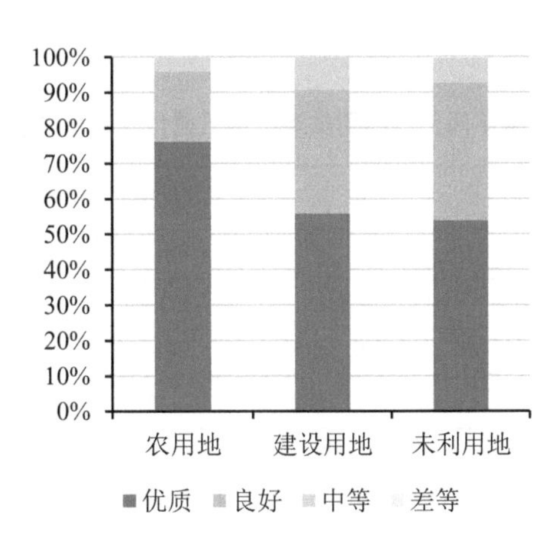

图5-7　土地利用类型土壤质量综合评价

从不同土地利用类型下表层土壤中土壤质量地球化学综合等级的比例来看，不同土地利用类型均以优质、良好或中等为主。农用地中，果园和水库水面以良好为主，其余土地利用类型如水浇地、旱地等以优质为主，其中水浇地、沟渠、设施农用地优质土壤比例都在80%以上，其他林地优质土壤占比相对较低，为46.93%，良好占42.90%。在建设用地中，城市建设用地、机场用地、水工建筑用地以良好为主，其余地类以优质为主，其中机场用地良好土壤占比高达83.37%，无优质土壤，建制镇、村庄、公路用地土壤质量较好，优质土壤占比较高。未利用地中所有地类土壤质量均以优质为主，盐碱地、落地占比最高，分别为84.48%和85.71%。另外，水田、水浇地、采矿用地、城市建设用地、村庄和其他草地均出现不同比例的差等，采矿用地中差等比例相对最高，占比为0.86%。

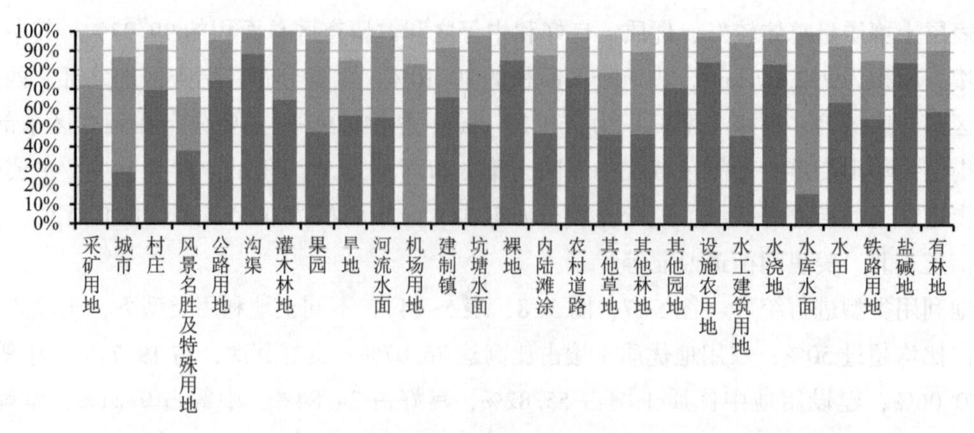

图 5-8 不同土地利用类型下表层土壤质量地球化学综合等级比例

表 5-14 表层土壤不同土地利用类型土壤质量地球化学综合等级面积统计

单位：km^2

三大类	一级类	二级类	优质	良好	中等	差等	劣等
农用地（731.40）	01 耕地	011 水田	44.26	20.36	4.66	0.24	0.00
		012 水浇地	428.14	68.49	16.39	0.04	0.00
		013 旱地	6.66	3.40	1.78	0.00	0.00
	02 园地	021 果园	2.01	2.05	0.18	0.00	0.00
		023 其他园地	0.18	0.08	0.00	0.00	0.00
	03 林地	031 有林地	24.46	13.22	3.76	0.00	0.00
		033 其他林地	14.81	13.54	3.21	0.00	0.00
		035 灌木林地	0.01	0.003	0.00	0.00	0.00
	10 交通用地	104 农村道路	1.76	0.49	0.06	0.00	0.00
	11 水域及水利设施用地	113 水库水面	1.47	7.68	0.00	0.00	0.00
		114 坑塘水面	15.49	13.92	0.61	0.00	0.00
		117 沟渠	15.90	1.96	0.12	0.00	0.00
	12 其他土地	122 设施农用地	13.87	2.22	0.31	0.00	0.00
建设用地（244.42）	06 工矿仓储用地	062 采矿用地	3.74	1.71	2.03	0.07	0.00
	07 城市住宅	071（建制镇）城镇住宅用地	33.75	41.03	9.75	0.05	0.00
		072（村庄）农村宅基地	76.97	26.10	7.38	0.14	0.00
	09 特殊用地	09 特殊用地	1.47	1.08	1.32	0.00	0.00
	10 交通运输用地	101 铁路用地	2.17	1.18	0.57	0.00	0.00
		102 公路用地	15.48	4.36	0.90	0.00	0.00
		107 机场用地	0.00	3.51	0.70	0.00	0.00
	11 水域及水利设施用地	118 水工建筑用地	10.39	10.90	1.19	0.00	0.00
未利用地（54.18）	04 草地	043 其他草地	4.77	3.32	2.03	0.12	0.00
	11 水域及水利设施用地	111 河流水面	16.92	12.98	0.70	0.00	0.00
		116 内陆滩涂	2.67	2.29	0.67	0.00	0.00
	12 其他土地	124 盐碱地	1.47	0.22	0.05	0.00	0.00
		127 裸地	0.24	0.04	0.00	0.00	0.00

第二节　大气干湿沉降物环境地球化学等级

一、大气干湿沉降物单指标环境地球化学等级

（一）大气干湿沉降物单指标划分标准

根据山东省《1∶50 000土地质量地球化学评价技术要求（试行）》中对Cd和Hg的年沉降通量密度划分标准值见表5-15。

表5-15　大气干湿沉降环境地球化学等级分级标准值　单位：mg/（m^2·a）

评价指标	年通量密度	
等级	1等，数字代码为1	2等，数字代码为2
Cd	≤3	>3
Hg	≤0.5	>0.5

参照给出的划分标准值，当大气干湿沉降物标准指标年沉降通量密度小于等于该值时为一等，数字代码为1，表示大气干湿沉降物沉降对土壤环境质量影响不大；当大气干湿沉降物评价指标年沉降通量大于该值时为2等，数字代码为2，表示大气干湿沉降物对土壤环境质量影响较大；数字代码为0时，表示该评价单元未采集大气干湿沉降物样品。

（二）大气干湿沉降物单指标环境地球化学等级

调查区大气干湿沉降环境指标Hg和Cd元素的单位面积年沉降通量统计特征值见表5-16，Hg元素大气干湿沉降物通量密度最大值为0.03 mg/（m^2·a），小于1等标准值0.5 mg/（m^2·a），Cd元素大气干湿沉降物通量密度最大值为0.30 mg/（m^2·a），小于1等标准值3 mg/（m^2·a），由此，该调查区大气干湿沉降物中Hg元素和Cd元素单位面积年沉降通量均低于标准限值，全部为1等，大气干湿沉降物中Hg元素和Cd元素沉降对土壤中Hg元素和Cd元素含量的影响不大，不会影响到土壤环境质量。

表5-16　调查区大气干湿沉降环境指标年沉降通量密度统计特征值　单位：mg/（m^2·a）

指标	最小值	最大值	均值	中位值	标准差	变异系数
Hg	0.002 36	0.03	0.01	0.01	0.01	0.50
Cd	0.025 69	0.30	0.11	0.11	0.05	0.43

二、大气干湿沉降物环境地球化学综合等级

根据大气干湿沉降物环境地球化学综合等级定义原则，在大气干湿沉降单指标环境地球化学等级划分基础上，每个评价单元的大气干湿沉降环境地球化学综合等级等同于单指标划分出的环境地球化学等级最

差的等别。如 Hg、Cd 划分出的大气干湿沉降环境地球化学等级分别为 1 等、2 等，该评价单元的大气沉降环境地球化学综合等级为 2 等。调查区 Hg 元素和 Cd 元素大气干湿沉降物环境地球化学等级均为 1 等，因此，所有评价单元大气干湿沉降物环境地球化学综合等级为 1 等。

第三节　灌溉水环境地球化学等级

灌溉水环境地球化学等级划分标准值同《农田灌溉水质标准》（GB 5084—2021），灌溉水中指标含量高于标准限值即为 2 等，表示灌溉水环境质量不符合标准；指标含量小于等于标准限值即为 1 等，表示灌溉水环境质量符合标准。灌溉水综合等级按照一票否决原则进行划分等级，即综合等级等于灌溉水单指标环境地球化学等级中最差的单指标等级。

一、灌溉水单指标环境地球化学等级

灌溉水水质标准限值和单指标环境地球化学等级统计见表 5-17，由表可知，调查区所采集的 40 件灌溉水样品的 13 项指标，4 处水样 W22、W23、W30、W32（地表引黄灌渠灌溉水）中 B 超过灌溉水水质标准限值、一处水样 W20（地表引黄灌渠灌溉水）中氯化物超过灌溉水水质标准限值，其余灌溉水样单指标全部合格。以上取样点为引黄灌渠内采集的地表灌溉水，取样点周围企业众多，包括物流园区、化工企业、涂料加工企业、有机硅制造企业、冶金企业等，企业生产活动可能是导致灌溉水中 B 和氯化物等指标超标的影响因素，存在灌溉水超标风险。周边地块土壤中 B 的含量为 70.20×10^{-6}，是调查区土壤背景值的 1.4 倍。水和土壤在该点周边均存在富集特征，可能具有同源性。

表 5-17　灌溉水单指标环境地球化学等级合格统计表

指标	最大值	标准限值	合格个数	合格率	指标	最大值	标准限值	合格个数	合格率
As	0.031	0.1	40	100.00%	Se	1.99	20	40	100.00%
Hg	ND	0.001	40	100.00%	Cd	0.2	10	40	100.00%
Cr^{6+}	ND	0.1	40	100.00%	Pb	2.44	200	40	100.00%
COD_{Mn}	21	200	40	100.00%	Cu	7.96	1000	40	100.00%
氯化物	418	350	39	97.5%	Zn	353	2000	40	100.00%
氟化物	1.5	2	40	100%	B	3003	2000	36	90.00%
pH	6.78~8.05（范围）	5.5~8.5（标准范围）	40	100%					

注：灌溉水总计 40 件，左侧 As-氟化物：mg/L，右侧 Se-B：μg/L，pH 无量纲。

W22、W23、W30、W32 四处点位灌溉水 B 的单指标环境地球化学等级为 2 等，W20 点位灌溉水氯化物的单指标环境地球化学等级为 2 等，以上价单元中农用地灌溉水存在指标超标，存在污水灌溉的潜在风险，其余灌溉水评价单元各指标单元素环境地球化学等级均为 1 等，说明调查区范围内农耕区的灌溉水水质总体较好，不会对农作物产生危害。

二、灌溉水环境地球化学综合等级

根据规范要求，调查区内40件灌溉水样品，W20、W22、W23、W30、W32五处点位环境地球化学综合等级为2等，其余均为1等。根据灌溉水的采样规则，灌溉水的评价单元为4 km×4 km的网格，W20、W22、W23、W30、W32号点所代表的网格内农用地灌溉水等级为2等，识别农用地面积为47.69 km^2，由于此次灌溉水样品在较大面积仅采集一件样品，该47.69 km^2并非最终确定的范围，仅为初步识别存在潜在风险的范围，后续需在范围内加密采样，且进行连续监测，最终确定准确的风险范围。

第六章　综合研究与评价

第一节　元素迁移转化研究

元素在土壤中的地球化学行为取决于在土壤中的存在方式，而元素在土壤中的存在方式则与土地利用方式（水田、旱地、果园、林地等）和土壤的理化性质密切相关。相同含量的元素在不同性质（土壤的酸碱度、有机质、阳离子交换量）的土壤中，可表现出完全不同的地球化学行为，从而影响元素的转化和作物对元素的吸收。因此，评价元素的生态地球化学效应首先要查明影响元素地球化学行为的控制因素。其研究成果对于区域土壤地球化学资料在农业营养施肥、环境质量评价等方面具有重要的指导意义。

一、土壤中元素地球化学行为影响因素

（一）指标全量对有效量的影响

土壤中养分指标的全量是有效量的储备，二者关系越明显说明养分指标被充分激活，储备量被充分释放，从而被植物吸收利用，相反，二者关系不明显，说明养分指标未被充分激活，储备量尚未充分释放，养分资源无法被农作物充分利用。

对土壤中养分指标和有效量进行相关性分析（图6-1），土壤N、P和K的全量与有效量相关性显著，相关系数分别为0.57、0.60和0.53。统计分析表明，土壤中N、P和K处于激活状态，活性较强，能被农作物相对充分地吸收利用。

（二）有机质（SOM）对指标的影响

土壤元素的含量主要与成土母质及其成土过程有关，同时土壤pH值、有机质（SOM）含量等理化性质，大气干湿沉降物、化肥、农药使用等人为活动对其的影响也不容忽视。本小节主要对导致土壤全量及营养元素有效量变化的土壤理化性质因素及作用方式进行分析。

1. 有机质（SOM）对土壤元素指标全量的影响

土壤有机质（SOM）是泛指土壤中来源于生命的物质。有机质（SOM）含有植物生长发育所需要的各种营养元素，有95%以上氮素是以有机状态存在于土壤中的，有机质（SOM）也是土壤中磷、硫、钙、镁以及微量元素的重要来源。此外，土壤有机质（SOM）能够改善土壤物理性质，有利于土壤形成团粒结构，具有高度的保水保肥性能。

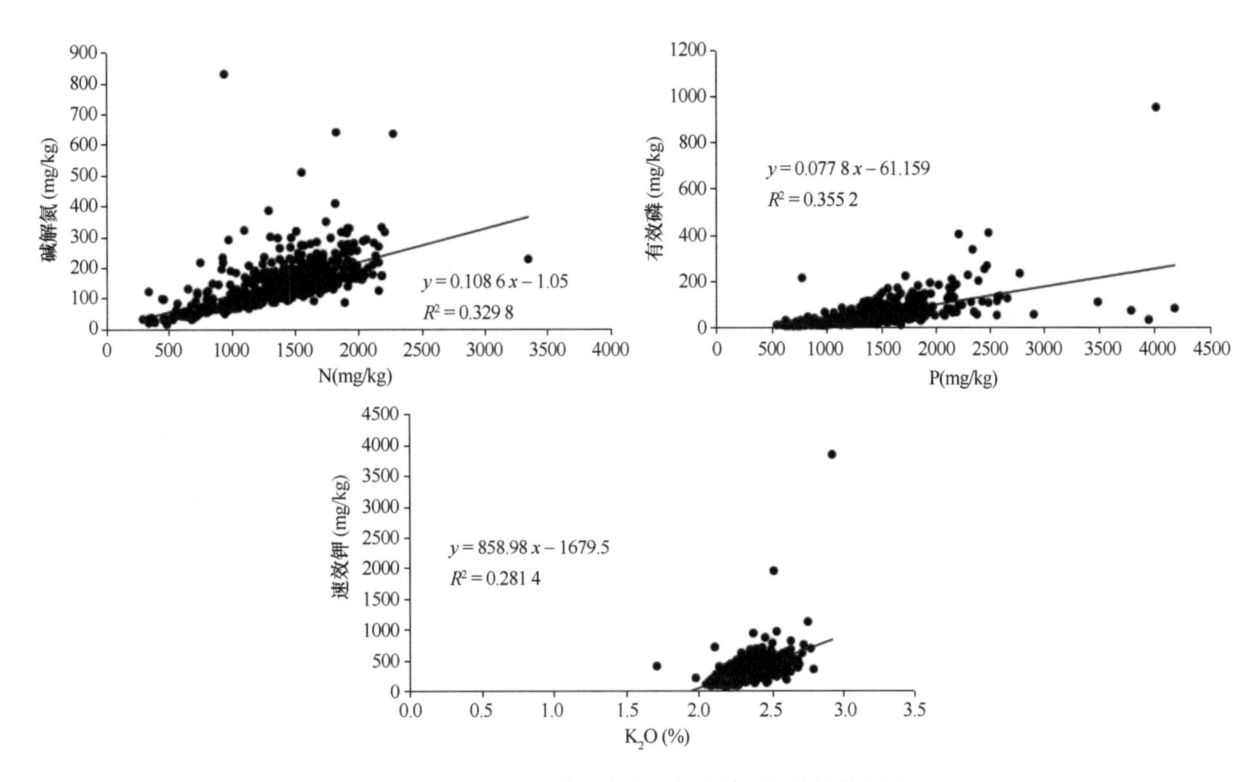

图 6-1　N、P、K 等元素全量与有效量相关性散点图

有机质（SOM）与土壤中各项指标之间的相关性系数如表 6-1 所示，部分元素指标与有机质（SOM）之间表现出正相关性，如 N、P 等，这些元素指标在表层土壤中与有机质（SOM）联系紧密，正是表层土壤中有机质（SOM）的螯合、吸附作用，从而导致部分元素在表层土壤中发生次生富集。因此，增加土壤有机质（SOM）含量，可以有效提升这些元素的肥力状况。但同时，有机质（SOM）也会增加对重金属元素在表层的富集。部分指标也会同有机质（SOM）之间形成负相关，如 SiO_2、pH 等，SiO_2 能表征土壤中砂粒含量高低，砂粒含量越高，黏粒含量越少，有机质（SOM）含量即越少。土壤有机质（SOM）分解时，会产生 CO_2，降低土壤 pH 值；另外有机物质在微生物的分解作用下，也会产生氨（NH_3）和（H_2S），经氧化形成 HNO_3 和 H_2SO_4，降低土壤 pH；即有机质（SOM）的地球化学行为是影响土壤 pH 的因素之一。

表 6-1　表层土壤有机质（SOM）与各指标元素相关系数统计

指标	草甸风沙土	潮褐土	潮土	冲积土	湿潮土	脱潮土	盐化潮土	潴育水稻土	全区
As	0.31	0.06	0.14	0.44	0.38	0.32	0.10	0.02	0.17
B	0.30	-0.03	0.15	0.36	0.18	0.13	0.23	-0.37	0.20
Cd	0.65	0.21	0.20	0.09	0.56	0.83	0.44	0.78	0.10
Cr	0.51	0.33	0.29	0.29	0.44	0.15	0.00	0.63	0.24
Co	0.46	0.13	0.16	0.37	0.31	-0.11	0.08	0.29	0.15
Cu	0.22	0.39	0.25	0.37	0.31	0.59	0.43	0.33	0.29
F	0.56	0.28	0.15	0.56	0.40	0.30	0.42	0.17	0.20

续表

指标	草甸风沙土	潮褐土	潮土	冲积土	湿潮土	脱潮土	盐化潮土	潴育水稻土	全区
Ge	0.11	0.03	0.10	0.07	-0.08	0.11	0.11	0.22	0.10
Hg	0.46	0.44	0.03	0.26	0.26	0.12	0.23	-0.01	0.04
I	0.52	0.22	0.24	0.62	0.36	0.42	0.28	0.39	0.29
Mo	0.63	0.24	0.39	0.59	0.33	0.57	0.48	0.36	0.39
Ni	0.39	0.20	0.14	0.42	0.42	-0.15	0.06	-0.21	0.11
Pb	0.66	0.32	0.25	0.41	0.49	0.69	0.41	0.62	0.25
S	0.28	0.63	0.33	0.71	0.44	0.60	0.25	0.58	0.34
Se	0.71	0.61	0.46	0.65	0.84	0.83	0.58	0.40	0.50
V	0.47	0.06	0.14	0.45	0.22	0.00	0.16	-0.15	0.17
Zn	0.54	0.36	0.32	0.53	0.53	0.81	0.44	0.58	0.31
Cl	-0.10	—	0.00	0.26	—	—	-0.02	—	0.01
pH	-0.45	-0.45	-0.41	-0.63	-0.63	-0.39	-0.48	-0.53	-0.46
Mn	0.50	0.26	0.22	0.46	0.41	0.04	0.25	0.14	0.25
P	0.65	0.51	0.53	0.61	0.63	0.48	0.54	0.42	0.55
SiO_2	-0.32	—	-0.16	-0.41	-0.57	—	-0.10	—	-0.19
Al_2O_3	0.31	—	0.01	0.35	0.36	—	0.04	—	0.05
TFe_2O_3	0.55	—	0.27	0.54	0.40	—	0.38	—	0.33
MgO	0.34	—	0.06	0.40	0.42	—	0.06	—	0.10
CaO	0.19	0.12	0.07	0.34	0.17	0.09	0.05	0.45	0.09
K_2O	0.33	-0.21	0.00	0.34	0.14	0.13	0.13	-0.39	0.04
N	0.94	0.85	0.84	0.95	0.90	0.86	0.88	0.85	0.86

注："—"表示无数据，$p<0.05$。

另外，从不同土壤类型中各指标与有机质（SOM）的相关性来看，在不同土壤类型中表现出的相关性存在些许差异，有机质（SOM）在冲积土中与较多指标呈显著正相关性，其次为草甸风沙土、湿潮土等土壤类型，在潮土、盐化潮土、脱潮土和潴育水稻土等土壤类型中显著正相关的指标相对较少。

2. 有机质（SOM）对营养元素有效量的影响

（1）对有效量的影响

对调查区有机质（SOM）和营养元素的有效量进行相关性统计（表6-2），结果表明有机质（SOM）与N的有效态表现出明显的正相关，与其他各指标有效态均未表现出明显的相关性。大量研究表明，土壤中有机质（SOM）与部分元素指标之间存在相关性，有机质（SOM）表面的离子电位能够通过螯合、吸附等方式与土壤中的离子相结合。由于二者之间是离子键形势结合方式，因而该部分有机质（SOM）

吸附的元素往往能够通过土壤溶液被植物直接吸收利用，因而表现出良好的生物有效性。

表 6-2　有机质（SOM）与土壤指标有效量相关系数统计（N=596）

指标	碱解氮	速效钾	速效磷
有机质（SOM）	0.47	0.20	0.21

注：$p<0.01$。

（2）对有效度的影响

统计表明（表 6-3、图 6-2），土壤养分指标有效度与有机质（SOM）之间均无显著性相关性，说明调查区有机质（SOM）对土壤养分指标有效度的影响不明显。

表 6-3　有机质（SOM）与土壤指标有效度相关系数统计（N=596）

指标	N	K	P
有机质（SOM）	0.02	0.25	0.19

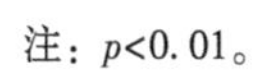
注：$p<0.01$。

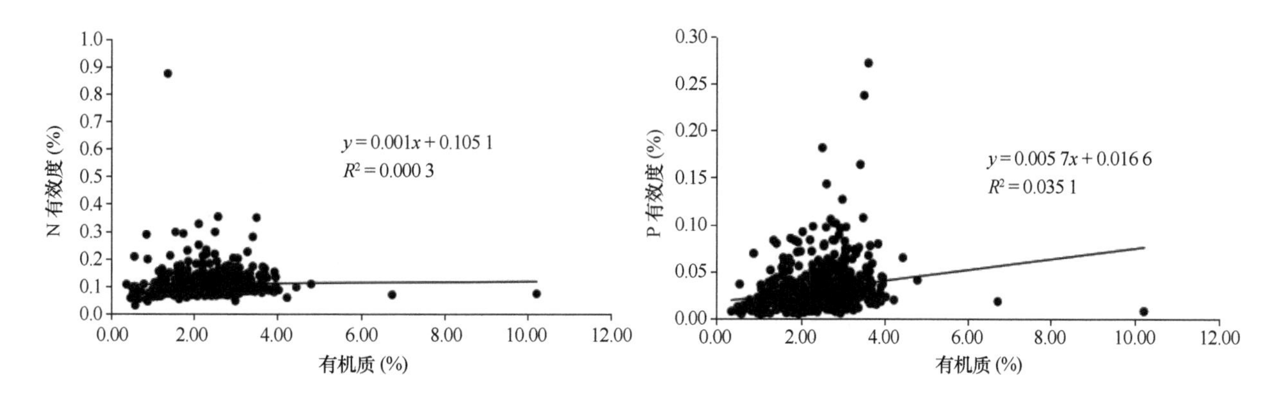

图 6-2　N 和 P 有效度与有机质（SOM）散点图

（三）土壤酸碱度的影响

土壤酸碱性是土壤的重要理化性质，对土壤微生物的活性、对矿物质和有机质（SOM）的分解起重要作用，影响土壤养分和重金属等元素的释放、固定和迁移转化等。

1. 土壤 pH 对全量的影响

对调查区 pH 与元素指标进行相关性统计（表 6-4），全区各指标均未表现出显著的相关性，SOM 和 N 与 pH 之间存在一定程度负相关，相对最明显的为 N，相关系数为-0.57。

不同元素在不同土壤类型中受 pH 的影响程度不同，如冲积土中 S、SOM 和 N 与 pH 之间均具备显著的负相关性，另外还有较多其他指标存在明显负相关；调查区的主要土壤类型潮土和盐化潮土则与全区基本一致。

表 6-4　表层土壤 pH 与各指标元素相关系数统计

指标	草甸风沙土	潮褐土	潮土	冲积土	湿潮土	脱潮土	盐化潮土	潴育水稻土	全区
As	−0.23	−0.06	0.06	−0.38	−0.32	−0.18	−0.05	0.16	−0.02
B	−0.32	−0.13	0.03	−0.28	−0.29	−0.18	−0.12	0.18	−0.06
Cd	−0.26	−0.17	−0.08	−0.20	−0.39	−0.36	−0.15	−0.27	−0.08
Cr	−0.16	−0.04	−0.01	−0.27	−0.28	0.11	0.11	−0.32	−0.01
Co	−0.33	−0.02	0.07	−0.34	−0.30	0.26	0.04	−0.04	0.02
Cu	−0.02	−0.15	−0.01	−0.39	−0.19	−0.12	−0.07	−0.08	−0.05
F	−0.40	−0.19	−0.11	−0.50	−0.42	−0.42	−0.22	0.20	−0.15
Ge	−0.11	0.09	−0.08	−0.11	−0.08	−0.18	−0.18	−0.13	−0.10
Hg	−0.11	−0.19	0.01	−0.18	−0.17	−0.27	−0.05	0.22	0.01
I	−0.03	−0.15	0.01	−0.40	−0.22	−0.07	−0.09	0.03	−0.07
Mo	−0.42	−0.01	−0.09	−0.47	0.03	−0.11	−0.11	0.00	−0.11
Ni	−0.34	−0.09	0.03	−0.37	−0.42	0.22	0.05	0.08	0.01
Pb	−0.38	−0.21	−0.03	−0.31	−0.27	−0.27	−0.10	−0.13	−0.05
S	−0.59	−0.44	−0.31	−0.60	−0.53	−0.37	−0.36	−0.36	−0.34
Se	−0.30	−0.20	−0.15	−0.39	−0.62	−0.34	−0.17	0.08	−0.16
V	−0.31	−0.02	0.04	−0.40	−0.11	0.21	0.02	0.22	−0.01
Zn	−0.33	−0.21	−0.07	−0.49	−0.27	−0.21	−0.07	−0.23	−0.09
Cl	−0.48	—	−0.29	−0.54	—	—	−0.32	—	−0.31
Mn	−0.29	−0.01	0.04	−0.38	−0.35	0.31	0.02	0.05	−0.01
P	−0.25	−0.38	−0.40	−0.57	−0.67	−0.48	−0.43	−0.08	−0.43
SiO_2	0.29	—	−0.10	0.41	0.33	—	−0.06	—	−0.03
Al_2O_3	−0.23	—	0.11	−0.40	−0.41	—	0.05	—	0.03
TFe_2O_3	−0.35	—	0.06	−0.48	−0.27	—	−0.10	—	−0.04
MgO	−0.26	—	0.12	−0.41	−0.35	—	0.10	—	0.05
CaO	−0.22	0.24	0.15	−0.27	0.07	0.08	0.21	−0.28	0.12
K_2O	−0.18	−0.07	0.05	−0.26	−0.18	−0.28	−0.11	0.15	−0.02
N	−0.51	−0.52	−0.53	−0.68	−0.75	−0.57	−0.58	−0.54	−0.57
SOM	−0.45	−0.45	−0.41	−0.63	−0.63	−0.39	−0.48	−0.53	−0.46

注：“—”表示无数据，$p<0.05$。

2. 土壤 pH 对有效性的影响

(1) 对有效量的影响

统计 pH 与调查区土壤养分指标有效量的相关性（表 6-5），结果表明，pH 与 P 有效量表现出明显负相关性，相关系数为 -0.38，$p<0.01$；pH 与 N 有效量相关性显著，呈负相关，相关系数为 -0.63，$p<0.01$。

表 6-5　pH 与土壤指标有效量相关系数统计（$N=596$）

酸碱度	碱解氮	速效钾	速效磷
pH	-0.63	-0.08	-0.38

注：$p<0.01$。

(2) 对有效度的影响

统计 pH 与调查区土壤养分指标有效度的相关性（表 6-6），有效度为土壤有效量与全量的比值，结果表明，pH 与 N、P 有效度之间存在明显相关性，均呈负相关，相关系数分别为 -0.40，$p<0.01$ 和 -0.37，$p<0.01$。

表 6-6　pH 与土壤指标有效度相关系数统计（$N=596$）

酸碱度	N	K	P
pH	-0.40	-0.10	-0.37

注：$p<0.01$。

（四）土壤阳离子交换量的影响

1. 土壤 CEC 对全量的影响

表层土壤中各元素指标全量与 CEC 相关性统计见表 6-7，由表 6-7 可知，土壤阳离子交换量影响的元素指标种类较多，如 As、B、Cr、Co、Ni、Pb、V、Mn、Al_2O_3、TFe_2O_3、MgO 和 K 等元素指标相关性系数均大于 0.5，为显著正相关；Cu、F、Mo、Se、CaO、N 和 SOM 等为明显正相关；SiO_2 为显著负相关；Cd、Ge、Hg、I、S、Zn、Cl、pH 和 P 则相关性不明显。

表 6-7　表层土壤 CEC 与各元素指标全量相关性统计（$N=596$）

指标	相关系数	指标	相关系数	指标	相关系数	指标	相关系数	指标	相关系数	指标	相关系数
As	0.78*	Cu	0.40	Mo	0.39	V	0.74*	P	0.20	CaO	0.42*
B	0.55*	F	0.44*	Ni	0.83*	Zn	0.30*	SiO_2	-0.74	K_2O	0.72*
Cd	0.25	Ge	0.12	Pb	0.55*	Cl	-0.06	Al_2O_3	0.80*	N	0.49*
Cr	0.54*	Hg	0.30	S	0.02	pH	-0.10	TFe_2O_3	0.85*	SOM	0.40
Co	0.74*	I	0.34	Se	0.46	Mn	0.87*	MgO	0.80*		

注：* $p<0.01$。

2. 土壤 CEC 对有效性的影响

（1）对有效量的影响

统计 CEC 与调查区土壤养分指标有效量的相关性（表 6-8），结果表明，CEC 与速效 K 之间表现出明显的正相关，相关系数为 0.31，$p<0.01$；与其余指标的有效量之间未表现出明显的相关性，相关系数绝对值低于 0.3。

表 6-8　CEC 与土壤指标有效量相关系数统计（$N=596$）

指标	碱解氮	速效钾	速效磷
CEC	0.25	0.31*	0.11

注：* $p<0.01$。

（2）对有效度的影响

统计 CEC 与调查区土壤养分指标有效度的相关性（表 6-9），结果表明，CEC 与 K 的有效度之间存在正相关，但相关性不强，相关系数为 0.29；与其余指标有效度之间未表现出明显的相关性。

表 6-9　CEC 与土壤指标有效度相关系数统计（$N=596$）

指标	N	K	P
CEC	0.02	0.29*	0.10

注：* $p<0.01$。

二、耕作层土壤—农作物元素迁移转化影响因素研究

土壤重金属等元素对植物的生态效应是受多种因素控制的，植物从土壤中吸收元素的量与土壤中元素的总量有一定的关系，但土壤元素的总含量并不是植物吸收的一个可靠指标，元素在土壤—植物系统中的迁移转化主要受土壤的理化性质［pH、Eh、黏粒、有机质（SOM）等］、土壤中重金属形态和植物特性等因素的影响。根据本次调查获得的小麦与根系土数据，对根系土—玉米籽实、根系土—小麦根—小麦茎叶—小麦籽实之间元素的迁移转化影响因素进行了研究。

（一）元素在土壤与农作物之间的相互关系

对土壤中的元素与小麦不同部位中的元素进行相关性统计（表 6-10），土壤与小麦根系中的相关性较明显的指标有 I、Mn、Mo、P 和 Se 等，土壤与茎叶中相关性明显的指标有 I、Mn、Mo 和 Pb 等，土壤与籽实中相关性明显的指标有 Mn 和 Mo，土壤与小麦植株由根系—茎叶—籽实相关性明显的指标数逐渐减少。另外，土壤与根系的相关性普遍大于茎叶和籽实。说明土壤元素向小麦植株中迁移，从根—茎叶—籽实迁移难度逐渐加大，受影响因素逐渐增多。

表 6-10　土壤元素与小麦不同部位元素相关系数

指标	土—根	土—茎叶	土—籽实	指标	土—根	土—茎叶	土—籽实
As	0.289	-0.121	0.003	Mn	0.543*	0.845*	0.739**
B	0.074	0.126	0.026	Mo	0.593	0.523	0.492
Cd	0.312	0.388	0.070	N	0.173	0.203	0.029
Cl	-0.150	0.246	0.257	Ni	-0.199**	0.076	0.135
Cr	-0.321	-0.247**	-0.340	P	0.625**	0.145	0.205*
Cu	0.124	-0.189	-0.108	Pb	0.440	0.561**	0.286
F	0.042	-0.246**	0.086	Se	0.510*	0.048*	0.124
Ge	0.224*	0.251	0.036	Zn	0.412	0.392	-0.018
Hg	0.086	0.173	-0.023	K	0.153	0.359	0.280
I	0.729**	0.424*	0.201*				

注：* $p<0.05$，** $p<0.01$。

对土壤和根系中元素间的相关性进行统计，结果见表 6-11 和表 6-12 所示。对于 8 个重金属元素而言，仅根部 Pb 与土壤中 Pb、根部 Zn 与土壤中 Zn 为明显正相关，其余重金属在根与土壤之间未表现出明显的相关性。根系 As 与土壤中 Co、Cu、Ge、N、Pb、Zn、K 和 SOM 明显正相关，根系 Cd 与土壤 Mo、N、Se 和 SOM 明显正相关，与土壤 I 和 pH 明显负相关，根系 Cr 与土壤中 Cl 明显正相关，与土壤中 Cd 和 P 明显负相关，根系 Cu 与土壤 pH 正相关，与土壤 N、S 和 SOM 负相关，根系 Hg 与土壤中 N 和 SOM 明显正相关，根系 Ni 与土壤中 Cl 和 Ge 明显正相关，与土壤中 Cd 和 P 明显负相关，根系 Pb 与土壤中 N 和 Zn 明显正相关，土壤中部分指标对植物中重金属的吸收大多表现拮抗作用，N 和 SOM 对 As、Cd 和 Hg 存在一定的促进作用。

对营养元素而言，指标在根系和土壤之间明显相关的有 I、Mn、Mo 和 P，相关系数在 0.5~0.8。根系中 B 与土壤 N 明显正相关，与土壤 pH 负相关，根系 F 与土壤 N、S、Se、SOM 明显正相关，与土壤 I、pH 负相关，根系 Ge 与土壤 Co、Cu、F、Mn、Mo、N、Pb、S、V、Zn、MgO、K 和 SOM 明显正相关，与土壤 SiO_2 负相关，土壤 Ge 与土壤 Co、Cu、F、Mn、Mo、N、Pb、S、V、Zn、Mg、K 和 SOM 明显正相关，与土壤 SiO_2 负相关，根系 Mn 与土壤 As、B、Co、Cu、Ge、Ni、Pb、V、Zn、Al_2O_3、TFe_2O_3、MgO、CaO 和 K 明显正相关，与土壤 SiO_2 负相关，根系 Mo 与土壤 As、B、Cd、Co、Cr、Cu、F、Hg、I、Mn、Ni、Pb、S、V、Zn、Al_2O_3、TFe_2O_3、MgO、CaO、K 和 pH 明显正相关，与土壤 SiO_2 负相关，根系 P 与土壤 As、B、Cr、N、Ni、S、Zn、Al_2O_3、TFe_2O_3、K 和 SOM 明显正相关，与土壤 SiO_2 和 pH 负相关，根系 K 与土壤 B、Ge、Pb 正相关。根系 Ge、Mn、Mo 和 P 受土壤其余指标的影响相对较多，主要为促进作用。

表 6-11　土壤指标与小麦根系中元素相关系数

指标	根 As	根 B	根 Cd	根 Cl	根 Cr	根 Cu	根 F	根 Ge	根 Hg	根 I
土 As	0.289	-0.035	0.230	-0.328	-0.330	0.310	-0.065	0.291	-0.094	0.051
土 B	0.374	0.074	-0.034	-0.259	-0.124	0.156	-0.020	0.261	0.063	0.206*

续表

指标	根 As	根 B	根 Cd	根 Cl	根 Cr	根 Cu	根 F	根 Ge	根 Hg	根 I
土 Cd	-0.106	-0.221	0.312	-0.190	-0.638	0.104	-0.281	0.005	-0.252	-0.072
土 Cl	0.073	-0.095	-0.045	-0.150	0.426**	0.131	0.213	0.240	0.167	0.102*
土 Co	0.405*	0.040	0.235	-0.344	-0.130	0.178*	0.087	0.521*	0.005	0.082
土 Cr	0.185	-0.098	0.168	-0.014	-0.321	0.141	0.032	0.298	-0.031	0.059
土 Cu	0.493*	0.120	0.277	-0.358*	-0.106	0.124	0.167	0.589*	0.065	0.127
土 F	0.094	-0.068	0.317*	-0.302	-0.346	-0.080	0.042	0.385	0.037	-0.039
土 Ge	0.421	0.204*	-0.291	-0.022	0.370*	0.180	-0.014	0.224	0.077	0.287
土 Hg	0.115	0.170	0.284	0.034*	0.056	-0.313*	0.002	0.249*	0.086	0.271
土 I	-0.007	-0.228	-0.436**	0.084	-0.125	0.253	-0.303	0.097	-0.093	0.729*
土 Mn	0.354	0.004	0.078	-0.256	-0.195	0.285	-0.086	0.407	-0.086	0.219
土 Mo	0.077	-0.022	0.469*	-0.414	-0.299	0.032	0.026	0.371	-0.080	-0.243
土 N	0.463	0.392	0.447*	-0.209	-0.140	-0.398	0.540	0.516	0.412**	-0.088
土 Ni	0.322	-0.055*	0.171	-0.296*	-0.253	0.269	-0.002	0.367	-0.012	0.144
土 P	0.122	0.156	0.202	-0.256	-0.500	-0.126	0.146	0.028	-0.021	-0.027
土 Pb	0.465*	0.214	0.305*	-0.004	0.032	0.042	0.252	0.639**	0.214	0.358
土 S	0.324	0.054	0.337*	-0.331*	-0.304	-0.393*	0.451	0.437	0.358**	-0.150
土 Se	0.262	0.071	0.557	-0.182	-0.157	0.057	0.310	0.248	0.334**	-0.322
土 V	0.379	-0.014	0.152	-0.305	-0.119	0.296	0.030	0.414*	0.054	0.056
土 Zn	0.563*	0.275	0.297*	-0.281	0.105	0.227	0.118*	0.652*	0.030	0.216
土 SiO_2	-0.266	0.094*	-0.225	0.397	0.358	-0.185	0.026	-0.318	0.064	0.076
土 Al_2O_3	0.289	-0.075	0.204	-0.317	-0.355*	0.248*	-0.014	0.323	-0.022	0.051
土 TFe_2O_3	0.337	-0.062	0.188	-0.361	-0.265	0.248	0.001	0.348**	-0.031	0.045
土 MgO	0.333	-0.048	0.096	-0.297	-0.184	0.310	-0.072	0.378*	-0.101*	0.134
土 CaO	0.276	-0.109	0.178	-0.421*	-0.149	0.311	-0.069	0.334	-0.146	-0.150
土 K	0.487*	0.065	0.156	-0.394	-0.263	0.245*	0.117	0.375	0.100	0.097
土 SOM	0.404**	0.305	0.401*	-0.211	-0.093	-0.448*	0.548**	0.526	0.405**	-0.169
土 pH	-0.100	-0.334	-0.383	0.097*	-0.158	0.385**	-0.340	-0.052	-0.146	0.579

注：* $p<0.05$，** $p<0.01$。

表 6-12　土壤指标与小麦根系中元素相关系数

指标	根 Mn	根 Mo	根 N	根 Ni	根 P	根 Pb	根 Se	根 Zn	根 K
土 As	0.395*	0.631*	-0.105	-0.266	0.397	0.165	0.287	0.159	0.188
土 B	0.455**	0.594*	0.116	-0.086	0.386	0.234	0.047	-0.003*	0.362*
土 Cd	0.003	0.418*	-0.392	-0.586**	0.082	-0.138	0.210	0.344	-0.110
土 Cl	-0.074	0.026	0.206	0.385	0.195	0.136	0.026*	-0.020	-0.052
土 Co	0.468*	0.663**	-0.255	-0.068	0.263	0.309	0.341	0.200	0.215*
土 Cr	0.285	0.440*	-0.148	-0.276	0.308	0.076	0.265	-0.099	0.284*
土 Cu	0.529**	0.671**	-0.252	-0.034	0.296	0.384	0.422	0.276	0.198
土 F	0.107	0.717	-0.162	-0.304	0.287	0.049*	0.371	0.012	0.209
土 Ge	0.443	0.248	0.139	0.368**	0.104	0.332*	-0.262	0.038	0.476**
土 Hg	0.089	0.513*	0.078	0.058	0.053	0.044	0.062	0.349*	0.212
土 I	0.292*	0.512*	-0.376	-0.156	-0.234	0.012	-0.327	-0.007	-0.122
土 Mn	0.543*	0.690*	-0.184	-0.144	0.256	0.233	0.182	0.125	0.242
土 Mo	0.166*	0.593*	-0.155*	-0.241	0.229	0.087	0.452*	-0.057	0.082
土 N	0.216	0.237	0.173	-0.059	0.605*	0.398*	0.720**	0.082	0.289*
土 Ni	0.422*	0.676**	-0.159	-0.199	0.344	0.194	0.266	0.148	0.187
土 P	0.030	0.285	0.331	-0.432	0.625	0.108	0.360*	-0.381**	0.151
土 Pb	0.501	0.613*	-0.282	0.085	0.186	0.440*	0.399*	0.147	0.311
土 S	0.148	0.473*	-0.163	-0.236	0.327	0.180	0.557	0.079	0.125
土 Se	0.153	0.180	-0.206	-0.087	0.229	0.242*	0.510**	0.174	0.121
土 V	0.480	0.630**	-0.202	-0.067	0.263	0.258*	0.241	0.142	0.266
土 Zn	0.593**	0.567**	-0.168	0.172	0.315	0.519**	0.399	0.412	0.276
土 SiO_2	-0.364	-0.631**	0.112	0.296	-0.378	-0.102	-0.309	-0.135	-0.175
土 Al_2O_3	0.414	0.642**	-0.160	-0.293	0.358	0.150	0.307	0.106	0.163
土 TFe_2O_3	0.430	0.640**	-0.162	-0.205*	0.333	0.186	0.267*	0.181	0.168
土 MgO	0.464**	0.606**	-0.170	-0.134	0.294	0.220	0.184	0.166*	0.209
土 CaO	0.387	0.574	-0.145	-0.100	0.253	0.118*	0.203	0.175	0.193*
土 K	0.567**	0.587	-0.062	-0.187*	0.460	0.298*	0.371*	0.189	0.153
土 SOM	0.163	0.246	0.131	-0.026	0.508	0.311	0.670**	0.026	0.291
土 pH	0.106	0.485**	-0.498*	-0.190	-0.303	-0.062	-0.394	0.011	-0.084

注：* $p<0.05$，** $p<0.01$。

（二）元素在农作物中的含量分布特征

植物吸收的元素在植株不同部位的含量分布特征各不相同，本次调查配套分析了小麦根、小麦茎叶和籽实中的部分元素含量，对同小麦不同部位元素含量和植物整体中的不同元素含量进行对比，分析不同元素指标在不同部位的含量分布特征。

1. 重金属元素

从重金属在小麦植株根、茎叶和籽实中的含量分布特征来看（图6-3），Zn元素在籽实中的含量普遍较高，其次为小麦根系，最后为茎叶；Cu元素总体上表现为根部与籽实大致相当，茎叶分布较少；As、Cd、Cr、Hg、Pb和Ni则几乎以根部富集为主，其次为茎叶，籽实中很少分布。以重金属在籽实中含量相较整植株的含量百分比为指标表征重金属在籽实中富集能力，依平均大小进行排序，依次为籽实Zn（56.38%）、籽实Cu（17.47%）、籽实Cd（9.93%）、籽实Hg（6.25%）、籽实Pb（2.48%）、籽实As（1.91%）、籽实Ni（0.96%）和籽实Cr（0.33%）。

目前Ni、Zn和Cu已经取消了农作物中作为污染的食品卫生标准限值，从Cd、Hg、Pb、As、Cr在籽实中的富集能力来看，普遍富集能力较差，这种特性对于减少重金属向人类食物链的迁移转化起到积极作用，避免了大量重金属在籽实中积累导致粮食重金属超标，小麦籽实中需要优先要关注的重金属污染物为Cd。另外，根和茎叶中富集了大量的重金属有可能成为二次污染源，向环境释放活化的重金属。对于Zn和Cu元素而言，在籽实中较易富集，可以作为人体补充锌和铜的膳食农产品。

2. 氮磷钾营养元素

从营养元素在小麦植株中的含量分布特征来看（图6-4和图6-5），在营养元素中，N和P主要富集在籽实中，N和P均由高到低表现为籽实、根、茎；K在籽实中富集较少，主要富集在根和茎叶中，表现为茎叶>根>籽实。N、P、K在籽实中的富集能力依次为P（79.25%）>N（62.75%）>K（10.97%）。

微量营养元素B、F、Ge、I、和Se富集特征基本一致，总体表现为根>茎叶>籽实，以根部最为富集；Mn以根部富集为主，总体表现为根>籽实>茎叶；Mo以茎叶富集为主，总体表现为茎叶>根>籽实。

对比各微量营养元素在小麦籽实中的富集能力，从大到小依次为Mo（27.16%）>Mn（20.09%）>Se（14.11%）>B（13.99%）>Ge（5.72%）>I（2.26%）>F（0.25%），说明小麦籽实对各微量营养元素的富集中，对Mo、Mn、Se的吸收相对较强，具有先天富集Mo、Mn、Se的能力，对I和F的吸收相对较弱。小麦籽实对Se的吸收这一特性对于富硒农产品的种植与推广具有先天优势，如富硒小麦及周边农产品的生产加工等。

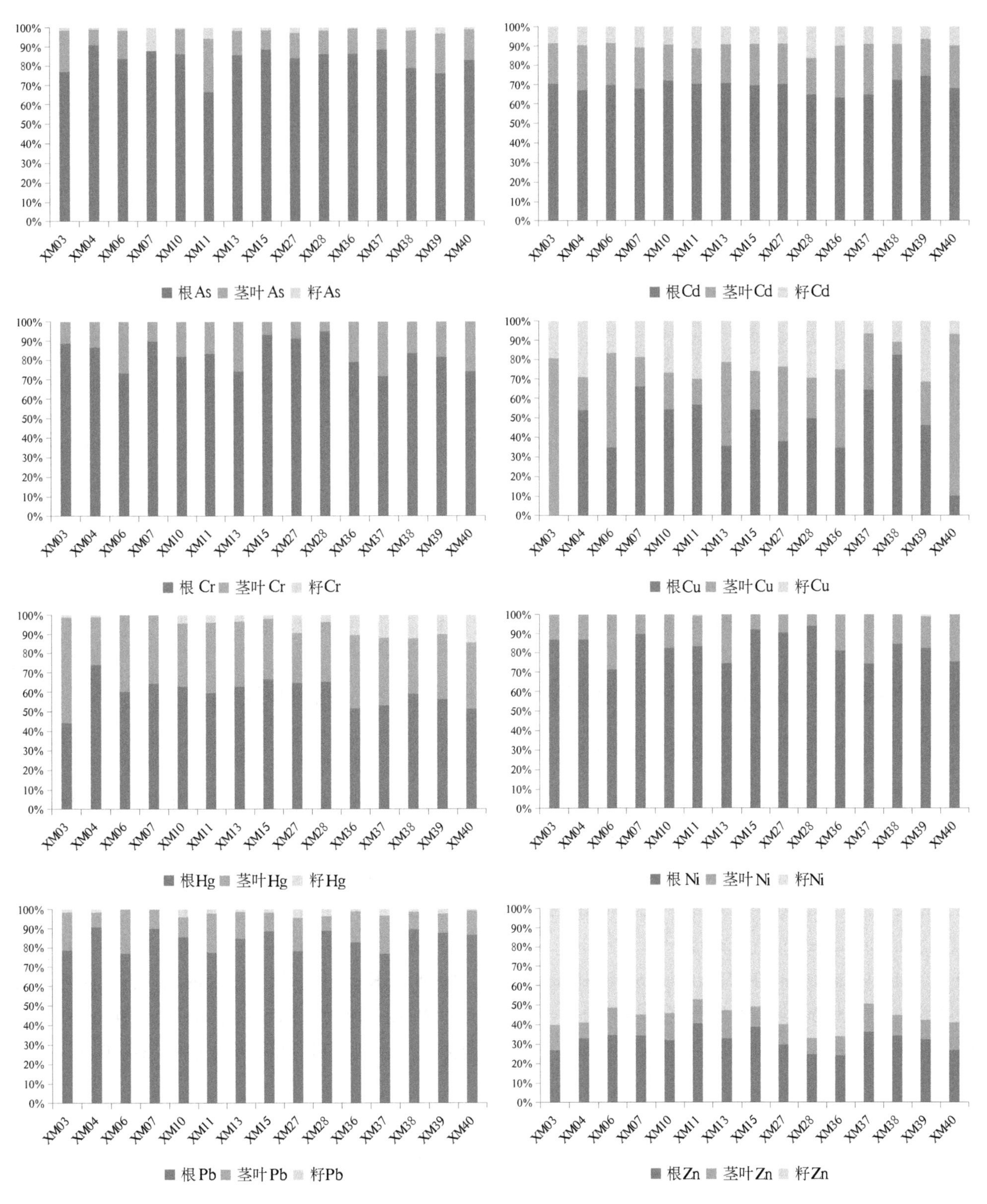

图 6-3 重金属元素在小麦植株中不同部位的分布特征

（三）元素在农作物中交互作用

植物吸收重金属的机制复杂，但研究表明，不同重金属之间会存在互相作用，如拮抗作用，相互抑

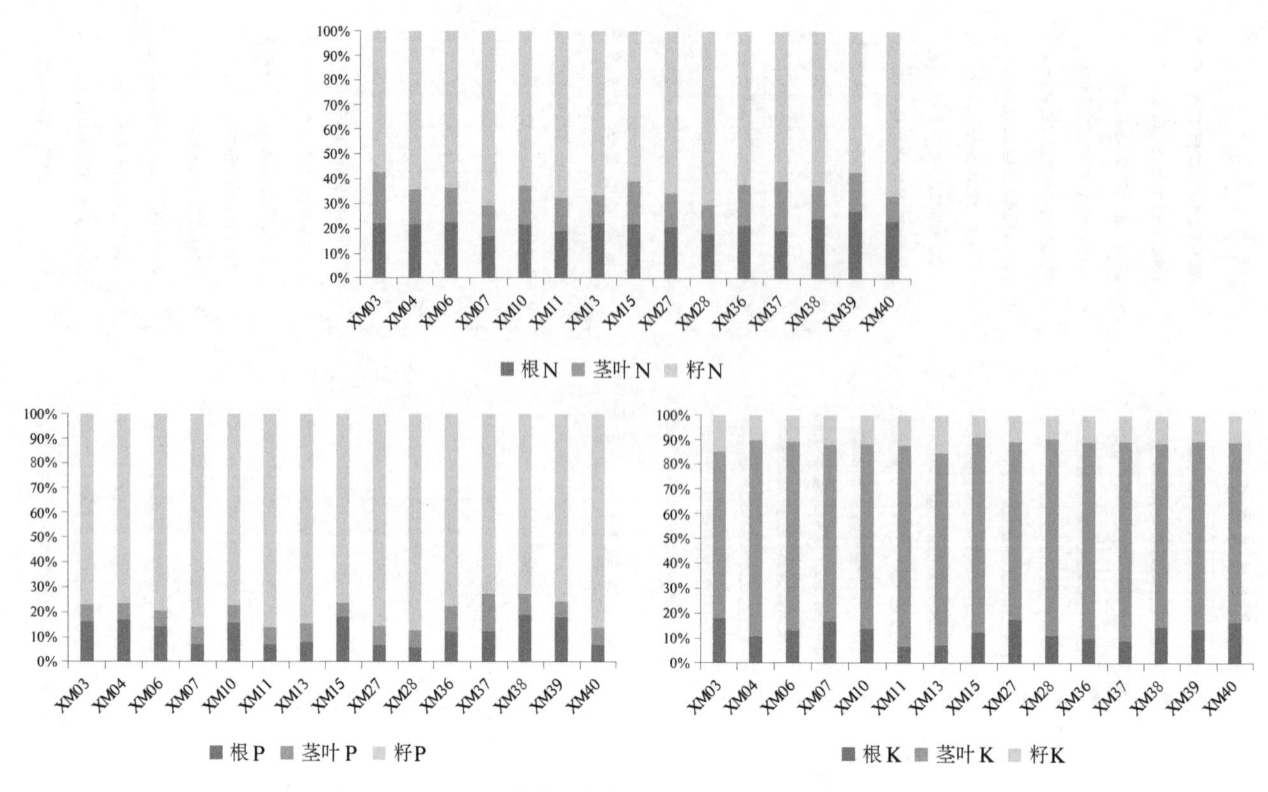

图 6-4　N、P、K 营养元素在小麦植株中不同部位的分布特征

制，或者存在互相促进作用，这里通过统计分析，简单探析元素之间的相互作用关系。

1. 农作物籽实中元素含量的相互关系

小麦籽实中元素的相关性统计见表 6-13，不同元素的相互作用的方式和强度各不相同，显著相关的为 Zn-Cu、Se-Hg、Zn-N、K-P 和 Hg-B，其中 Zn-Cu、Se-Hg、Zn-N 和 K-P 为显著正相关的组合，相关系数分别为 0.701、0.596、0.686 和 0.707，$p<0.01$，元素组合表现为相互促进；Hg-B 则呈显著负相关，相关系数为-0.606，$p<0.01$，元素间相互抑制；具有一定程度正相关的组合为 K-B、N-Cd、Zn-Cd、I-Cl、Cu-Cr、Hg-Cr、N-Cr、Ni-Cr、N-Cu、Ni-Cu、Zn-Cu、Mo-Ge、P-Ge、Se-Ge、K-Ge、Se-Hg、Mn-I、Mo-I、Mo-Mn、P-Mn、P-Mo、Se-Mo、K-Mo、Zn-N 和 K-Se 等，这些组合内元素相互促进，相关系数在 0.3~0.5；具有一定程度负相关的组合为 Mn-Cd、P-Cl、Pb-Cl、Mo-Cr、Mo-Cr、Mo-Cu、Se-Cu、K-F、Mn-Hg、Se-N、Zn-Se 和 K-Zn 等，这些组合内元素相互抑制，相关系数在-0.3~-0.5。

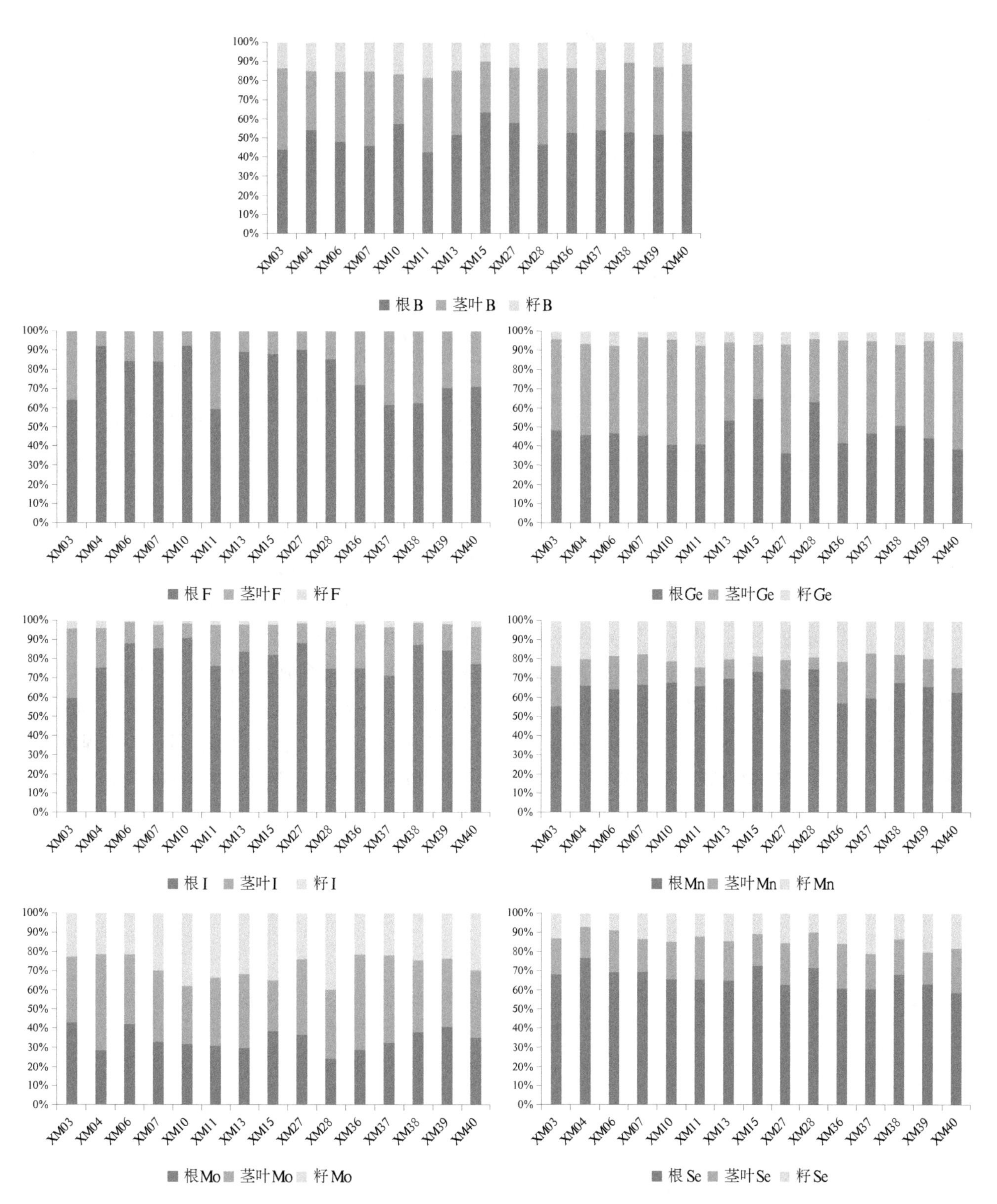

图 6-5　微量营养元素在小麦植株中不同部位的分布特征

表 6-13　小麦籽实中各元素指标相关性统计

	As	B	Cd	Cl	Cr	Cu	F	Ge	Hg	I	Mn	Mo	N	Ni	P	Pb	Se	Zn	K
As	1																		
B	0.255	1																	
Cd	0.069	0.051*	1																
Cl	-0.046	-0.065	0.103	1															
Cr	0.243	-0.128	0.161	0.024	1														
Cu	-0.133	0.027*	0.222	0.042	0.487**	1													
F	0.177	0.028	-0.064	0.111	-0.220	-0.033	1												
Ge	0.104	0.120*	0.160	-0.181	-0.169	-0.237	-0.105	1											
Hg	0.153	-0.606**	0.009	-0.051	0.389**	-0.049	-0.081	-0.051	1										
I	0.088	0.080	-0.092	0.361*	-0.217	-0.159	-0.026	-0.039	-0.088	1									
Mn	-0.166	0.067	-0.324*	-0.280	-0.093	0.098	0.029	-0.096	-0.329*	0.300*	1								
Mo	0.146	0.103*	-0.080	-0.182	-0.341*	-0.304*	-0.124	0.341*	-0.136	0.382**	0.368*	1							
N	0.063	0.010	0.324*	0.199	0.328*	0.465**	0.107	-0.080	-0.190	0.086*	0.164	-0.298	1						
Ni	0.108	0.042	0.082	-0.139	0.343*	0.494**	-0.173	0.128	-0.071	-0.176	0.155	0.015*	0.219	1					
P	0.268*	0.281	0.050	-0.431*	-0.035	-0.135	-0.281	0.385**	-0.112	0.179	0.348*	0.498**	0.100	0.241	1				
Pb	-0.011	-0.053	-0.006	-0.326*	0.171	0.184	-0.189	0.160	0.047	-0.026	0.254	0.103	0.044	0.079	0.209	1			
Se	0.248	-0.148	-0.110	-0.145	0.020	-0.321*	-0.038	0.443**	0.596**	-0.050	-0.218	0.318*	-0.308*	-0.034	0.224*	0.246	1		
Zn	-0.132	0.080	0.478**	0.099	0.277	0.701**	0.059	-0.031	-0.207	-0.018	0.141	-0.167	0.686**	0.190	0.026	0.043	-0.348*	1	
K	0.167	0.323*	-0.021	-0.204	0.017	-0.237	-0.304*	0.311*	0.041	0.177	0.263	0.322*	-0.248	0.126	0.707**	0.157	0.321*	-0.326*	1

注：* $p<0.05$，** $p<0.01$。

玉米籽实中元素间的相关性统计见表 6-14，显著相关元素组合有 Hg-As、K-Pb、K-B、P-B、K-Mn、P-Mn、N-Mn、P-K 和 P-Mo 等，其中 Hg-As、K-Pb、K-B、P-B、K-Mn、P-Mn、N-Mn 和 P-K为显著正相关的组合，相关系数分别为 0.849、0.540、0.744、0.502、0.610、0.565、0.521 和 0.677，$p<0.01$，元素组合内相互促进，P-Mo 为显著负相关组合，相关系数为-0.511，$p<0.01$；具有一定程度正相关的组合为 Cl-Se、F-Hg、B-Ni、Pb-Zn、B-Zn、Mn-Zn、K-Zn、N-Zn、B-Pb、Mn-Pb、Mn-B、Cl-Mo、N-K 和 N-P 等，相关系数在 0.3~0.5，元素组合内表现为相互促进；具有一定程度负相关的组合为 Mo-Ni、Mo-B、Mn-Mo、K-Mo、N-Mo、F-I、Cl-P 和 N-Cl 等，相关系数在-0.3~-0.5，元素组合内表现为相互抑制。

表 6-14　玉米籽实中各元素指标相关性统计

	Se	As	Hg	Cr	Ni	Cu	Zn	Ge	Cd	Pb	B	Mo	I	Mn	K	P	Cl	N	F
Se	1																		
As	0.286	1																	
Hg	0.220	0.849**	1																
Cr	-0.239*	-0.147	-0.125	1															
Ni	0.156	-0.041	-0.073	0.238	1														
Cu	0.160	0.011	0.020	0.176	-0.008	1													
Zn	-0.150*	-0.132	-0.287	0.035	0.294*	0.148	1												
Ge	0.112	-0.044	-0.135**	0.201	0.112	0.002	0.164	1											
Cd	0.062	0.026	0.153	0.116	0.169*	-0.004	0.028	-0.191	1										
Pb	0.145*	-0.026	-0.071	-0.027	0.160	0.128	0.376**	-0.026	0.026	1									
B	-0.089	-0.208	-0.276	0.038	0.319**	0.166	0.383**	-0.200*	-0.247	0.475**	1								
Mo	0.080	-0.121	-0.082	-0.155	-0.319**	0.157	-0.201	0.191	-0.150	-0.225*	-0.400**	1							
I	-0.096	-0.109	-0.254	0.189*	-0.153	0.078	0.179	-0.006	-0.060	-0.033	0.219	-0.084	1						
Mn	0.177	0.149	0.088*	-0.145	0.023	0.149	0.486**	0.019	-0.227*	0.446*	0.470**	-0.420**	0.024	1					
K	-0.019*	0.074	0.018	-0.041	0.277	0.094	0.424**	-0.112	-0.254	0.540**	0.744**	-0.375**	0.087	0.610**	1				
P	-0.173	0.132	0.126*	0.241	0.227	0.004	0.235	0.033	-0.116	0.157	0.502**	-0.511**	0.189*	0.565**	0.677**	1			
Cl	0.387*	-0.093	0.013	-0.213	-0.261	0.227	-0.011	-0.023	-0.143*	0.234*	-0.141	0.454**	-0.239*	0.059	0.005	-0.427**	1		
N	-0.229	0.202	0.202	0.028	0.063	0.001	0.330**	-0.047	0.138	0.265*	0.239*	-0.384**	-0.023	0.521**	0.316**	0.443**	-0.337**	1	
F	0.157	0.066	0.343**	-0.296	0.137	-0.076	-0.220*	-0.184	0.192	-0.057	-0.087	0.133	-0.457**	-0.141	-0.033	-0.096	0.185	0.028	1

注：* $p<0.05$，** $p<0.01$。

2. 农作物籽实中元素富集系数相互作用

对小麦籽实相对根系土的富集系数进行相关性统计，统计结果见表 6-15，显著相关的元素组合有 Zn-Cd、Cu-Cr、Ni-Cr、N-Cu、Zn-Cu、Se-Hg、N-I 和 Cl-Cd，其中 Zn-Cd、Cu-Cr、Ni-Cr、N-Cu、Zn-Cu、Se-Hg 和 N-I 为显著正相关，相关系数分别为 0.629、0.677、0.512、0.564、0.743、0.529 和 0.531，$p<0.01$，土壤向籽实迁移转化的过程相互促进，Cl-Cd 组合为显著负相关，相关系数为-0.516，$p<0.01$，土壤向籽实迁移转化的过程相互抑制；具有一定程度正相关的组合有 Cr-As、Mo-As、Cr-Cd、Cu-Cd、Mn-Cl、N-Cl、N-Cr、Hg-Cr、Zn-Cr、I-Cu、Ni-Cu、P-Cu、N-F、P-Ge、N-Hg、Zn-I、P-N、Zn-N、Pb-P、Zn-P 和 K-P 等，相关系数在 0.3~0.5，元素向籽实中的迁移为相互促进作用；具有一定程度负相关的组合有 Mn-As 和 Hg-B 等，相关系数在-0.3~-0.5，组合内二者向籽实迁移转化可能存在相互抑制的作用。

表 6-15　小麦籽实中各元素指标富集系数相关性统计

	As	B	Cd	Cl	Cr	Cu	F	Ge	Hg	I	Mn	Mo	N	Ni	P	Pb	Se	Zn	K
As	1																		
B	0.191	1																	
Cd	0.179	0.122	1																
Cl	-0.255*	-0.011	-0.516**	1															
Cr	0.318**	-0.100	0.393**	-0.270*	1														
Cu	0.019	0.109	0.408**	0.022	0.677**	1													
F	0.223*	0.020	0.091	0.193*	0.055	0.217	1												
Ge	0.137	0.0004	0.123	-0.174	-0.169	-0.277	-0.095	1											
Hg	0.017	-0.494**	0.157*	-0.031	0.318**	0.250*	0.097	-0.133	1										
I	-0.161	-0.125	0.290*	0.123	0.274	0.332**	0.145	0.138	0.117	1									
Mn	-0.365**	-0.076	-0.210*	0.362**	0.015	0.110	-0.041	-0.152	-0.251	0.224	1								
Mo	0.358**	-0.070	-0.052	-0.157	0.036	-0.102	-0.067	0.243*	0.022	-0.209	0.052	1							
N	-0.143*	-0.195	0.195	0.325**	0.304**	0.564**	0.457**	-0.078	0.373**	0.531**	0.161*	-0.239	1						
Ni	0.116	0.020	0.225*	-0.017	0.512**	0.498**	-0.102	0.024	0.067	0.277	0.063	0.044	0.197	1					
P	0.156	0.272*	0.288*	-0.113	0.148	0.341**	-0.078	0.342**	-0.077	0.260*	0.182	0.147	0.384**	0.156	1				
Pb	-0.006	0.025	0.011	-0.038	0.216	0.171*	-0.217*	0.090	0.0002	0.054	0.196*	-0.027	0.005	0.102	0.326**	1			
Se	0.206*	-0.170	-0.117	0.119	0.113	0.031	0.149	0.228*	0.529**	0.154	-0.140	0.282*	0.290*	0.021	0.157	0.174	1		
Zn	-0.055	0.128*	0.629**	-0.290*	0.446**	0.743**	0.246*	-0.126	0.088	0.359**	0.155	-0.222	0.453**	0.250*	0.420**	0.010	-0.164	1	
K	0.298*	0.210*	0.134	0.016	0.241*	-0.002	-0.157	0.279	0.108	0.174	-0.034	0.259	0.031	0.151	0.328**	0.107	0.275*	-0.242*	1

注：* $p<0.05$，** $p<0.01$。

对玉米籽实中元素相对根系土的富集系数进行相关性统计，统计结果见表 6-16，显著相关的元素组合有 Hg-As、Mn-Zn、Mn-Cd、N-Cd、F-Cd、K-B、K-Mn 和 P-K 等，相关系数分别为 0.679、0.605、0.522、0.686、0.561、0.582、0.518 和 0.628，$p<0.01$，土壤向籽实迁移转化的过程相互促进；具有一定程度正相关的组合有 As-Se、Hg-Se、Cd-Se、Pb-Se、Cl-Se、N-Se、F-Se、Cd-As、Mo-As、Mn-As、N-As、F-As、N-Hg、F-Hg、Zn-Ni、Cd-Ni、K-Ni、P-Ni、Cl-Cu、Cd-Zn、Pb-Zn、K-Zn、P-Zn、N-Zn、Pb-Cd、K-Cd、P-Cd、B-Pb、Mn-Pb、K-Pb、N-Pb、P-B、F-Mo、P-Mn、N-Mn、N-P 和 F-N等，相关系数在 0.3~0.5，$p<0.01$，元素向籽实中的迁移为相互促进作用；具有一定程度负相关的组合有 I-Cd、Mo-B、P-Mo 和 F-I 等，相关系数在-0.3~-0.5，$p<0.01$，组合内二者向籽实迁移转化可能存在相互抑制的作用。

表 6-16　玉米籽实中各元素指标富集系数相关性统计

	Se	As	Hg	Cr	Ni	Cu	Zn	Ge	Cd	Pb	B	Mo	I	Mn	K	P	Cl	N	F
Se	1																		
As	0.324 **	1																	
Hg	0.464 **	0.679 **	1																
Cr	-0.254	0.028	-0.209	1															
Ni	0.299*	0.084	0.090	0.200*	1														
Cu	0.246*	0.081	0.078	0.097	0.020	1													
Zn	0.053	0.148	0.015	0.103	0.325**	0.220	1												
Ge	-0.018	-0.051	-0.065	0.181*	0.033	-0.066	0.012	1											
Cd	0.313 **	0.319**	0.249*	-0.170	0.345**	0.100	0.491**	-0.268	1										
Pb	0.394 **	0.279*	0.202*	-0.021	0.288	0.201	0.415**	-0.207	0.456**	1									
B	0.131	-0.287*	-0.147	-0.004	0.285	0.123	0.240*	-0.177	0.157	0.352**	1								
Mo	0.149	0.347**	0.068	-0.088	-0.144	0.275	-0.039	-0.031	0.043	0.093	-0.413**	1							
I	-0.135	-0.212	-0.173	0.114	-0.255*	-0.081	0.024	0.026	-0.312**	-0.213*	0.196	-0.222	1						
Mn	0.264*	0.440**	0.293	0.001	0.167	0.112	0.605**	-0.026	0.522**	0.441**	0.223*	-0.022	-0.117	1					
K	0.109	0.069	0.110	-0.031	0.322**	0.042	0.409**	-0.139	0.420**	0.495**	0.582**	-0.225*	-0.051	0.518**	1				
P	0.189*	0.161	0.228*	0.004	0.373**	-0.126	0.322**	-0.061	0.471**	0.270*	0.371**	-0.449**	0.041	0.394**	0.628**	1			
Cl	0.430 **	-0.054	-0.083	-0.246	-0.080	0.369**	0.079	-0.017	-0.015	-0.032	-0.066	0.083	0.053	0.022	-0.158	-0.162	1		
N	0.437**	0.488**	0.467**	-0.159	0.279	-0.010	0.369**	-0.210	0.686**	0.444**	0.046	-0.045	-0.153	0.494**	0.221*	0.490**	0.190	1	
F	0.349**	0.485**	0.450**	-0.172	0.271	0.059	0.050	-0.218	0.561**	0.288 *	-0.171	0.421**	-0.486**	0.283	0.207*	0.101	-0.072	0.437**	1

注：* $p<0.05$，** $p<0.01$。

（四）元素的富集系数及其影响因素

富集系数是指某种物质或元素在生物体的浓度与生物生长环境（水、土壤、空气）中该物质或元素的浓度之比。作物吸收 As、Cd 等有害元素的影响因素众多，过程非常复杂，因此，本小节仅从统计规律角度，重点总结了玉米、小麦籽实和蔬菜对元素的吸收（富集系数）规律，建立籽实 Cd 等含量与土壤 Cd、pH、OrgC 或其他指标的定量关系，以期进行区域尺度的生态安全性评价和研究。

1. 玉米、小麦、蔬菜和水稻中元素的富集系数

调查区小麦籽实样品与对应的根系土样品中元素指标含量进行对比，计算采样点小麦籽实相对根系土的元素富集系数如表 6-17 所示。

表 6-17　小麦籽实元素指标富集系数特征

指标	平均富集系数	指标	平均富集系数	指标	平均富集系数	指标	平均富集系数
N	15. 559	Zn	0. 515	Hg	0. 066	Pb	0. 003 78
Cl	3. 890	Cu	0. 225	Mn	0. 053	As	0. 003 38
P	2. 859	K	0. 209	B	0. 029	Cr	0. 002 36
Ge	2. 842	Cd	0. 143	I	0. 010	F	0. 000 09
Mo	0. 960	Se	0. 103	Ni	0. 004 78		

由表 6-17 可知，富集系数大于 1 的指标包括 N、Cl、P 和 Ge 元素；富集系数在 0. 1～1 的指标包括 Mo、Zn、Cu、K、Cd 和 Se 元素；富集系数低于 0. 1 的指标包括 Hg、Mn、B、I、Ni、Pb、As、Cr 和 F 元素。以富集系数大小为指标反应元素从土壤向籽实中迁移能力的大小，各元素的富集能力由大到小依次为 N、Cl、P、Ge、Mo、Zn、Cu、K、Cd、Se、Hg、Mn、B、I、Ni、Pb、As、Cr、F。

调查区玉米籽实中元素的富集系数如表 6-18 所示，由表 6-18 可知，富集系数大于 1 的元素包括 N、

Cl、P 和 Ge；富集系数在 0.1~1 的元素包括 Mo、Zn、K 和 Hg；富集系数小于 0.1 的元素包括 Se、Cu、B、I、Cd、Mn、Ni、As、Cr、Pb 和 F。

表 6-18　玉米籽实元素指标富集系数特征

指标	平均富集系数	指标	平均富集系数	指标	平均富集系数	指标	平均富集系数
N	9.681	Zn	0.250	B	0.046	As	0.00194
Cl	2.554	K	0.202	I	0.028	Cr	0.00184
P	2.279	Hg	0.159	Cd	0.016	Pb	0.00115
Ge	1.804	Se	0.073	Mn	0.00743	F	0.00047
Mo	0.510	Cu	0.046	Ni	0.00714		

调查区蔬菜和水稻中元素的富集系数如表 6-19 所示，由表 6-19 可知，水稻中富集系数大于 0.1 的指标为 S、Zn、Cu 和 Se，小于 0.1 的指标依次为 Hg、Cd、As、Ni、Cr、Pb、F，蔬菜样品中富集系数大于 0.1 的指标均为 S，其余指标均低于 0.1。

表 6-19　蔬菜和水稻元素指标富集系数特征

品种	冬瓜	豆角	黄瓜	韭菜	辣椒	茄子	青椒	丝瓜	小白菜	油菜	芸豆	水稻
S	0.156 48	0.898 81	0.184 16	2.326 29	0.191 72	0.178 09	0.368 07	0.422 13	1.435 64	1.959 68	0.569 16	2.215 22
Cd	0.004 24	0.024 99	0.001 19	0.023 14	0.012 43	0.025 53	0.038 66	0.004 10	0.027 57	0.025 22	0.006 16	0.031 07
Cu	0.001 68	0.047 18	0.011 16	0.020 57	0.036 32	0.017 11	0.022 32	0.040 50	0.005 95	0.007 26	0.018 47	0.169 03
Zn	0.004 29	0.050 96	0.011 89	0.022 84	0.018 89	0.011 45	0.014 21	0.023 20	0.013 94	0.019 54	0.026 72	0.337 39
Se	0.006 52	0.044 46	0.007 22	0.022 45	0.001 32	0.008 60	0.006 09	0.021 94	0.009 84	0.010 29	0.016 97	0.158 65
As	0.000 17	0.000 51	0.001 04	0.001 02	0.000 18	0.002 17	0.000 20	0.000 16	0.001 19	0.000 64	0.000 17	0.018 13
Hg	0.000 53	0.001 19	0.000 86	0.010 97	0.000 93	0.001 51	0.005 76	0.002 99	0.003 50	0.009 97	0.000 66	0.071 94
Ni	0.000 88	0.007 42	0.001 10	0.002 75	0.002 93	0.001 08	0.002 50	0.004 49	0.004 02	0.003 15	0.008 46	0.009 25
Pb	0.000 48	0.000 36	0.000 27	0.000 49	0.000 24	0.000 42	0.000 41	0.000 32	0.002 85	0.000 30	0.000 68	0.001 62
Cr	0.000 16	0.000 86	0.000 19	0.000 58	0.000 39	0.000 27	0.000 38	0.000 31	0.001 19	0.000 34	0.000 25	0.001 63
F	0.000 06	0.000 08	0.000 07	0.000 06	0.000 07	0.000 07	0.000 08	0.000 07	0.000 07	0.000 08	0.000 07	0.000 58

对比发现（表 6-20），各种农产品一致的地方为 N、Cl、P、Ge、K、S 和 Mo 等元素的富集系数普遍排序靠前，这些指标向可食部分富集能力较强，Cd、Cu、Zn 和 Se 等富集系数排序靠中，向农产品迁移能力中等，As、Hg、Cr、Pb、Ni 和 F 等元素的富集系数普遍排序靠后，向可食部分富集能力较弱。迁移能力较强的指标大部分为营养元素，除 Cd 外，其余重金属元素的迁移能力相对均较弱，相对而言，农产品重金属超标需要首先关注的指标为 Cd。

表 6-20 不同农作物元素指标富集系数对比

富集系数	高	中等	低
	>0.1	0.01~0.1	<0.01
小麦	N、Cl、P、Ge、Mo、Zn、Cu、K、Cd、Se	Hg、Mn、B、I	Ni、Pb、As、Cr、F
玉米	N、Cl、P、Ge、Mo、Zn、K、Hg	Se、Cu、B、I、Cd	Mn、Ni、As、Cr、Pb、F
水稻	S、Zn、Cu、Se	Hg、Cd、As	Ni、Cr、Pb、F
冬瓜	S	—	Se、Zn、Cd、Cu、Ni、Hg、Pb、As、Cr、F
豆角	S	Zn、Cu、Se、Cd	Ni、Hg、As、Cr、Pb、F
黄瓜	S	Zn、Cu	Se、Cd、Ni、As、Hg、Pb、Ni、F
韭菜	S	Cd、Zn、Se、Cu、Hg	Ni、As、Cr、Pb、F
辣椒	S	Cu、Zn、Cd	Ni、Se、Hg、Cr、Pb、As、F
茄子	S	Cd、Cu、Zn	Se、As、Hg、Ni、Pb、Cr、F
青椒	S	Cd、Cu、Zn	Se、Hg、Ni、Pb、Cr、As、F
丝瓜	S	Cu、Zn、Se	Ni、Cd、Hg、Pb、Cr、As、F
小白菜	S	Cd、Zn	Se、Cu、Ni、Hg、Pb、As、Cr、F
油菜	S	Cd、Zn、Se	Hg、Cu、Ni、As、Cr、Pb、F
芸豆	S	Zn、Cu、Se	Ni、Cd、Pb、Hg、Cr、As、F

2. 土壤理化性质对元素的富集能力的影响

（1）pH 对富集系数的影响

统计土壤 pH 与农产品的可食部分元素指标的富集系数，与小麦的相关系数见表 6-21，由表 6-21 可知，I、Cu、Ni、Zn、Cr 和 Cd 等指标的富集系数与土壤 pH 间表现出明显的负相关性，相关系数分别为-0.363，-0.398，-0.404，-0.501，-0.551，-0.552，$p<0.05$。

表 6-21 土壤 pH 与小麦籽实元素指标富集系数相关系数

指标	相关系数	指标	相关系数	指标	相关系数	指标	相关系数
Cl	0.285**	Hg	-0.027	K	-0.097	Ni	-0.404**
Mo	0.259*	Ge	-0.052	N	-0.100	Zn	-0.501**
F	0.079	Pb	-0.056	As	-0.129	Cr	-0.551**
Mn	0.028	B	-0.086	I	-0.363**	Cd	-0.552**
Se	-0.020	P	-0.086	Cu	-0.398**		

注：* $p<0.05$，** $p<0.01$。

土壤 pH 与玉米籽实元素指标的相关系数见表 6-22，由表 6-22 可知，土壤 pH 与 Cd 和 Zn 存在一定程度的负相关性，相关系数分别为-0.344、-0.385，$p<0.01$，其余指标均未表现出明显的相关性。总体而言，调查区土壤 pH 对小麦和玉米籽实元素指标的富集性影响有限，对小麦中的指标影响程度高于多对玉米中指标的影响程度，且多为负相关性影响。

表 6-22 土壤 pH 与玉米籽实元素指标富集系数相关系数

指标	相关系数	指标	相关系数	指标	相关系数	指标	相关系数
Cl	0.128	Se	-0.001	Mo	-0.131	F	-0.264
N	0.047	Cu	-0.027	As	-0.137	Mn	-0.283 *
B	0.018	P	-0.029	Hg	-0.156	Cd	-0.344 * *
I	0.005	Ge	-0.043	Cr	-0.167	Zn	-0.385 * *
Pb	0.003	K	-0.099	Ni	-0.215		

注：* $p<0.05$，* * $p<0.01$。

（2）有机质（SOM）对富集系数的影响

通过对有机质（SOM）与各元素指标的富集系数进行相关性统计，由表 6-23 可知，土壤有机质（SOM）对小麦元素指标的富集影响较多，相关性明显的指标有 N、Cu、Hg、F、Cl 和 Cr 等，其中对 N 的影响达到了显著水平，相关系数为-0.880，$p<0.01$，显著负相关。有机质（SOM）对其余指标的富集影响相对较弱。

表 6-23 土壤有机质（SOM）与小麦籽实元素指标富集系数相关系数

指标	相关系数	指标	相关系数	指标	相关系数	指标	相关系数
B	0.259*	Mn	-0.008	P	-0.270	F	-0.391**
Mo	0.153	K	-0.095	Se	-0.295	Hg	-0.454**
As	0.125	Cd	-0.098	I	-0.299	Cu	-0.462**
Ge	0.104	Ni	-0.140	Cr	-0.311**	N	-0.880**
Pb	0.067	Zn	-0.251	Cl	-0.342**		

注：* $p<0.05$，** $p<0.01$。

土壤有机质（SOM）与小麦籽实部分指标的散点图（如图 6-6）可知，土壤有机质（SOM）与 N 的富集系数之间表现出了极为显著的相关性，拟合趋势明显，二者呈显著的负相关，即土壤有机质（SOM）对小麦中 N 的吸收有显著的抑制作用。土壤有机质（SOM）与 Cd、P 和 As 等指标富集系数相关性趋势相较 N 则明显较弱，能看出来也呈负相关关系，说明有机质（SOM）对 N 等指标的吸收存在一定程度的抑制作用。

表 6-24 为土壤有机质（SOM）与玉米籽实中各元素指标的相关性统计表，由表 6-24 可知，土壤有机质（SOM）对玉米元素指标的富集影响较多，相关性明显的指标有 N、Cd、P、As、Hg、F、Se、Pb、Mn 和 Zn 等，其中对 N 和 Cd 的影响达到了显著水平，相关系数分别为-0.902 和-0.620，$p<0.01$，显著负相关。有机质（SOM）对其余指标的富集影响相对较弱。

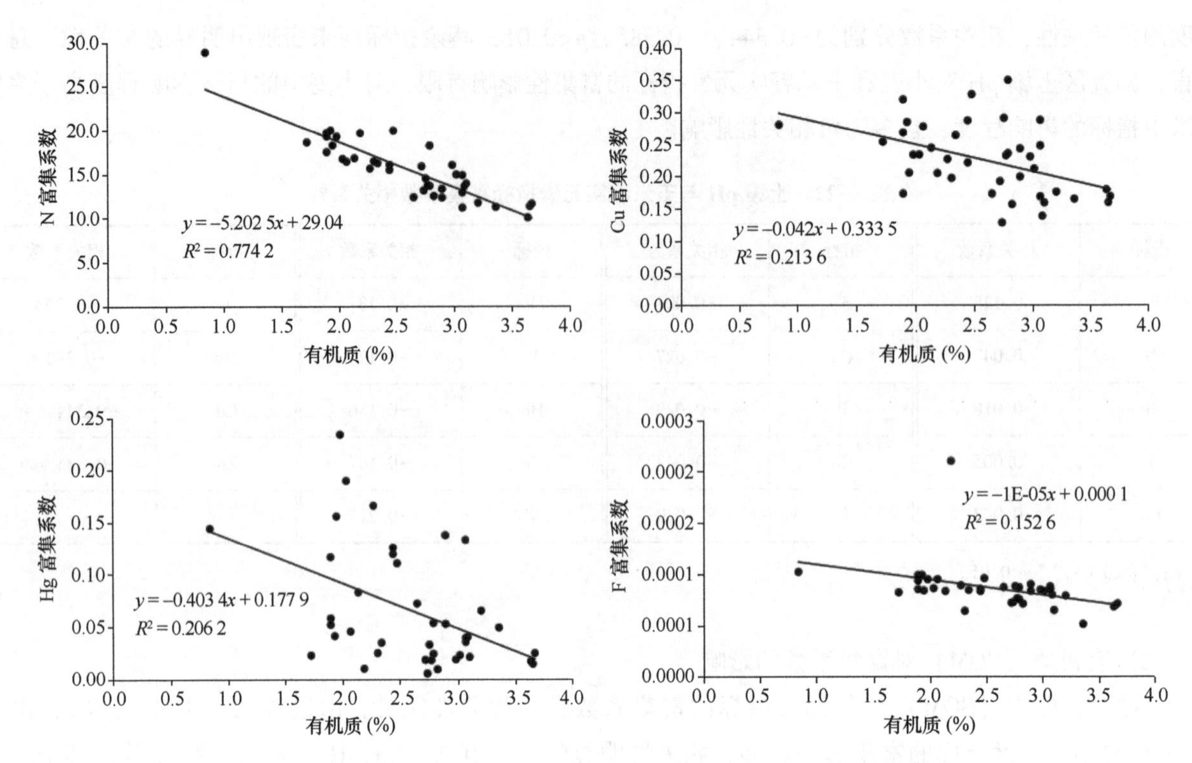

图 6-6　土壤有机质（SOM）与小麦籽实 N、Cu、Hg、F 富集系数散点图

表 6-24　土壤有机质（SOM）与玉米籽实元素指标富集系数相关系数

指标	相关系数	指标	相关系数	指标	相关系数	指标	相关系数
Ge	0.251*	Cu	-0.090	Mn	-0.347**	As	-0.443**
Cr	0.161	K	-0.171	Pb	-0.403**	P	-0.447**
I	0.057	Cl	-0.210*	Se	-0.417**	Cd	-0.620**
B	0.008	Ni	-0.257*	F	-0.420**	N	-0.902**
Mo	-0.054	Zn	-0.341**	Hg	-0.437**		

注：* $p<0.05$，** $p<0.01$。

土壤有机质（SOM）与玉米籽实部分指标的散点图如图 6-7，土壤有机质（SOM）与 N 的富集系数之间表现出了极为显著的相关性，拟合趋势明显，二者呈显著的负相关，即土壤有机质（SOM）对玉米中 N 的吸收有显著的抑制作用。土壤有机质（SOM）与 Cd、P 和 As 等指标富集系数相关性趋势相较 N 则明显较弱，能看出来也呈负相关关系，说明有机质（SOM）对 N 等指标的吸收存在一定程度的抑制作用。

从统计的结果来看，两种作物的结果一致，土壤有机质（SOM）的增加都会降低营养元素和重金属元素向籽实中的迁移转化效率。土壤中有机质（SOM）和 N 的相关系数为 0.857，$p<0.01$，为显著正相关，有机质（SOM）的增加有利于土壤中 N 的吸附，增加土壤中 N 的比重，这可能会降低 N 等指标被玉米吸收利用的比例，从而降低了玉米籽实对 N 等指标的吸收利用效率，其他指标同理，i 元素富集系数为植物中 i 元素的含量与土壤中 i 元素含量的比值，当分母的增幅大于分子的增幅时，即表现为富集系数的

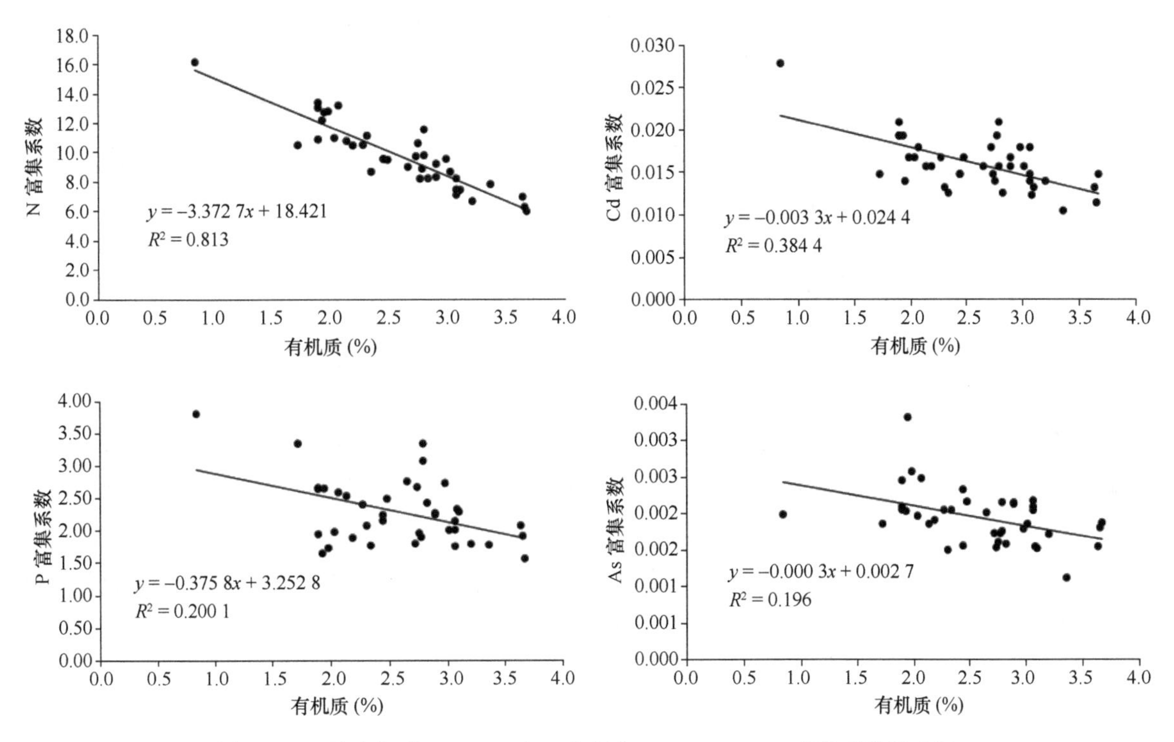

图 6-7　土壤有机质（SOM）与玉米籽实 N、Cd、P、As 富集系数散点图

降低，迁移转化的效率下降。由此这里可以理解为，土壤有机质（SOM）的增加，增加土壤元素全量和有效量的同事，也增加了植物对元素的吸收，但植物体内的增幅小于土壤中的增幅，即土壤向植物中迁移转化的效率降低。

第二节　农作物安全性评价

一、安全农作物概念及评价标准

农作物在食用与应用中，能够对生态环境、人类健康、生物多样性产生良性影响和作用，可称之为安全农作物或农产品。反之，可称之为非安全农作物或农产品。

所谓无公害食品，指的是无污染、无毒害、安全优质的食品，在国外称无污染食品或有机食品、生态食品、自然食品，我国又称绿色食品。无公害食品（绿色食品）分为 AA 级和 A 级两种，其主要区别是在生产过程中，AA 级不使用任何农药、化肥和人工合成激素；A 级则允许限量使用限定农药、化肥和合成激素。

本次研究分析中应用的相关标准，食品中的各类指标标准限值主要参照《食品安全国家标准 食品中污染物限量》（GB 2762—2017）。绿色食品标准参照《绿色食品 玉米及玉米粉》（NY/T 418—2014）、《绿色食品 小麦及小麦粉》（NY/T 421—2012）、《绿色食品 大米》（NY/T 419—2006）、《绿色食品 茄果类蔬菜》（NY/T 655—2020）、《绿色食品 豆类蔬菜》（NY/T 748—2012）。

另外，由于相关标准制定时间和部分的差异，对于标准的选择最终以《食品安全国家标准 食品中污染物限量》（GB 2762—2017）为参考，Zn、Cu、Se 已经废止了作为污染物的上限限值，最终标准确定见表 6-25。

表 6-25　小麦、玉米、蔬菜和水稻元素指标含量相关标准限值　10^{-6}

元素	绿色食品	卫生限量
砷（As）	0.2 玉米，0.15 稻米，0.5 小麦	0.5 小麦玉米稻米蔬菜
镉（Cd）	0.1 小麦玉米豆角芸豆，0.2 稻米，0.05 茄子辣椒青椒	0.05 蔬菜水果，0.1 小麦玉米豆类蔬菜，0.2 稻米
汞（Hg）	0.01 小麦玉米稻米蔬菜	0.01 蔬菜，0.02 小麦玉米稻米
铅（Pb）	0.2 小麦玉米稻米豆角芸豆，0.1 茄子辣椒青椒	0.1 蔬菜水果，0.2 小麦玉米稻米豆类蔬菜
铬（Cr）	—	0.5 蔬菜，1.0 小麦玉米稻米

农作物各类指标的评价以绿色食品和卫生限值进行划分，大于卫生限值时为超标食品，低于卫生限值且大于绿色食品标准时为安全无公害食品，低于绿色食品标准限值时为绿色食品。综合评价则全面考查每件农作物样品中 As、Cd、Hg、Pb、Cr 元素含量，元素含量全部低于绿色食品卫生标准的样品称为绿色食品；元素中只要有一项超过食品卫生标准的样品称为超标食品。富硒食品的评价参照标准 DB 36T566—2017，粮食类富硒标准为 0.04×10^{-6}，蔬菜类 0.01×10^{-6}。

二、农产品安全性评价

（一）大宗农作物小麦和玉米安全性评价

1. 玉米

调查区采集的 50 件玉米籽实中各指标评价结果见表 6-26 和表 6-27。统计结果表明，调查区玉米籽实样品重金属含量均在卫生食品标准限值以内，无超标现象，安全食品合格率 100%。调查区玉米籽实样品重金属指标均在绿色食品标准限值以内，绿色农产品占比为 100%。随机抽取 20 件玉米籽实样品测试有机氯农药六六六 HCHs 和滴滴涕 DDTs 含量，玉米籽实中有机氯农药 HCHs 和 DDTs 均未检出。统计调查区玉米籽实的富硒情况发现，50 件玉米籽实样品中有 3 件籽实样品硒含量达到富硒含量标准，占 6.00%。富硒样品含量中位值为 0.048×10^{-6}，范围为（0.041～0.112）$\times10^{-6}$。富硒玉米根系土 Se 含量中位值为 0.360×10^{-6}，范围为（0.270～0.360）$\times10^{-6}$。

表 6-26　玉米籽实中元素指标分级统计（N=50）

类别	砷（As）	镉（Cd）	汞（Hg）	铅（Pb）	铬（Cr）	比例
不超标食品（件）	50	50	50	50	50	100%
绿色食品（件）	50	50	50	50	—	100%

表 6-27　玉米籽实中元素指标分级统计（N=72）

籽实含量（10^{-6}）	<0.04	≥0.04
Se 效应	非富硒	富硒
个数	47	3
比例	94.00%	6.00%

2. 小麦

调查区小麦籽实中 As、Cd、Hg、Pb、Cr 和 Se 的评价结果见表 6-28 和表 6-29。统计结果表明，调查区小麦籽实样品重金属含量均在卫生食品标准限值以内，均无超标，安全食品合格率 100%。调查区小麦籽实样品重金属均在绿色食品安全限值以内，绿色农产品比例 100%。

随机抽取 20 件小麦籽实样品测试有机氯农药六六六 HCHs 和滴滴涕 DDTs 含量，小麦籽实中有机氯农药 HCHs 和 DDTs 均未检出。

表 6-28　小麦籽实中元素指标分级统计（*N*=40）

类别	砷（As）	镉（Cd）	汞（Hg）	铅（Pb）	铬（Cr）	比例
不超标食品（件）	40	40	40	40	40	100%
绿色食品（件）	40	40	40	40	—	100%

表 6-29　小麦籽实中元素指标分级统计（*N*=30）

籽实含量（10^{-6}）	<0.04	≥0.04
Se 效应	非富硒	富硒
个数	38	2
比例	95.00%	5.00%

调查区 40 件小麦样品中 2 件小麦籽实样品达到富硒含量标准，占 5.00%，富硒样品含量平均值为 0.048×10^{-6}，范围为（0.041～0.055）$\times10^{-6}$。富硒小麦根系土 Se 含量平均值为 0.290×10^{-6}，范围为（0.250～0.330）$\times10^{-6}$。从富硒小麦的分布来看（图 6-8），分布分散不集中，济阳街道东北一件，崔寨街道南部一件。从富硒小麦的分布与土壤 Se 的含量对比来看，富硒小麦主要分布在足硒区。同点位玉米籽实并不富硒。遥墙街道东南部富硒土壤区域则采集富硒玉米样品 3 件，这说明玉米籽实富集 Se 元素的能力低于小麦。

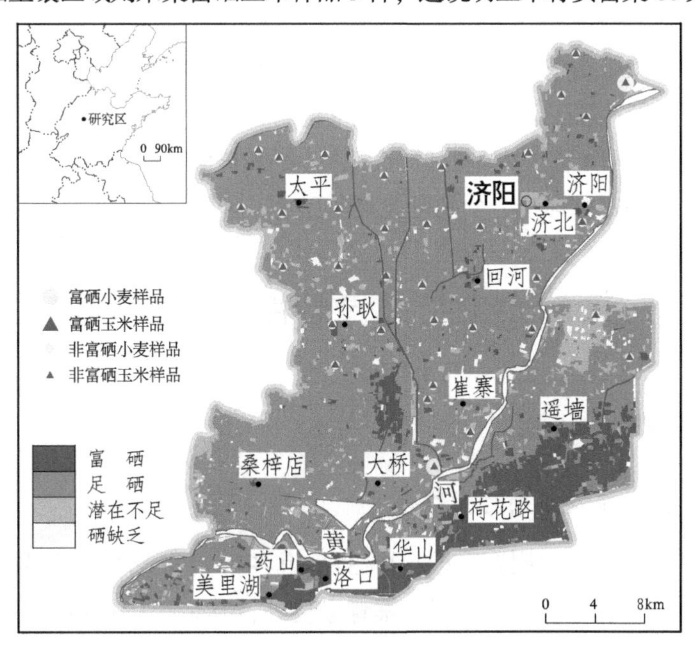

图 6-8　富硒玉米、小麦分布与表层土壤硒含量分布对比

（二）水稻安全性评价

调查区采集了水稻籽实样品45件，水稻籽实中As、Cd、Hg、Pb、Cr、F和Se的评价结果见表6-30和表6-31。统计结果表明，调查区水稻籽实样品重金属含量均在卫生食品标准限值以内，均无超标，安全食品合格率100%。调查区水稻籽实样品中31件样品重金属As元素含量超过绿色食品标准限值但不超过卫生食品标准限值，绿色食品比例为31.11%；调查区水稻籽实中As元素的平均为0.187×10^{-6}，含量范围为$0.11\sim0.34\times10^{-6}$。大宗农作物玉米和小麦籽实中As的含量特征，玉米平均含量为0.21×10^{-6}，范围为$(0.02\sim0.05)\times10^{-6}$；小麦平均含量为$0.035\times10^{-6}$，范围为$(0.02\sim0.08)\times10^{-6}$，对比发现，调查区玉米和小麦籽实中As含量水平相当，水稻籽实中As含量远超玉米和小麦中As含量，但尚未超过安全食品卫生标准。

表6-30　水稻中元素指标分级统计

类别	As	Cd	Hg	Pb	Cr	比例
不超标食品（件）	45	45	45	45	45	100%
绿色食品（件）	14	45	45	45	—	31.11%

调查区45件水稻籽实样品中，发现23件样品达到富硒含量标准，占51.11%。调查区水稻籽实样品平均含量为0.05×10^{-6}，范围为$(0.02\sim0.45)\times10^{-6}$。水稻根系土Se含量中位值为$0.235\times10^{-6}$，范围为$(0.160\sim0.310)\times10^{-6}$。本水稻种植区用水为黄河水，黄河水Se含量为0.66 mg/L，明显高于灌渠、井水等水中Se含量水平。因此，水稻籽实富硒的来源可能为水田中富含硒元素的黄河水。

表6-31　水稻中元素指标分级统计

籽实含量（$\times10^{-6}$）	<0.04	≥0.04
Se效应	非富硒	富硒
个数	22	23
比例	48.89%	51.11%

（三）蔬菜安全性评价

调查区蔬菜样品集中在太平街道周边，采集样品为面积性种植的农产品，种植最多的为茄子，其次为豆角，从蔬菜中元素含量特征来看，调查区蔬菜样品重金属含量均在卫生食品标准限值以内，均无超标，安全食品合格率100%。调查区蔬菜样品重金属均在绿色食品安全限值以内，绿色农产品比例100%。调查区仅两件蔬菜样品达到相关富硒标准，分别是韭菜和豆角，富硒率为10%。

第三节　污染端元尘与大气悬浮颗粒物地球化学研究

一、污染端元尘地球化学研究

（一）端元尘元素含量特征及识别元素组合

调查区不同污染端元尘含量统计特征见表6-32，由各元素指标的含量特征可知，除As、I、F、Al_2O_3、SiO_2和pH含量值普遍低于调查区表层土壤背景值外，其余指标在不同污染端元尘中的含量不同程度的高于调查区表层土壤背景值。

表 6-32　调查区城市污染端元尘元素含量统计表

元素/	交通尘（N=6）			燃煤尘（N=6）			冶金尘（N=6）			工业园尘（N=6）			建筑尘（N=6）			土壤
指标	最小值	最大值	均值	最小值	最大值	均值	最小值	最大值	均值	最小值	最大值	均值	最小值	最大值	均值	背景值
As	2.66	7.56	4.83	2.87	10.33	5.64	4.53	10.87	6.83	3.43	5.07	4.30	3.04	7.96	5.66	10.56
Hg	0.04	0.36	0.18	0.03	0.17	0.08	0.04	0.05	0.05	0.02	0.17	0.09	0.02	0.08	0.04	0.036
Se	0.30	0.50	0.41	0.45	2.36	1.00	0.42	0.78	0.64	0.20	0.60	0.38	0.37	0.83	0.54	0.221
Cl	292	5598	1621	315	4751	1350	305	614	435	225	514	418	367	735	492	164.1
I	0.62	2.22	1.16	0.56	1.50	1.01	0.62	2.42	1.30	0.21	1.04	0.65	0.52	1.26	0.79	2.23
S	216	1556	777	389	26921	5681	492	22021	4434	306	2878	866	280	961	662	306.0
F	345	437	388	334	1023	511	411	706	558	294	678	382	335	437	383	592.0
Cr	85.85	121.72	104.13	59.98	153.20	114.03	95.98	938.70	326.70	74.93	260.60	152.64	46.74	96.10	72.16	64.8
Mn	448	610	542	461	880	622	795	2248	1565	474	859	604	473	846	631	593.2
Ni	20.88	37.43	28.43	23.83	77.37	39.21	24.02	477.70	157.22	22.35	50.98	38.78	16.23	30.58	22.07	27.8
Co	8.26	12.82	10.43	6.52	14.91	9.99	6.31	106.80	36.70	7.47	17.37	10.76	5.97	11.86	8.51	11.71
Cu	33.03	72.12	45.33	17.18	62.32	41.48	20.62	125.80	42.78	19.71	58.33	31.71	15.94	146.00	43.86	23.1
Zn	161.60	340.00	224.32	80.25	5673.00	1140.45	141.50	2207.00	566.68	84.07	243.90	178.52	50.15	173.60	88.94	69.4
Mo	1.53	2.24	1.83	0.91	2.84	1.77	1.15	3.18	2.28	1.09	2.37	1.68	0.70	4.72	1.51	0.69
Cd	0.30	9.31	1.98	0.17	2.74	1.07	0.20	0.63	0.31	0.21	0.34	0.27	0.15	1.10	0.48	0.176
Pb	37.05	127.00	62.71	26.32	133.60	61.27	29.49	49.81	39.43	18.12	50.53	37.08	22.69	40.21	31.14	22.23
Al_2O_3	7.16	10.21	8.15	5.90	9.16	7.77	5.11	7.85	6.45	5.81	9.91	7.91	6.44	10.15	8.58	11.537
SiO_2	34.70	43.72	39.11	29.46	46.87	35.57	25.04	37.96	29.78	23.31	48.06	40.28	32.96	49.64	39.94	62.714
CaO	11.58	18.29	16.07	11.41	24.19	17.00	14.07	28.96	20.40	12.56	30.84	17.73	11.85	23.83	18.39	5.822
MgO	2.38	3.10	2.75	1.51	3.33	2.35	1.51	3.27	2.69	1.37	4.45	2.75	2.03	3.29	2.52	2.04
TFe_2O_3	3.50	5.16	4.30	3.09	7.85	5.11	5.40	16.70	10.21	2.72	5.36	3.95	2.70	7.25	3.99	4.479
pH	7.78	8.90	8.36	7.06	10.65	8.40	8.19	8.85	8.45	7.64	9.39	8.31	8.00	10.61	9.06	8.17

注：As-Pb：10^{-6}，Al_2O_3-TFe_2O_3：10^{-2}，pH：无量纲。

为更直观地了解不同端元尘中的元素总体含量特征，对比不同端元尘元素指标的平均含量，计算端元尘平均含量相对表层土壤背景值的富集情况 $C_{尘元素}/C_{土背景}$，绘制平均富集系数对比如图 6-9 所示。

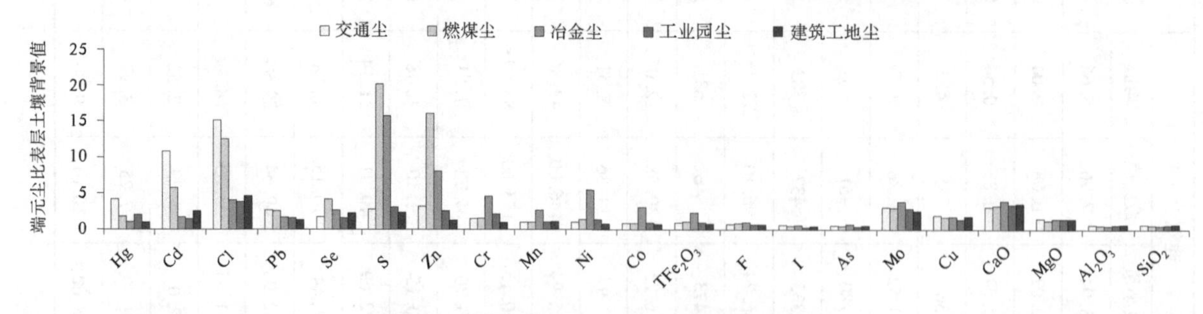

图 6-9　调查区城市污染端元尘元素富集对比

交通尘中 Hg、I、Cl、S、Cd 和 Pb 等元素含量变化较大，如 Cl 最大值为最小值的 19 倍，Cd 为 31 倍等，其余指标在 1.1~2.8 倍；燃煤尘中 As、Hg、Se、Cl、S、F、Ni、Zn、Cd 和 Pb 等元素指标含量变化大，如 Zn 最大值为最小值的 70.7 倍，S 为 69.2 倍，Cl 为 15 倍等，其余指标在 1.5~2.6 倍；冶金尘中 I、S、Cr、Ni、Co、Cu、Zn、Cd 和 TFe_2O_3 等元素指标含量变化大，如 S 最大值为最小值的 44.8 倍，Zn 为 15.6 倍，Ni 为 19.9 倍等，其余指标在 1.1~2.8 倍；工业园区尘中 Hg、I、S、Cr、Cu 和 MgO 等元素指标含量变化略大，如 S 最大值为最小值的 9.4 倍，Hg 为 8.7 倍等，其余指标在1.2~2.9 倍；建筑工地尘中 Hg、S、Cu、Zn、Mo、Cd 和 TFe_2O_3 含量变化大，如 Cu 最大值为最小值的 9.2 倍，Mo 为 6.8 倍等，其余指标在 1.3~2.2 倍。这些含量差异较大的点，可能为该类尘的特征元素，与污染端元关系较大。

由图 6-9 可知，交通尘中含量明显富集的指标有 Hg、Cd、Cl、Pb 等；燃煤尘中明显富集的指标有 Se、S、Zn、Cd、Cl、Pb 等；冶金尘中 Se、S、Cr、Mn、Ni、Co、TFe_2O_3、Zn、Mo、CaO 等；机械工业园区尘中 Hg 和 Cr 富集略高；这些元素在特点污染端元尘中富集明显，组合特征可作为污染端元的标识元素组合（表 6-33）。

表 6-33　城市污染端元尘元素指标特征元素组合表

类　别	交通尘	燃煤尘	冶金尘	机械工业园尘
特征元素组合	Hg、Cd、Cl、Pb、I	Se、S、Zn、Cd、Cl、Pb、F	Se、S、Cr、Mn、Ni、Co、TFe_2O_3、Zn、Mo、CaO、F、I、As	Hg、Cr

从不同端元的标识元素组合来看，交通过程由于轮胎磨损易产生 Cd，汽油燃烧易产生 Pb、Hg 等，而 Cl 也可能与燃烧产物有关；煤炭中由于 Se、S 和亲硫元素 Zn、Cd 含量较高，燃煤必然导致相关排放较高；金属冶炼由于燃煤和铁矿石的运用，因而铁族元素和燃煤相关元素含量普遍较高；工业园普遍与机械制造相关，镀铬等工艺会致使 Cr 等排放较高。另外，建筑尘中虽无明显富集元素，但 CaO、MgO、Al_2O_3、SiO_2 等造岩氧化物组合常被用作建筑工地等扬尘源标识元素组合。

（二）污染端元尘对城市土壤的影响

统计匹配采集的端元尘与浅表层土壤之间的元素相关性，统计结果见表 6-34 所示。由表 6-34 可知，各元素在污染端元尘与浅表层土壤之间存在不同程度的相关性，如两种介质间 Co、Ni、Mn、TFe_2O_3、Cd、Cr、Pb、S 和 Zn 元素之间存在显著正相关性，Mo 和 SiO_2 在两种介质间相关性明显，Se、MgO、Cu、

Al_2O_3、Cl、F、CaO、I、Hg、As 和 pH 在两种介质间相关性不明显。说明城市污染源对浅表层土壤中部分元素含量的影响较大，部分元素指标影响不明显，各相关性散点如图 6-10 所示。

表 6-34　污染端元尘与浅表层土壤元素指标之间相关性系数统计（N=30）

元素	相关系数	元素	相关系数	元素	相关系数
Co	0.971**	Zn	0.545**	F	0.240
Ni	0.937**	Mo	0.455*	CaO	0.115
Mn	0.844**	SiO_2	0.431*	I	0.030
TFe_2O_3	0.808**	Se	0.367	Hg	−0.144
Cd	0.782**	MgO	0.291	As	−0.158
Cr	0.728**	Cu	0.277	pH	−0.229
Pb	0.685**	Al_2O_3	0.273		
S	0.595**	Cl	0.271		

注：* 指在 0.05 水平（双侧）上显著相关，** 指在 0.01 水平（双侧）上显著相关。

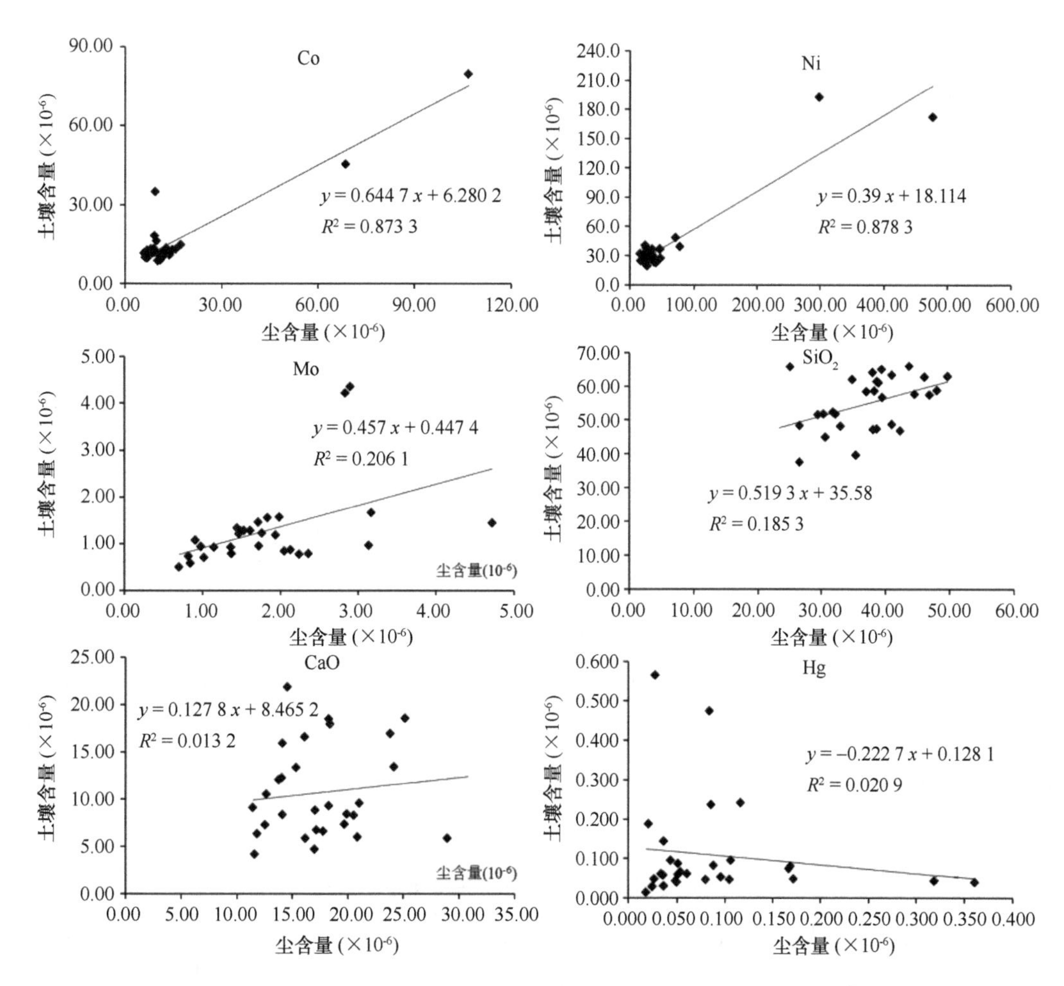

图 6-10　调查区污染端元尘与浅表层土壤之间元素（指标）相关性散点

二、大气颗粒物地球化学特征

（一）大气颗粒物浓度污染特征

我国已于2012年2月发布了《环境空气质量标准》（GB 3095—2012），2016年1月正式实施，增加了对环境空气PM2.5浓度的限定标准，根据标准要求，一类区为自然保护区、风景名胜区和其他需要特殊保护的区域，采用一级浓度限制；居住区、商业交通居民混合区、文化区、工业区和农村地区属二类区，采用二级浓度限值；标准还指定了部分颗粒物组分污染物参考浓度限值。部分标准限值如表6-35所示。

表6-35 环境空气部分污染物浓度限值

单位：$\mu g/m^3$

污染物项目	平均时间	浓度限值	
		一级	二级
总悬浮颗粒物（TSP）	年平均	80	200
	24小时平均	120	300
颗粒物PM10（粒径≤10 μm）	年平均	40	70
	24小时平均	50	150
颗粒物PM2.5（粒径≤2.5 μm）	年平均	15	35
	24小时平均	35	75
铅（Pb）	年平均	0.5	0.5
	季平均	1	1
镉（Cd）	年平均	0.005	0.005
汞（Hg）	年平均	0.05	0.05
砷（As）	年平均	0.006	0.006
六价铬［Cr（Ⅵ）］	年平均	0.000 025	0.000 025
苯并［a］芘（BaP）	年平均	0.001	0.001
	24小时平均	0.0025	0.0025

调查区监测获取的年平均值为两季获取的数据，并非全年连续监测数据，该对比结果仅做参考。调查区Pb、Cd、Hg、As和苯并［a］芘中的年平均浓度如表6-36所示，各指标相对年平均标准限值，仅As略高于二级标准限值，其余指标均低于二级标准限制。对比结果表明，调查区大气颗粒物中首要关注的指标为As元素。

表6-36 调查区TSP中部分指标年平均含量

单位：$\mu g/m^3$

	Pb	Cd	Hg	As	苯并［a］芘（BaP）
平均浓度	0.041 444	0.002 234	0.000 132 26	0.006 132	0.001 029 257

由图 6-11 可以看出，调查区大气颗粒物浓度冬季大于夏季，冬季污染程度明显强于夏季，可能与冬季采暖需求大，燃煤用量排放多，再加上不利的气候因素不利于污染物扩散而形成雾霾天所致；不同类型采样点大气颗粒物浓度冬季热电厂和郊区大于交通区、公园学校和居民区，夏季热电厂大于交通区和郊区大于公园学校和居民区。

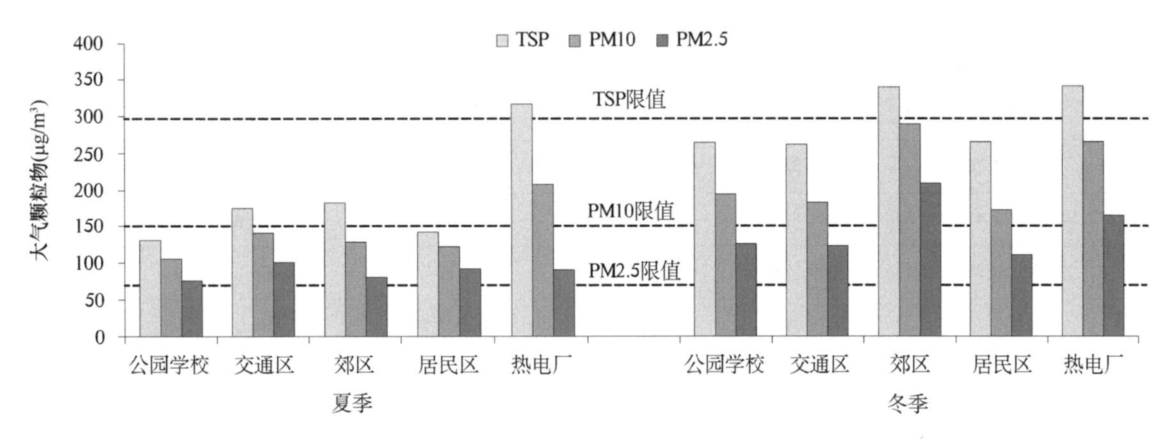

图 6-11　调查区不同功能区大气颗粒物平均含量对比

可吸入颗粒物 PM10 为粒径小于 10 μm 的颗粒，又可分为粗颗粒（2.5～10 μm）和细颗粒（小于 2.5 μm，即 PM2.5）两部分，细颗粒物比表面大，能吸附较多重金属等有害物质，可直接通过人体肺泡进入血液，危害最大。夏季 PM2.5 占 PM10 比例为 27.03%～98.31%，平均为 62.5%，冬季 PM2.5 占 PM10 比例为 29.71%～99.80%，平均为 42.2%，表明调查区空气中细颗粒 PM2.5 是可吸入颗粒物 PM10 的主要组成部分，夏季占比高于冬季占比。对 PM2.5 和 PM10 浓度进行相关性分析，分析结果见图 6-12 和图 6-13 所示，两条线性回归相关系数分别为 0.41 和 0.92，两者联系紧密。调查区无论是冬季还是夏季，悬浮颗粒物 TSP 中污染最严重的均为 PM2.5，其危害又是最大的组分，因此，调查区重点需要治理的空气污染物为细颗粒物 PM2.5。

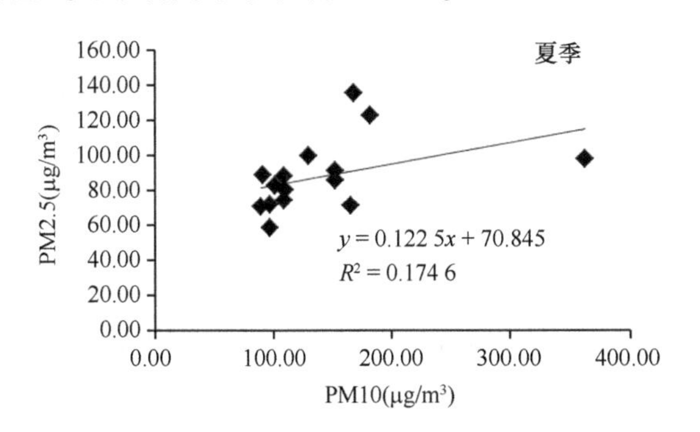

图 6-12　夏季 PM2.5 与 PM10 相关性散点图

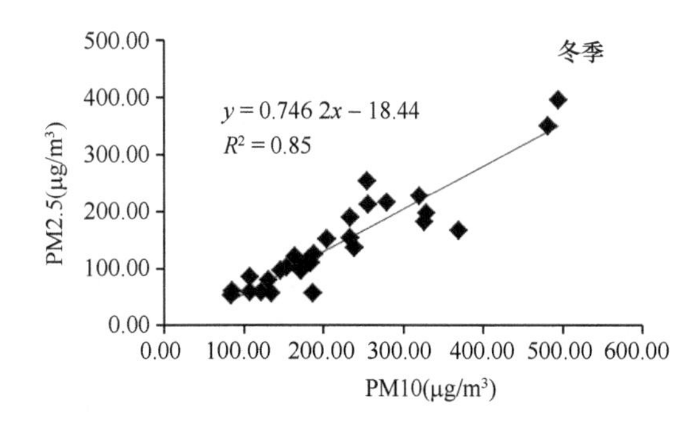

图 6-13　冬季 PM2.5 与 PM10 相关性散点图

（二）大气颗粒物中各组分元素分布与分配特征

1. 颗粒物中元素的分布与污染特征

不同地区大气颗粒物的来源、形成条件和气象因素不同，其所含重金属的种类和含量也有所差别。调查区颗粒物测试了 19 种元素或指标，各元素或指标在大气颗粒物中的浓度见表 6-37。

表 6-37　空气中大气悬浮颗粒物（TSP、PM10、PM2.5）中元素浓度均值　单位：μg/m³

指标	夏季（N=40）			冬季（N=40）		
	TSP	PM10	PM2.5	TSP	PM10	PM2.5
As	0.003 852	0.004 251	0.003 772	0.007 643	0.008 905	0.007 829
Cr	0.050 754	0.053 536	0.046 841	0.047 997	0.042 398	0.036 747
Cd	0.000 584	0.000 684	0.000 645	0.001 82	0.002 726	0.002 388
Cu	0.223 764	0.281 385	0.170 986	0.322 874	0.348 027	0.203 361
Hg*	0.022 427	0.011 453	0.004 19	0.064 283	0.052 628	0.030 909
Ni	0.010 579	0.009 386	0.006 719	0.011 758	0.008 663	0.004 665
Pb	0.032 793	0.035 796	0.033 629	0.075 274	0.094 071	0.085 278
Zn	0.151 234	0.156 636	0.182 004	0.215 255	0.261 151	0.209 084
Se	0.002 921	0.003 45	0.003 313	0.005 156	0.006 549	0.006 622
Co	0.001 098	0.000 773	0.000 258	0.002 374	0.001 322	0.000 413
Mn	0.074 396	0.062 657	0.034 554	0.144 181	0.094 515	0.042 183
Ti	0.101 688	0.070 521	0.039 589	0.182 15	0.092 095	0.045 105
V	0.005 287	0.004 156	0.001 853	0.010 292	0.005 908	0.001 989
TFe_2O_3	3.613 517	2.627 203	1.006 655	8.165 443	4.473 151	1.223 586
Al_2O_3	3.346 203	2.292 65	0.603 048	7.803 996	4.008 84	0.698 874
K_2O	0.922 613	0.819 496	0.594 24	2.230 543	2.023 579	1.566 877
MgO	2.169 568	1.298 575	0.406 535	4.749 498	2.180 456	0.550 285
CaO	19.399 37	11.407 42	2.126 593	35.305 38	15.107 09	2.640 78
Na_2O	10.360 71	10.645 81	10.792 21	6.895 711	7.019 099	6.237 088

注：* Hg 为 ng/m³。

颗粒物中氧化物指标浓度较高，如最高的 CaO 冬季 TSP 平均浓度能到 35 μg/m³，最低的 K_2O 夏季 TSP 平均浓度能到 0.92 μg/m³，其含量普遍高于重金属等元素平均浓度水平，各氧化物指标在 TSP、PM10 和 PM2.5 中平均浓度高低均大致为 CaO> Na_2O> TFe_2O_3> Al_2O_3> MgO> K_2O。对比其余元素指标含量，含量由高到低依次为 Cu> Zn> Ti> Mn> Pb> Cr> Hg> Ni> As> V> Se> Co> Cd。在不同粒径空气颗粒物中均表现为冬季浓度大于夏季浓度，这可能与冬季燃煤供暖污染物排放较大、冬季气候不利于污染物的扩散等多重因素有关。

根据表 6-37 中大气颗粒物中污染物的参考浓度限值，调查区 Cd、Hg、As 均未超过环境空气污染物参考浓度限值。

2. 颗粒物中元素的分配

图 6-14 为调查区悬浮颗粒物中不同粒径下元素的浓度百分比，由图 6-14 可知，冬季和夏季重金属

元素 As、Cr、Cd、Cu、Hg、Ni、Pb 和 Zn 主要富集在可吸入颗粒物（<10 μm，即 PM10）中。夏季可吸入颗粒物（PM10）中，除 Hg 元素主要富集在 2.5~10 μm 粗颗粒物中外，其余重金属元素 As、Cr、Cd、Cu、Ni、Pb 和 Zn 主要富集在小于 2.5 μm 的细颗粒物（PM2.5）中，冬季重金属元素均主要富集在细颗粒物 PM2.5 中，可见可吸入颗粒物（PM10）携带的重金属绝大部分富集在细颗粒物（PM2.5）中，对人体健康潜在危害较大。其余元素指标 Se、Na_2O 和 K_2O 冬季和夏季均主要富集在 PM2.5 中；夏季 Co、Al_2O_3、CaO、MgO 则主要富集在粗颗粒物（2.5~10 μm）中，冬季主要富集在 10~100 μm 颗粒物中；Mn、Ti、V 和 TFe_2O_3 等夏季主要富集在可吸入颗粒物 PM10 中，粗颗粒物和细颗粒物大致相当，冬季 10~100 μm 颗粒物和小于 10 μm（PM10）中大致相当，且可吸入颗粒物（PM10）中主要富集在 2.5~10 μm 粗颗粒物中，铁族元素主要向 10~100 μm 或 2.5~10 μm 中富集，细颗粒物（PM2.5）中往往含量较低。

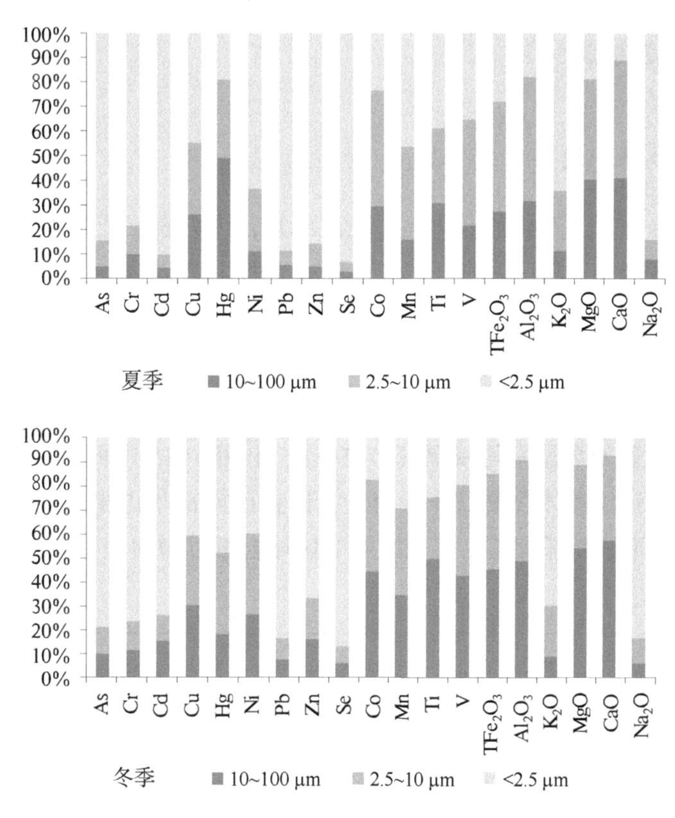

图 6-14　调查区可吸入颗粒物中元素或指标在不同粒径中的占比

第四节　土壤安全性预测预警

近几十年来，随着经济发展，工业排放和不合理的耕作、灌溉方式都对土壤中的元素的环境水平造成了重要影响，在很大程度上加剧了局部地区的土壤元素积累，对农业安全和人类生活构成了严重威胁。因此，研究土壤中元素的积累速率和规模有着重要意义。

黄河下游流域 2003 年开展的 1：250 000 多目标区域地球化学调查是调查区前期开展的最为详尽的地球化学调查工作，该多目标调查（2003 年）的每个数据样点所代表的范围与此次调查（2020 年）的 16~36 个样点所代表的范围相对应，与本次调查相比，调查手段类似，分析过程一致，利用该调查得到的表层土壤数据与本次调查得到的数据进行对比，可以大致判断区内土壤多种元素在这 17 年间含量的变化趋势，再根据这 17 年总体的变化情况，可以大致推算出在相同发展情况下，下一个 17 年后，调查区表层土壤元素的变化趋势，并进行土壤环境质量等级评价，对环境质量变化较大的指标和区域进行预警，该推测仅考虑相同速率下的时间因素，推测结果重在参考与警示意义，不作为含量精准预测结果。

由于 1∶250 000 和此次调查工作尺度上的差异，两次数据无法一一对应，将此次调查的数据，按照 4 km^2 网格内全部数据平均汇总后，将之于 2003 年获取数据进行对比计算。

元素 X 含量的增减使用本次调查含量值 C_x 相对 1∶250 000 地球化学调查 X 元素含量 C_0 的变化速率用 ΔC 表示，N 为数据相差年份：

$$\Delta C = (C_x - C_0)/N$$

一、表层土壤重金属预测

（一）表层土壤重金属累积速率

调查区表层土壤各重金属元素变化范围和幅度统计可知，区内表层土壤中 Cd、Zn、Hg 和 Cu 元素在调查范围内，含量增加的区域相对较广，明显大于含量减少的区域；As、Cr 和 Ni 元素的含量增加区域与减少区域相对接近，二者面积大致相当；Pb 元素以减少的范围占主导，含量降低的区域面积大于含量增加的区域。

相对 2003 年，2020 年表层土壤中 As 元素含量增加的区域与减少区域大致相当。含量增加区域平均增幅约为 13.4%，含量降低区域含量平均减幅（11.5%）。由图 6-15 中可知，调查区中南部区域太平—回河—崔寨—药山—华山—遥墙整体含量以降低为主，调查区南部华山街道周边含量年降低速率相对最低。美里湖西—桑梓店—孙耿，济阳北部，遥墙东部等区域含量以增加为主，年增加量较高区域分布在美里湖西—桑梓店一带。

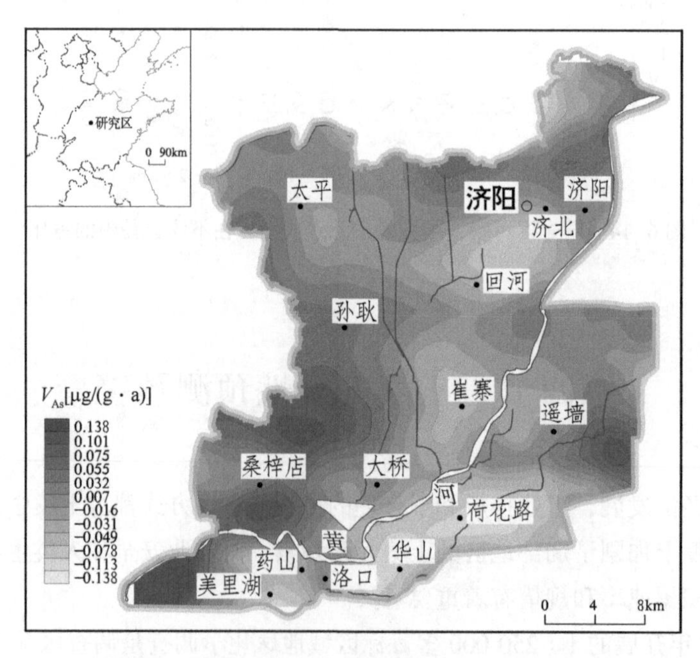

图 6-15　表层土壤 As 年增长速率（2003—2020 年）

表层土壤 Cd 全区以增加为主导，含量升高的范围超过 90%，Cd 的平均增幅相对较高，平均增幅量超 50%。由图 6-16 中可知，Cd 元素含量年增长率最高的区域主要分布在泺口—华山—孙耿，荷花路周边，其余区域增速明显较低。含量呈降低趋势区域分布相对较少，零星分布在美里湖西北部，华山东部，遥墙北部等区域。

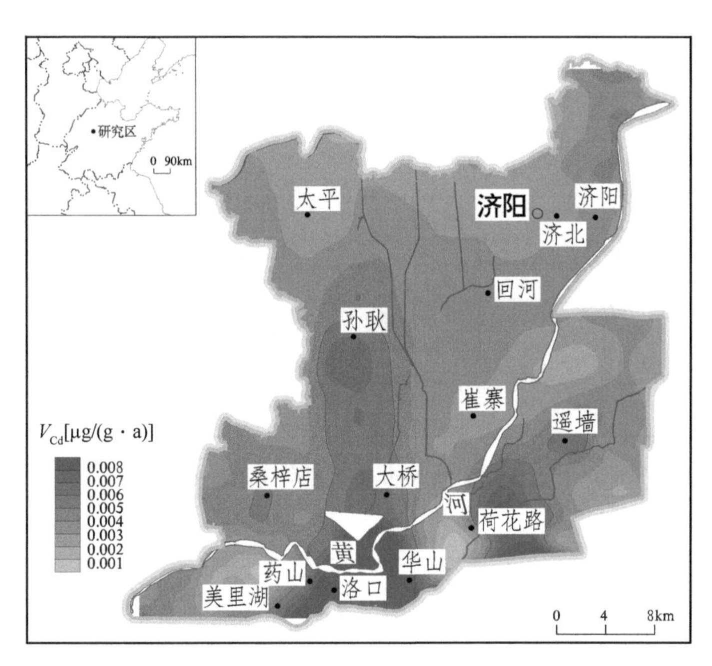

图 6-16 表层土壤 Cd 年增长率（2003—2020 年）

表层土壤 Cr 的含量增加区与降低区大致相当，增加区范围略大。含量增加区的平均增幅为 12.3%，降低区的平均降幅为 7%。调查区太平—孙耿—崔寨—遥墙西南部主要为含量增加区，增幅最高区以泺口等南部区域。崔寨北部，济阳北部等区域主要为含量降低区；另外在华山，荷花路等周边小片区域也表现为含量降低区，其中华山周边元素含量年降低速率最低。

表层土壤 Cu 相对 2003 年整体含量以增加为主，含量增加的区域范围超过 60%，但增幅区域含量平均增幅相对较低，主要在 10%左右。含量增加的区域主要分布在太平西南部，孙耿，回河—济阳东北，崔寨南部，华山—泺口等区域，其中华山周边年增长速率相对较高，其次在济阳城区及东北部。含量降低的区域主要分布在桑梓店—美里湖，太平东北部，崔寨北部，遥墙西北部等区域，含量降低速率相对最高区主要分布在桑梓店—美里湖一带，其余区域降低幅度较低。

表层土壤 Ni 整体含量增加区与降低区大致相当，增加区略高。含量增加区平均增幅为 9.5%，降低区平均降幅为 6.5%，平均增减幅度较低。由图 6-17 中可知，含量增加区域主要分布在荷花路—美里湖黄河以南区域，孙耿南部，太平西部，济阳城区及东北部等区域，年增长率相对较高的区域主要分布在桑梓店—美里湖—泺口的区域。含量降低的区域主要分布在遥墙，大桥北部—崔寨—回河—太平等区域，降幅相对均匀。

表层土壤 Pb 整体含量以降低为主，含量降低区略大于增加区，但含量增加区平均增幅为 15.3%，含量降低区平均减幅为 9.7%。由图 6-18 中可知，含量增加区主要分布在孙耿—崔寨一带西南，济阳东北等，含量增速最明显区域主要分布在泺口一带。含量降低区域主要分布在华山—荷花路，济阳—太平一带，减低明显区域主要分布在华山一带。

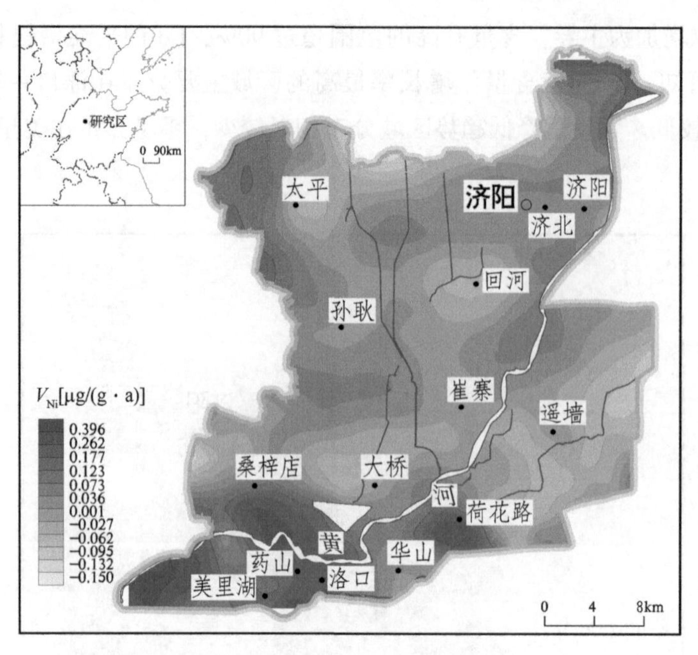

图 6-17 表层土壤 Ni 年增长速率（2003—2020 年）

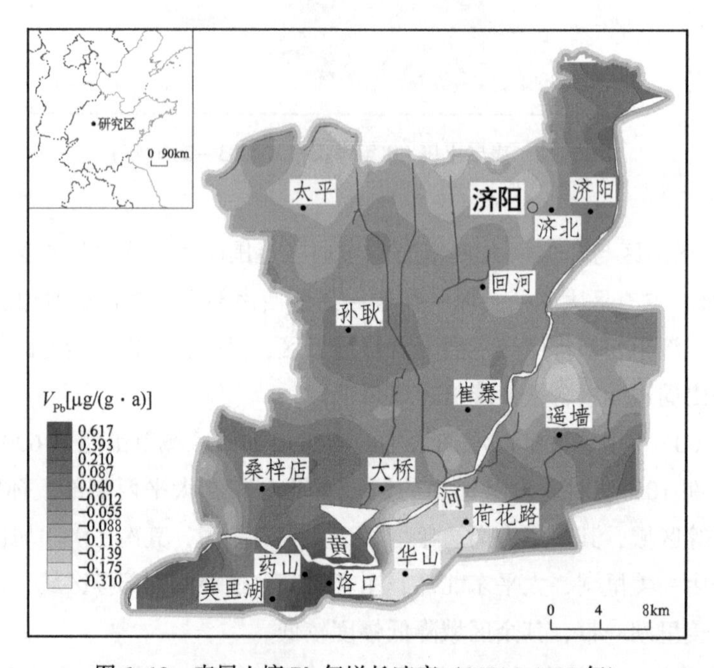

图 6-18 表层土壤 Pb 年增长速率（2003—2020 年）

表层土壤 Zn 整体含量以增加为主，增加的区域范围超过 80%，含量增加区平均增幅在 20%以内。含量增加区主要分布在泺口—美里湖，遥墙，孙耿，太平西北部等区域，增幅最明显区域为泺口一带。含量降低区域主要分布在桑梓店，华山东北部，崔寨北部，太平东部回河东北部，济阳城区东部，遥墙西北部等区域，其中华山周边降幅相对最明显。

表层土壤 Hg 整体含量以增加为主，增加的区域范围超过 60%，含量增加区平均增幅约 70%。含量增加区域主要分布在美里湖西部，华山—泺口，孙耿—太平—济阳，荷花路东南等区域，整体增幅较小，局部增幅极高，增幅明显区域主要分布在济阳城区北部。含量降低区主要分布在桑梓店大桥—美里湖，崔寨—遥墙等区域，年降低速率较低，平均约 22.9%。

（二）表层土壤重金属环境质量预测与预警

按照调查区 2003 年和 2020 年获得的表层土壤数据计算出这 17 年的变化率，以同样的速率估算出下一个 17 年后，即 2037 年调查区表层土壤重金属环境质量状况。该推断仅考虑相同速率下的时间因素，推断结果重在参考与警示意义，不作为含量精准预测结果。

2003 年调查为 1∶250 000 比例尺，表层土壤调查以 4 km^2 网格为评价单元，与此次调查存在差异，为将此次调查的数据与之对应，将同样网格单元内的数据汇总计算出指标含量均值，根据对应的指标含量计算变化率，预测 2037 年土壤含量，并对预测含量进行土壤环境质量评价，从预测的评价结果来看，到 2037 年，调查区土壤环境质量发生明显变化的指标为 Cd、Cr、Cu、Hg、Pb 和 Zn，其余指标环境质量未发生变化，均在土壤环境筛选值以内（以最严限值为参考，参考农用地土壤环境标准限值）。

图 6-19～图 6-21 为 Cd、Cr 和 Zn 环境质量等级变化情况，2003—2020—2037 年（过去—现在—未来）指标的环境质量对比可知，Cd 元素环境质量下降最明显，其次是 Zn 元素，到 2037 年，主要在调查区南部洛口街道—荷花路街道土壤污染风险区有所增加，未出现管制区；Cd 元素在孙耿街道和遥墙街道土壤污染风险区有所增加，未出现管制区；Hg 元素在济阳街道土壤污染风险区有所增加，未出现管制区。其余区域环境质量等级总体保持不变。因此，以上所述区域是重金属污染增幅相对较大区域，这些区域的扩大部分可能与工矿企业生产活动有关，部分可能与农业生产活动有关。局部当前已经存在超过筛选值的情况，按这种趋势发展，风险区会有所扩大，需要加大关注，控制恶化趋势。

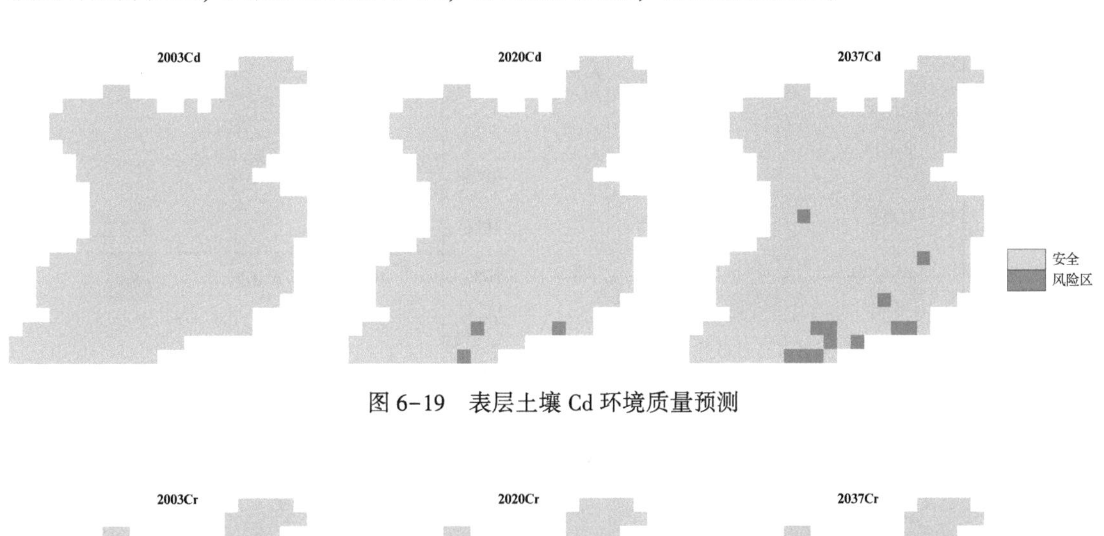

图 6-19　表层土壤 Cd 环境质量预测

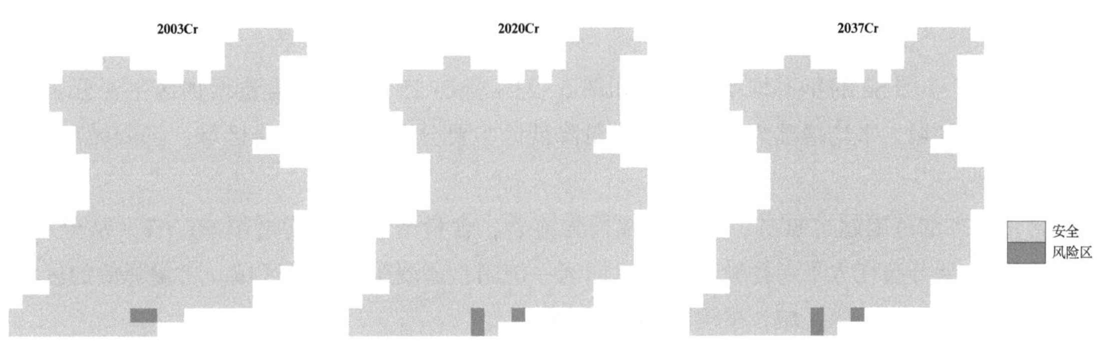

图 6-20　表层土壤 Cr 环境质量预测

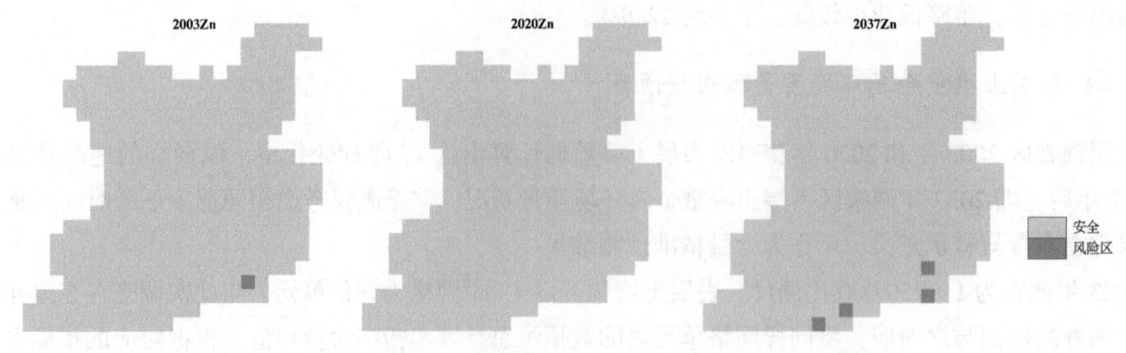

图 6-21 表层土壤 Zn 环境质量预测

二、表层土壤健康元素预测

（一）健康元素 F、I、Se 累积速率

通过 2003 年和 2020 年获取的数据进行对比，计算健康元素 F、I、Se 的增减范围和平均增减幅度如图 6-22 所示，2003 年至 2021 年 18 年间，调查区表层土壤 F、I 和 Se 元素均以增加为主，含量增加区范围超过 70%，F 元素含量平均增幅较低，约 10%，I 和 Se 含量增区的平均增幅相对较高，I 为 66.7%，Se 为 36.6%。

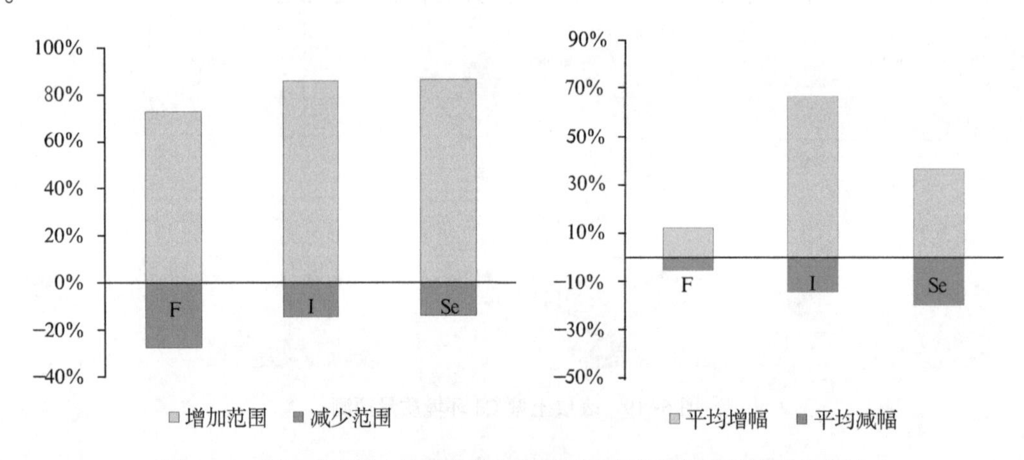

图 6-22 调查区表层土壤调查单元健康元素变化范围和幅度对比统计

编制调查区 F、I 和 Se 的年平均增速分布如图 6-23～图 6-25，F 元素含量增加区主要分布在太平—孙耿，遥墙东北等区域，平均增幅为 12.3%。含量降低区主要分布在黄河以南区域，济阳城区及北部等，平均降幅为 5.6%。

I 元素含量增加的范围超过 80%，含量增幅极为显著，含量增加区平均增幅 66.7%。从分布图来看，增幅显著的区域主要分布在太平—孙耿—大桥—回河—济阳，遥墙东北部等区域。含量降低的区域主要分布在桑梓店—美里湖—华山等区域，平均降幅为 14.5%。

Se 元素含量增加的范围超过 80%，减低范围较少。含量增加区域主要分布在桑梓店—大桥—崔寨—遥墙—回河—济阳—孙耿等，范围较广，整体平均增幅 36.6%；但整体以低增幅为主，极个别区域增幅明显，年平均增速明显的区域主要分布在大桥北部，遥墙南部，回河等区域，其余区域增速较低。含量降

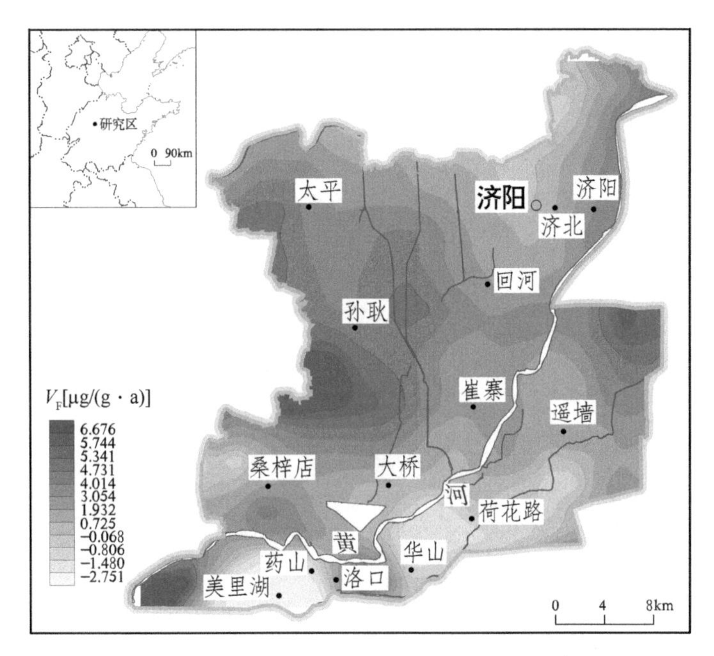

图 6-23　表层土壤 F 增长率（2003—2020 年）

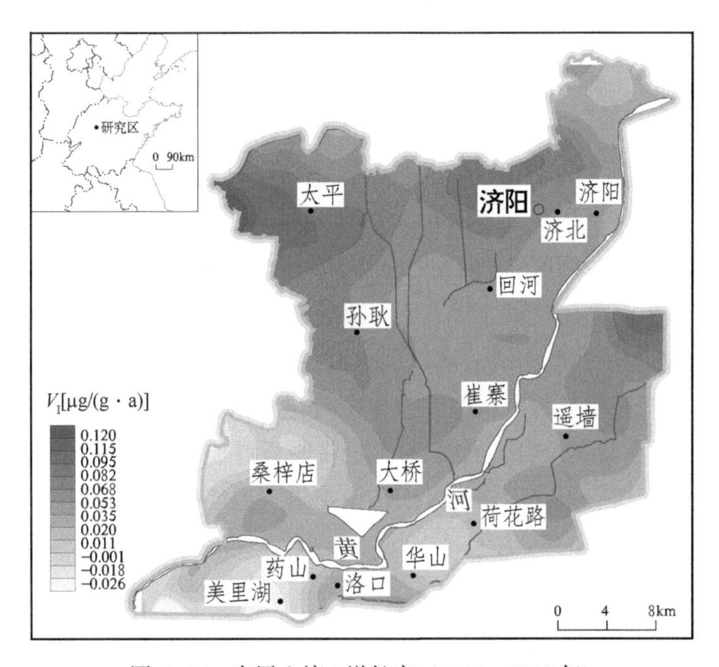

图 6-24　表层土壤 I 增长率（2003—2020 年）

低的区域主要分布在太平东南部，华山—荷花路，美里湖等区域，整体平均降幅为 10. 8%。

（二）健康元素 F、I、Se 预测与预警

按照 2003 年和 2020 年所得数据推测下一个 17 年后，即 2037 年调查区表层土壤中 F、I 和 Se 的含量情况。该推断仅考虑相同速率下的时间因素，推断结果重在参考与警示意义，不作为含量精准预测结果。

从表层土壤 F 元素在 2003 年和 2020 年中的分级情况来看，F 高含量区的扩张当前主要分布在太平—

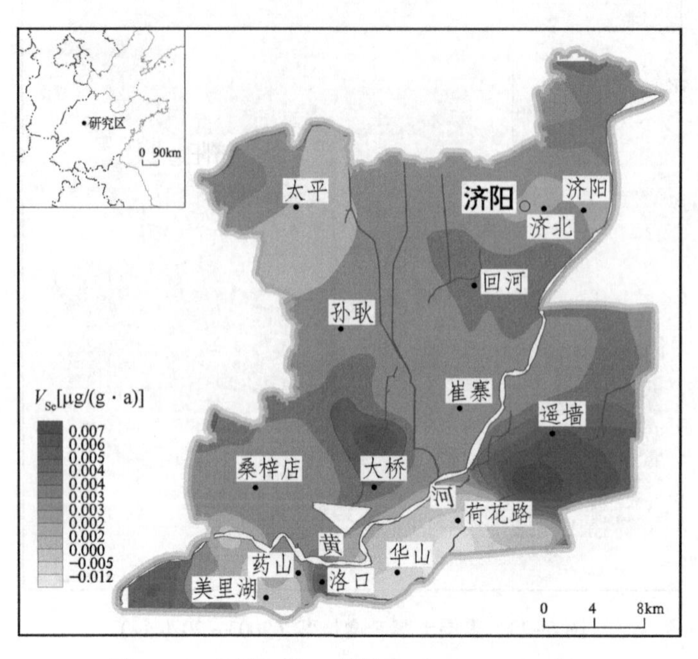

图 6-25　表层土壤 Se 增长率（2003—2020 年）

孙耿—回河—济阳、遥墙街道、美里湖街道等。依此速率推算到 2037 年，土壤 F 过剩区的面积将大范围扩张至整个调查区，影响范围十分广泛。土壤中适量的 F 有益，当过剩时则适得其反。

调查区 2003 年表层土壤 I 在较多区域为边缘区或缺乏区，到 2020 年，边缘区面积大量减少，其余区域均为适量以上，未出现过剩区。依此发展速率推算到 2037 年，土壤高含量区将大量出现，其次为适量区，并出现少量缺乏去，未出现过剩区。

调查区 Se 元素在 2003 年尚存在较多含量不足和缺乏区（图 6-26），主要分布在调查区黄河以北大部区域，到 2020 年缺乏区消失殆尽，美里湖—洛口—华山—荷花路一带 Se 含量现状明显升高，但局部区域仍然潜在不足。现状来看，提升明显的区域主要分布在荷花路东北、遥墙街道南部以及济阳街道西北等。依此发展速率推算，到 2037 年调查区表层土壤 Se 含量将明显增加，全区富硒区面积将大范围增加，局部连续性增强，主要在美里湖街道、桑梓店街道、大桥镇街道、遥墙街道、回河街道等区域，但全区未出现 Se 含量过高中毒区。

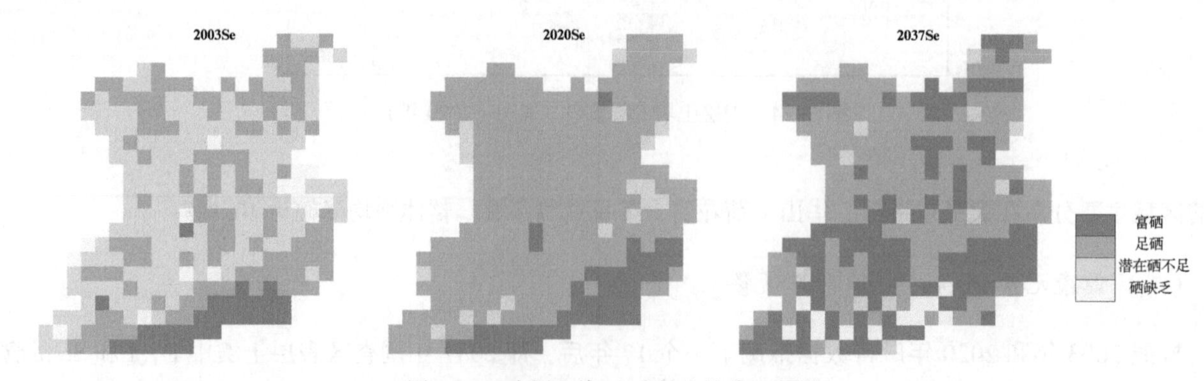

图 6-26　表层土壤 Se 含量丰缺分级预测

第七章　土地适宜性评价及土地利用规划建议

第一节　特色及绿色土壤资源评价

一、绿色无公害农产品产地适宜性评价

环境中的有害化学物质可以通过迁移转化在生物体内逐渐富集，并且通过食物链进入农作物和畜禽体内，最终损害人体健康。而过度依赖化学肥料和农药的农业会对环境、资源以及人体健康构成危害，并且这种危害具有隐蔽性、累积性和长期性的特点。绿色农产品遵循可持续发展和有机农业原则，在空气、土壤和水源均无污染的生态环境之中，应用无公害生产的操作规程，产出和加工出的安全优质、富于营养，并经绿色食品发展机构认证，允许使用绿色食品标志的一切食用农副产品的总称。近几年，我国绿色农产品认证不断增多，品牌建设不断加强，创造了巨大的经济价值和社会价值，绿色农业是现代农业的重要发展方向。

绿色食品的认证由中国绿色食品发展中心负责全国绿色食品的统一认证和最终认证审批，各省、市、区绿色食品办公室协助认证。绿色食品的认证以检测认证为主。绿色食品提倡减量化使用常规农药、化肥，从认证标准上，绿色食品认证低于有机食品，高于无公害食品认证。绿色农产品是绿色食品的最基础部分，其种植和生产应严格履行国家关于绿色食品的认证标准，开展绿色农产品生产应首先根据国家相关标准进行选区和规划。

（一）绿色无公害农产品产地选区指标

绿色农产品种植区规划依据《绿色食品产地环境质量标准》（NYT 391—2013）进行判定，参考要求灌溉水指标要求、土壤环境指标要求和土壤肥力指标要求，具体环境指标要求见表 7-1 至表 7-4 所示。无公害农产品产地土壤标准值为农用地土壤环境筛选值《土壤环境质量 农用地土壤污染风险管控标准》（GB 15618—2018）。

表 7-1　绿色农产品农田灌溉水质部分指标要求

项目	指标	检测方法
pH	7.5~8.5	GB/T 6920
总汞（mg/L）	≤0.001	HJ 597
总镉（mg/L）	≤0.005	GB/T 7475
总砷（mg/L）	≤0.05	GB/T 7485
总铅（mg/L）	≤0.1	GB/T 7475

续表

项目	指标	检测方法
六价铬（mg/L）	≤0.1	GB/T 7476
氟化物（mg/L）	≤2.0	GBT 7484
化学需氧量（mg/L）	≤60	GB 11914

表 7-2　无公害农产品农田灌溉水质部分指标要求（NY/T 5010—2016）

项目	指标			检测方法
	水田	旱地	菜地	食用菌
pH	5.5~8.5			6.5~8.5
总汞（mg/L）	≤0.001			≤0.001
总镉（mg/L）	≤0.01			≤0.005
总砷（mg/L）	≤0.05	≤0.1	≤0.05	≤0.01
总铅（mg/L）	≤0.2			≤0.01
六价铬（mg/L）	≤0.1			≤0.05

注：水旱轮作、菜粮套种或果粮套种等种植方式的农地，执行最低标准值。

表 7-3　绿色食品产地土壤质量要求

项目	旱田			水田			检测方法
pH	<6.5	6.5~7.5	>7.5	<6.5	6.5~7.5	>7.5	NY/T 1377
镉	≤0.3	≤0.3	≤0.4	≤0.3	≤0.3	≤0.4	GB/T 17141
汞	≤0.25	≤0.3	≤0.35	≤0.3	≤0.4	≤0.4	GB/T 22105.1
砷	≤25	≤20	≤20	≤20	≤20	≤15	GB/T 22105.2
铅	≤50	≤50	≤50	≤50	≤50	≤50	GB/T17141
铬	≤120	≤120	≤120	≤120	≤120	≤120	HJ 491
铜	≤50	≤60	≤60	≤50	≤60	≤60	GB/T 17138

注：果园土壤中铜限量值为旱田中铜限量值的 2 倍；水旱轮作的标准值取严不取宽；底泥按照水田标准执行。

表 7-4　绿色食品产地土壤肥力分级指标（NY/T 391—2013）

项目	级别	旱地	菜地	园地	检测方法
有机质（SOM）（$\times10^{-3}$）	Ⅰ	>15	>30	>20	NY/T 1121.6
	Ⅱ	10~15	20~30	15~20	
	Ⅲ	<10	<20	<15	

续表

项目	级别	旱地	菜地	园地	检测方法
全氮（$\times10^{-3}$）	Ⅰ	>1.0	>1.2	>1.0	NY/T 53
	Ⅱ	0.8～1.0	1.0～1.2	0.8～1.0	
	Ⅲ	<1.0	<1.0	<0.8	
有效磷（$\times10^{-6}$）	Ⅰ	>10	>40	>10	LY/T 1233
	Ⅱ	5～10	20～40	5～10	
	Ⅲ	<5	<20	<5	
速效钾（$\times10^{-6}$）	Ⅰ	>120	>150	>100	LY/T 1236
	Ⅱ	80～120	100～150	50～100	
	Ⅲ	<80	<10	<50	
阳离子交换量（Cmol/kg）	Ⅰ	>20			LY/T 1243
	Ⅱ	15～20			
	Ⅲ	<15			

（二）绿色农产品产地适宜性评价

对绿色和无公害农产品产地要求的灌溉水、土壤环境结果进行叠加，采用一票否决制进行合并，获得绿色和无公害农产品产地土壤适宜性评价结果如图 7-1 所示，统计结果如表 7-5 所示。

表 7-5　绿色和无公害农产品产地适宜性综合评价统计结果

等级	含义	用途	面积（km^2）	全区占比（%）
A	绿色产地	绿色适宜区	721.61	70.06
B	无公害产地	无公害适宜区	12.21	1.19
C	环境超标	有风险，需注意土壤	1.79	0.17

调查区土壤绿色产地面积为 721.61 km^2，占调查区面积的 70.06%，为绿色适宜区，分布面积最广，全区均有分布且连续；无公害产地面积为 12.21 km^2，占调查区面积的 1.19%，为无公害适宜区，分布较少，仅在城市周边有少量分布。

环境超标产地为土壤重金属超筛选值识别区，面积仅为 1.79 km^2，占调查区面积的 0.17%，该区域分布相对分散，土壤存在 As、Cd、Cu、Ni 或者 Pb 超过土壤环境质量筛选值，呈零星分布，主要分布在孙耿街道南部、桑梓店街道东部、荷花路街道东部等，该区域为安全利用风险可控区，需要注意监控存在土壤超标导致农产品超标的可能性。

二、富硒等特色土地资源评价

硒的生物学价值表明，长期坚持适量补硒是增强人体健康，防治疾病、延缓衰老的有效措施。然而，

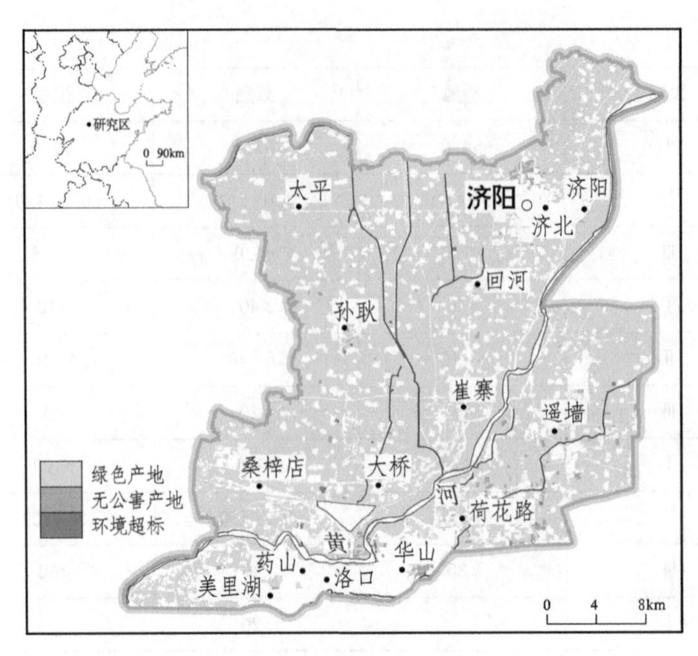

图 7-1 绿色无公害农产品产地适宜性评价

地球表面硒含量较少，缺硒国家和地区达到 40 余个。经权威机构测定，我国有 22 个省份缺硒，72%的人口生活在贫硒地区。大量研究证实，天然富硒农产品与土壤硒的含量有关，人的健康长寿与日常食用的富硒食品有关。随着人们健康意识和收入水平的提高，硒产品的消费群体越来越大，富硒农产品作为安全有效的健康有机保健补品被广大消费者所青睐，因此，富硒土地的规划和农产品的种植结构对于生产天然富硒农产品尤为重要。另外，土壤中锌、锗等有益元素含量高低也是影响农产品中锌、锗含量的因素之一，富锌、富锗土地资源也同富硒土地资源一样，具有极大的绿色生态可利用价值。

依据《天然富硒土地划定与标识》（DZ/T 0380—2021）中的富硒标准值，对农用地进行富硒土壤划分，依据锌和锗元素养分地球化学分级标准，按丰富和较丰富作为富锌和富锗标准锌，锌为 71×10^{-6}，锗为大于等于 1.4×10^{-6}，划分富锌和富锗农用地范围，富硒、富锌和富锗农用地。

特色土地资源资源的合理开发与利用还要兼顾土壤环境质量的特点，重金属等有毒有害物质不得出现超标，灌溉水指标合格等，参照上节绿色、无公害等对特色资源区土壤和灌溉水等进行环境质量评价，将特色资源划分为绿色、无公害和一般区，最终划分结果见图 7-2~图 7-5。

1. 富硒农用地

调查区绿色富硒农用地面积为 71.49 km^2，占调查区面积的 6.94%，主要分布在荷花路街道—遥墙街道一带以及大桥街道北部等。无公害富硒农用地分布面积相对较少，面积为 6.77 km^2，占调查区面积 0.66%，主要分布在华山街道、荷花路街道和遥墙街道局部。

2. 富锌农用地

调查区绿色富锌农用地面积 70.04 km^2，占调查区面积的 6.80%，主要分布在济阳街道西北、太平街道西北、荷花路街道东部以及美里湖街道局部等区域。无公害富锌农用地面积为 7.56 km^2，占调查区面积的 0.73%，主要分布在济阳街道西北局部、华山街道东部以及荷花路街道部分区域等。

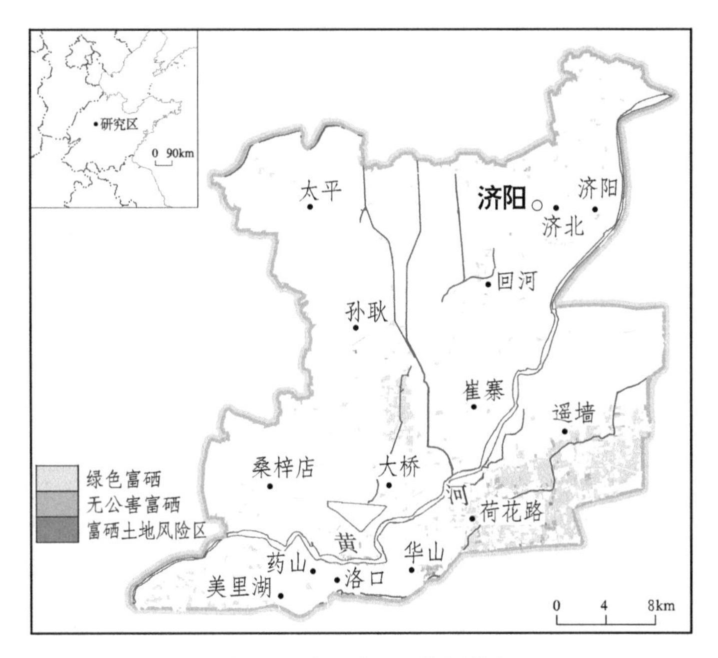

图 7-2　富硒农用地资源分布

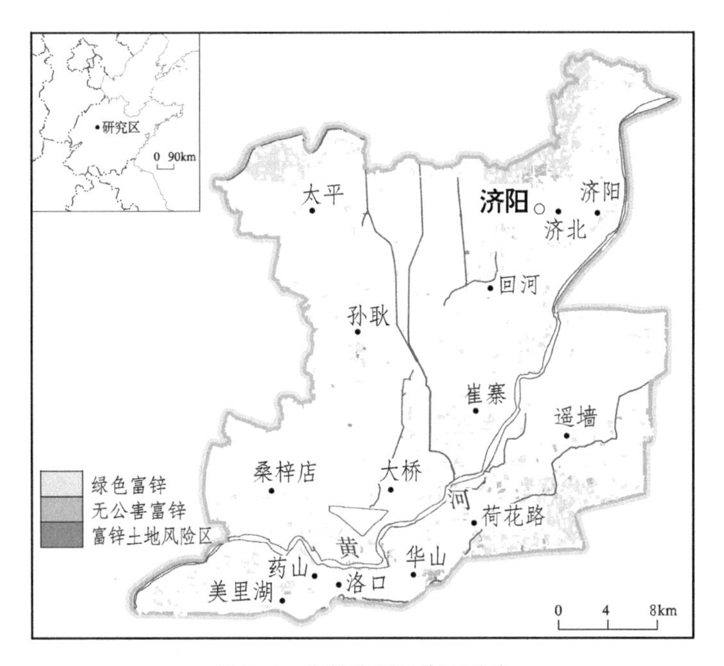

图 7-3　富锌农用地资源分布

3. 富锗农用地

调查区绿色富锗农用地面积 16.25 km^2，占调查区面积的 1.58%，主要分布在大桥街道北部、桑梓店街道北部，其他区域零星分布。无公害富锗农用地面积为 0.50 km^2，占调查区面积的 0.05%，分布极少。

4. 三素共生农用地

调查区农用地中，绿色富锌富硒富锗的农用地面积为 1.29 km^2，占调查区面积的 0.13%，无公害富

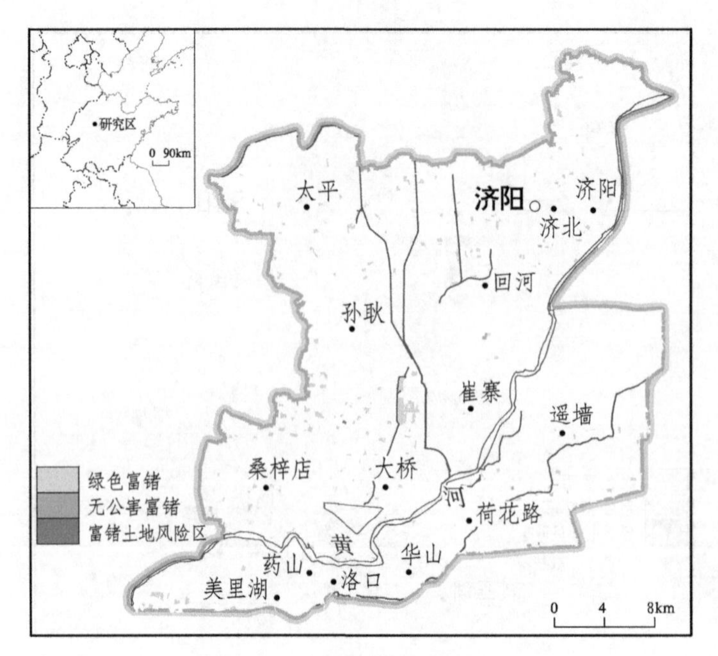

图 7-4 富锗农用地资源分布

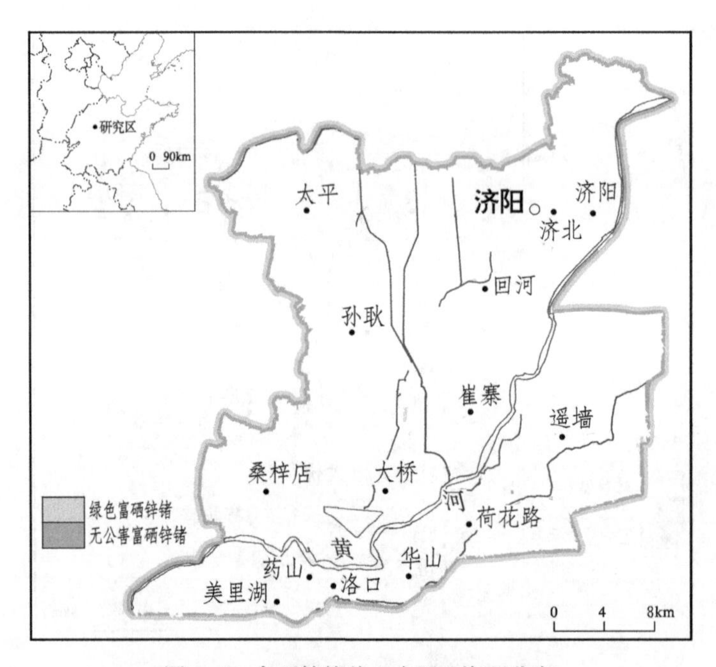

图 7-5 富硒锌锗共生农用地资源分布

锌富硒富锗农用地面积为 0.22 km^2，占调查区面积的 0.02%，这些三素共生的农用地分布在大桥街道北部局部、荷花路街道局部以及美里湖街道局部，其他区域分布极少。

第二节 调查区农业土壤施肥建议

合理施肥是最普遍、最直接、最重要、最快捷的农业增产措施。据联合国粮食及农业组织在 41 个国家用 18 年的试验研究统计，化肥的增产作用占到农作物产量的 60%，最高达到 67%。有研究指出，20 世纪全世界作物产量增加的一半来自化肥，如果不施化肥，全世界农作物将会减产 40%~50%。随着我国人口增长和经济社会发展，人均耕地面积将逐步减少，提高作物单产的压力越来越大，根据地力情况合理施肥，培肥地力，协调土壤、肥料、作物之间的关系，充分发挥土肥、水种资源的最大潜力，才能不断促进农业增产、农民增收。近年来，农业部门逐步推广测土配方施肥，农作物增产幅度一般在 8%~15%，高的达到 20%以上，平均每公顷增产粮食 375~750 kg，花生、油菜籽 225~450 kg，瓜果、蔬菜等作物增产效果更为明显。

决定作物产量的往往是土壤中某些相对含量少的养分，仅仅增加最小养分以外的其他养分不但难以提高产量，而且还会降低施肥的经济效益。最小养分在不同地区有所差异并且可以随条件变化而变化，传统农业手段对这些最小养分的种类及其差异和变化往往难以察觉，不合理地施肥造成经济上浪费的同时也有可能造成土壤元素的失衡甚至污染，作物养分不平衡不仅导致农作物病害发生，而且影响农产品质量安全，我国农产品质量水平整体不高与施肥不当有很大关系，特别是偏施氮肥加重了病害的发生。利用土壤地球化学调查数据资料可以精确发现各地土壤大量元素、中量元素及微量元素的差异，进而根据这些差异调整目前某些不合理的施肥方式或采取新的更有效、更有针对性的手段提升地力。

一、土壤元素有效态水平

地力分级是各类确定施肥手段的首要步骤，土壤中植物必需元素含量特别是植物能够吸收利用的有效态部分含量是判断土地肥力的关键，调查区表层土壤元素有效态调查采集于春季（2021 年 4 月）。

（一）有机质（SOM）与大量元素有效态

调查区土壤氮和磷等元素的有效量与全量之间的相关性散点如图 7-6。各指标有效量与全量之间相关性显著。说明调查区土壤中大量元素的有效量受土壤中全量大小影响明显，另外，通过施用富含有机质（SOM）、氮、磷、钾的肥料能够提升土壤氮、磷、钾有效量的水平。

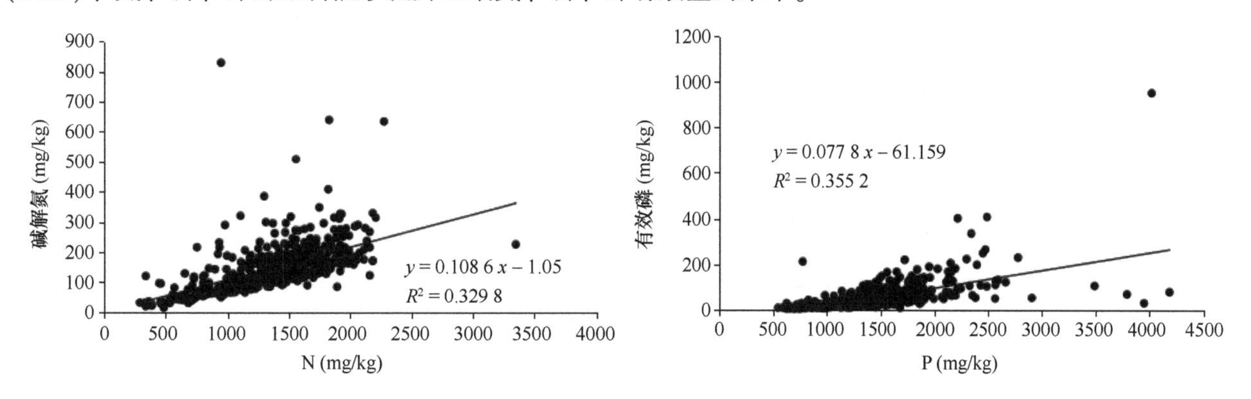

图 7-6　调查区土壤有效态与全量相关性散点图

调查区农用地土壤有机质（SOM）和有效态 N、P、K 的丰缺分级见图 7-7~图 7-10。农用地分布区有机质（SOM）总体以适中和稍缺乏为主，局部为缺乏，碱解氮和有效磷适中和稍缺乏占一定比例，个别局部缺乏，速效钾总体丰富，将各指标缺乏区进行叠加，绘制出调查区农用地大量养分元素施肥建议图如图 7-11 所示。

调查区大量养分指标 N、P、K 有效态和有机质（SOM）均不缺乏的区域主要分布在调查区黄河以北

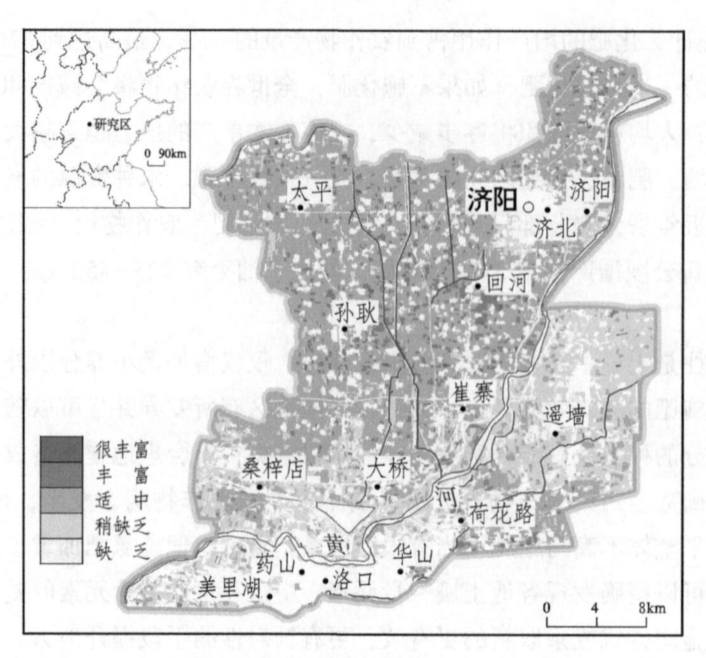

图 7-7 农用地土壤有机质（SOM）丰缺评价

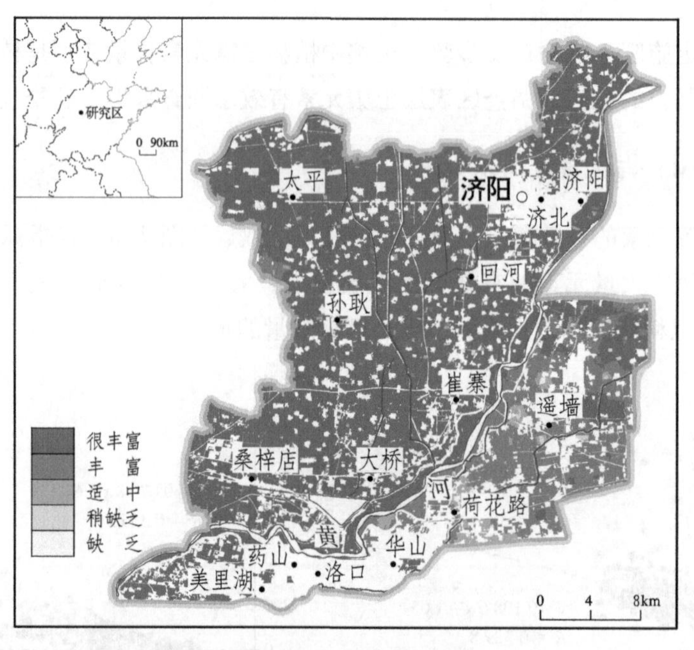

图 7-8 农用地土壤速效钾丰缺评价

的大部区域、黄河以南荷花路街道东部、美里湖街道—华山街道一带也有少量分布，这些区域大量养分指标均在适中级以上，P 多为丰富级以上。

缺乏 N 的有效态的区域分布在调查区西南美里湖街道—药山街道—桑梓店街道一带、遥墙街道北部等区域，需要主要注意氮肥的使用。缺有机质（SOM）的区域主要分布在调查区南部黄河沿岸以及东部遥墙街道大部区域，这些区域需要注意有机肥的施用。缺乏有机质（SOM）和有效 N 的区域主要分布在美里湖街道、药山街道、华山街道、遥墙街道北部、桑梓店街道西部等，需要注意有机质（SOM）和氮肥的施用。

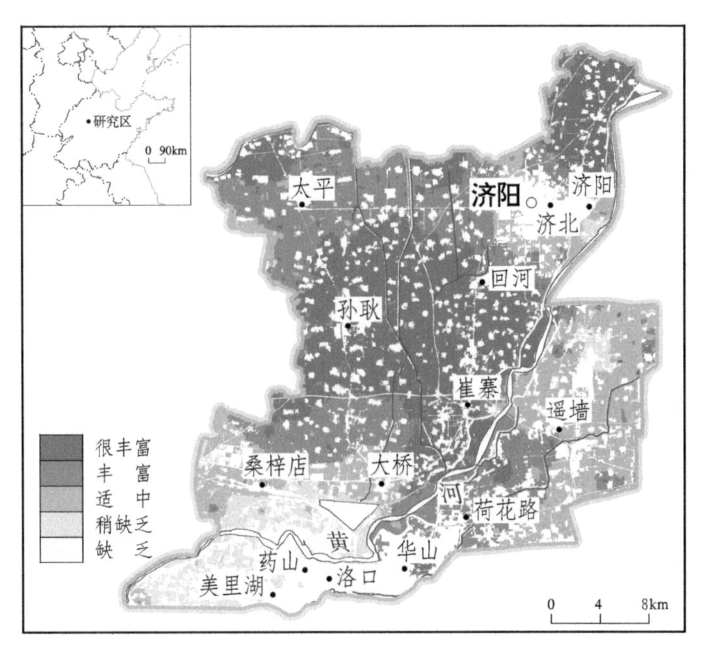

图 7-9　农用地土壤碱解氮丰缺评价

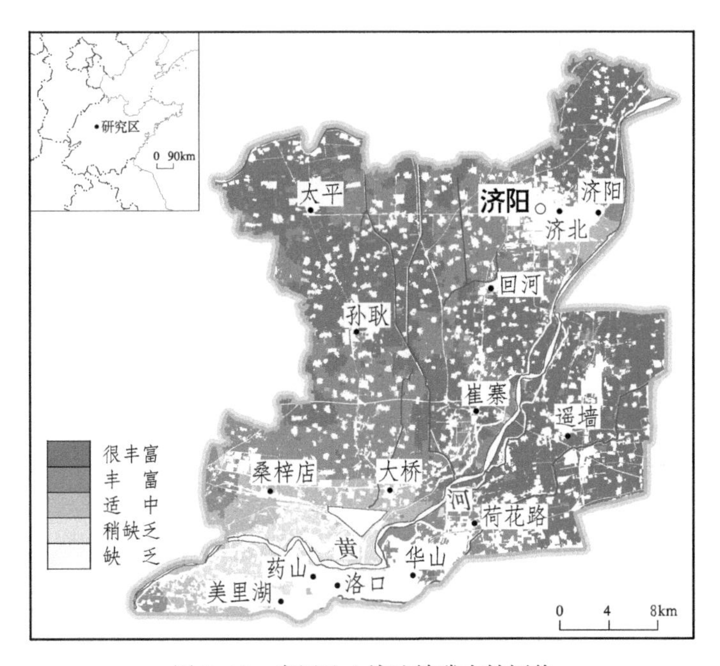

图 7-10　农用地土壤速效磷丰缺评价

(二）微量元素有效态

调查区农用地表层土壤主要缺乏微量元素指标硼和钼丰缺分级见图 7-12 和图 7-13，对主要缺乏的指标进行叠加，获得调查区微量元素施肥建议图如图 7-14 所示，调查区硼和钼均有一定程度的缺乏，钼肥是目前我国农业生产中应用最广的和收效最大的微量元素，钼肥有显著的增产效果。局部缺硼区域，并施硼肥，硼能增加作物的结实率和果树的坐果率，能促进细胞的伸长和分裂，有利于作物根系的生长和伸长；可增强作物抗旱、抗病害的能力。

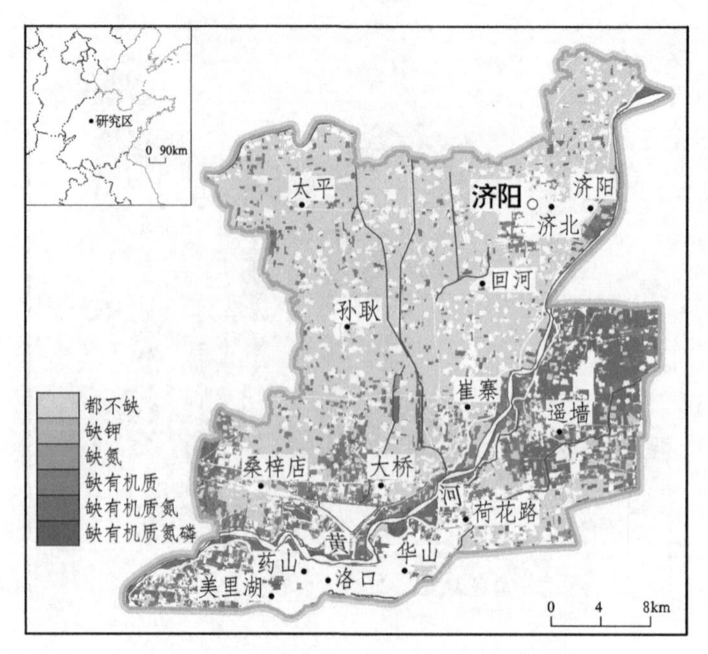

图 7-11　农用地土壤大量养分指标施肥建议

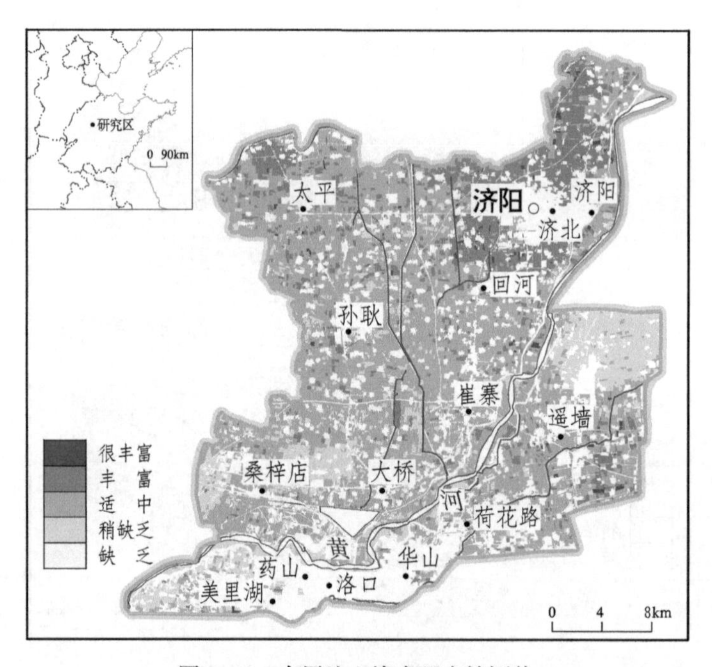

图 7-12　农用地土壤全硼丰缺评价

二、肥料施用建议

施肥的养分平衡是相对的，而土壤养分的不平衡则是绝对的，因此，在施肥过程中，一定要密切注意土壤养分含量的变化，及时调整施肥方案，力求所施养分的比例趋于平衡。要重视微肥的施用，虽然作物对微量元素需要量很少，但各种必须营养元素之间却是同等重要和不可替代的。随着作物产量的进一步提高，大量元素肥料投入量的增加和有机肥用量的减少，某些微量元素可能成为植物新的限制因素，因此，施用微量元素也是作物增产必要的技术措施。

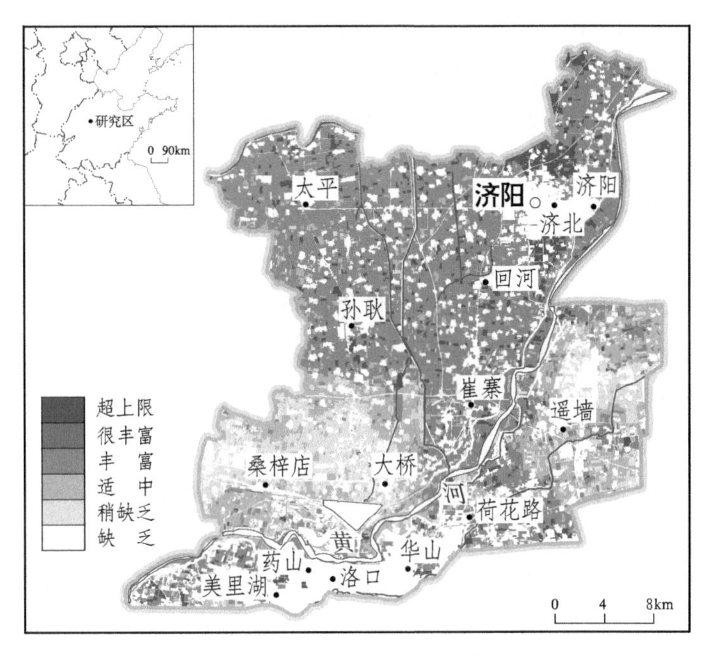

图 7-13　农用地土壤全钼丰缺评价

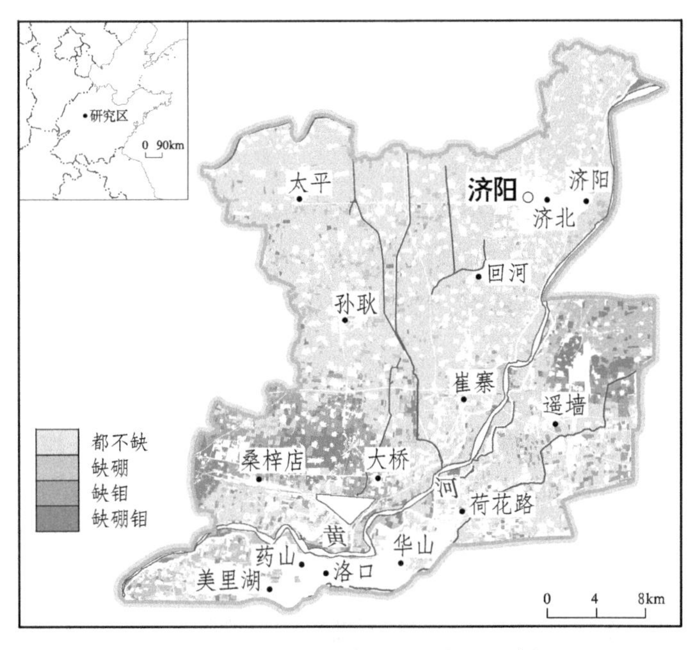

图 7-14　农用地土壤微量元素施肥建议

1. 调查区合理施肥建议

(1) 单一缺乏和复合缺乏大量元素的区域，需要根据地力水平及时调整氮、磷、钾之间的比例，并或配施有机肥料。

作物对各种养分的需求有一定的比例。随着氮肥用量的增加，作物对磷、钾及微量营养元素的需求量也随之提高。因此，化学氮肥必须配合磷、钾肥等施用。缺磷的土壤也往往缺氮，尤其在高产条件下，氮、磷配合施用可以充分发挥氮与磷的交互作用，同时也分别提高磷肥和氮肥的利用率。一般来说，谷类作物与叶菜类作物需氮较多，N∶P 比约以 1∶0.5 为宜，而对豆科作物及其他需磷较多的作物，应提高磷肥用量。此外应重视施用有机肥，长期施用有机肥能明显提高土壤磷的有效性。钾肥则应先分配在严重缺钾的土壤及对钾要求多且吸收能力又弱的作物上，其次在轮作中也应合理分配，如小麦—玉米—小麦三熟制中，每茬都应适当施用钾肥。

（2）单纯缺一种或两种微量元素的区域，在不改变现有大量元素施肥比例的条件下，增施微肥，如硼肥和钼肥。

由于调查区土壤普遍缺硼，而对硼的需求量，作物种和品种之间有相当明显的差异。大多数双子叶植物对硼的需求量大于单子叶；十字花科与伞形科对硼需求量高，抗高硼能力亦强；根用植物需硼亦较多。对硼肥敏感的作物，施用硼肥后可消除不实植株，结实正常，并能增产。因此，生产中应重视硼肥的补充，尤其是对硼敏感或对硼需要量大的作物。

土壤同时缺钼和硼元素时，在轮作其他作物时，应注意补充钼肥和硼肥；若种植大豆、花生、豆科绿肥等作物时，施钼肥有一定效果。

（3）既缺大量元素又缺微量元素的区域，在调整后的氮、磷、钾施用比例的基础上，重视配合微肥如硼肥、钼肥的施用。

必须指出，微量营养元素对作物生长发育是必不可少的，但作物对其需要量远不及大量营养元素多。微肥施用不当，如一次施用过量或盲目长期连续施用，就可能产生毒害，使作物中毒，导致生长发育不良，严重时会造成死亡。

2. 施肥技术及注意事项

（1）氮、磷、钾肥

氮肥需坚持深施覆土的原则，才能减少挥发，同时为防止可能出现的肥效迟缓，施用时间可提前几天，中、后期追肥时则应酌情减少用量。磷肥提倡集中条施或分层施用可以减少化学固定，提高肥效。与有机肥料混合施用也是提高肥效的重要措施。钾肥一般作基肥，如作追肥应适当早施。应尽量在氮、磷基础上施用钾肥。

（2）硼肥

我国应用最广的硼肥为硼砂，主要施用方法为土壤施用和叶面喷施。土壤施用时对需硼量较多的作物，建议每公顷 2~4 kg 硼砂，对其他作物，砂性土壤上酌情减少用量。叶面喷施用于一年生作物生育期间或多年生作物与果树，喷用浓度一般为 0.1%~0.2%的硼砂和硼酸溶液，作物苗期可酌情降低。注意利用硼肥后效，故轮作中硼肥用于需硼多的作物，而需硼少的作物可利用后效；防止高硼毒害，需均匀条施或撒施。一般认为，硼肥施在作物早期生长阶段和开花结实阶段的增产效果为好。

（3）钼肥

我国常用的钼肥主要有钼酸铵和钼酸钠。钼肥用量少，宜采用叶面喷施与种子处理，喷施钼酸铵或钼酸钠溶液浓度为 0.05%~0.1%，每亩用肥量约为 27 g，在苗期和开花前喷 2~3 次。浸种浓度与喷施相同，种液比为 1∶1，浸种 12 h 左右，拌种用量每千克种子 2~3 g。若土施钼肥，应注意后效，可不必每年连用。但喷施饲用或饲料作物时，应注意检测植株钼含量，防止家畜中毒。

施钼肥的效果主要表现在豆科植物和十字花科植物上。豆科植物对钼肥有特殊的需要。而十字花科植物对钼非常敏感，有特殊的缺钼症状。因此，在种植此类作物时应注意补充钼肥。

第三节　土地规划建议分析

一、基本农田安全性评价

根据第五章第一节土壤元素地球化学等级划分方法，对现有基本农田的养分和环境元素进行地球化学评价等级划分，评价等级统计情况如表7-6所示，将获得结果进行综合得出调查区基本农田土壤地球化学综合等级如图7-15所示。

表7-6　基本农田区土壤质量地球化学综合等级

等级	含义	色块	基本农田面积（km^2）	占比（%）
1等	优质		398.44	82.81
2等	良好		65.03	13.52
3等	中等		17.59	3.66
4等	差等		0.04	0.01
5等	劣等		0.00	0.00
合计			481.10	100

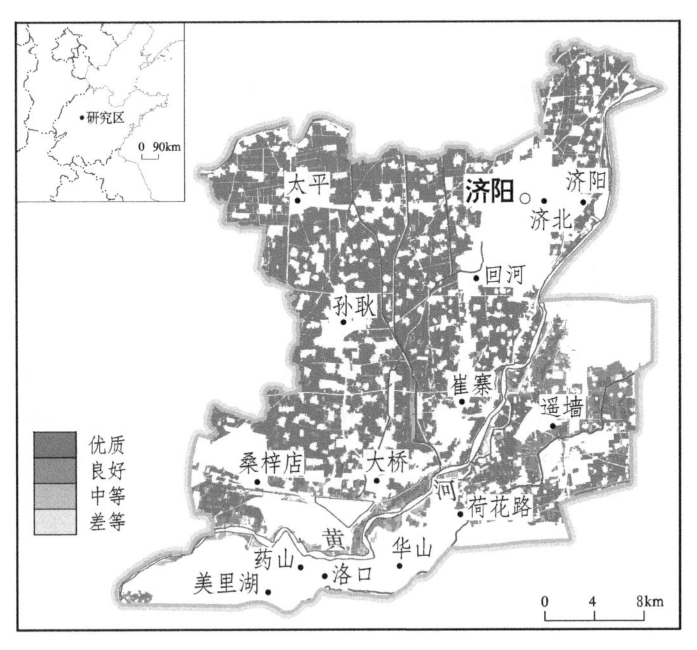

图7-15　调查区基本农田安全性评价

调查区基本农田总面积为481.10 km^2，评价结果表明，调查区基本农田土壤质量总体较好，等级评价为1等，2等，3等，4等，未出现5等。基本农田为优质区的等级占主导，面积为398.44 km^2，占调查区基本农田面积的 82.81%。基本农田良好区面积为 65.03 km^2，占调查区基本农田面积的 13.52%。基本农田中等区面积为 17.59 km^2，占基本农田面积的 3.66%，主要分布于黄河沿岸、大桥街道东北以及遥墙街道部分区域等。基本农田差等区面积仅 0.04 km^2，占调查区基本农田面积的 0.01%，仅 1 处，位于遥墙街道西王村。

二、基本农田规划建议

对调查区非基本农田表层土壤进行土壤质量地球化学综合评价，另外，结合第七章第一节特色土地资源选区和绿色富硒选区建议结果进行筛选，选区建议如图 7-16 所示。

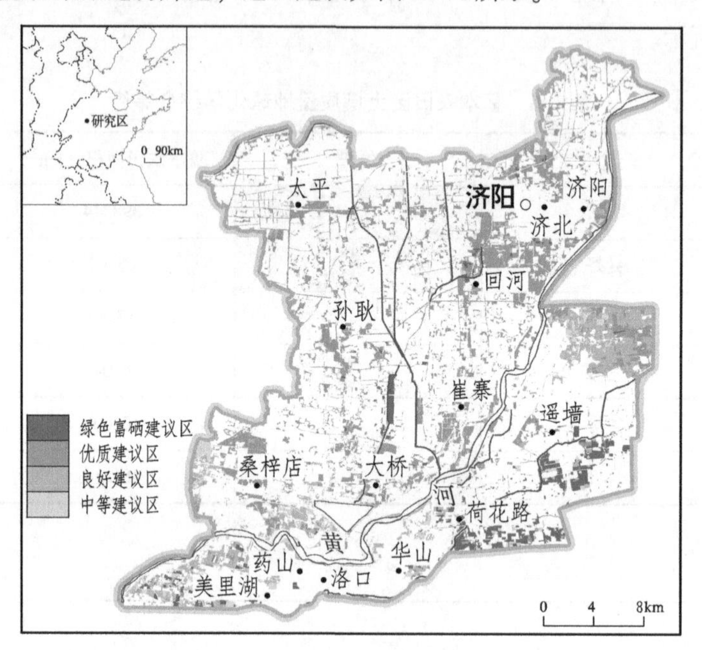

图 7-16　调查区基本农田规划建议

综合土壤养分、土壤环境、灌溉水、绿色食品产地要求和富硒等级等评价结果，图 7-16 中蓝色区域符合绿色产地要求，土壤达到富硒标准，为绿色富硒耕地，可优先作为特色优质建议区作为基本农田储备地块，此类地块主要分布在荷花路街道—遥墙街道一带、大桥街道北部以及美里湖街道部分地区等。

对于其他剩余土壤质量地球化学综合评价为优质、良好和中等的土地，可以根据考虑划为基本农田区或者基本农田划定储备区，当其他区域基本农田与城市发展规划相冲突而需要调整时，可以作为基本农田补充区域进行增补，保证区内基本农田耕地面积和质量两个不减少，城市发展与山水林田湖有机融合。

第八章 结论与建议

第一节 结论

通过山东省济南市新旧动能转换先行区1：50 000土地质量地球化学调查与评价项目的实施，对调查区土壤、灌溉水、城市地表水、大气干湿沉降物、农作物、大气悬浮颗粒物等多种介质进行了检测分析，获得了大量高精度分析数据，在此基础上对调查区的基础地球化学特征进行了探析，对介质的环境质量、土壤的养分特征进行了评价，以及其他一些评价与研究手段，对调查区进行了全方位立体多角度的研究，取得了一系列基础性、综合研究性和应用性成果与结论，达到了项目预定目标。

一、基础性成果与结论

（1）获取了调查区多种介质地球化学分析数据。通过对调查区表层土壤、灌溉水、城市地表水、大气干湿沉降物、农作物、大气颗粒物、端元尘等多种介质多元素地球化学调查，获得了10万余条地球化学分析测试数据，编制了济南新旧动能转换先行区72张基础图件和应用图件，该成果具有多部门、多学科和多领域的长远应用价值。

（2）统计了调查区表层土壤地球化学参数。依据土壤地球化学背景值概念及确定的基本原则，按照调查区全区、地质背景、土壤类型、土地利用类型、行政区划等进行了表层土壤29项元素或指标的地球化学参数统计，研究了区域土壤地球化学背景特征。调查区绝大部分指标总体分布均匀，Hg、Cd、Cr、Cl、S、Pb、Zn、I、Se、Cu、SOM、Mo、P和N含量变化相对较大；工作区元素背景值与山东省黄河下游流域背景值基本一致，有23项指标的地球化学背景值高于全省背景值，Co、Pb、V、Al_2O_3、K_2O和SiO_2略低于山东省背景值；调查区主要地质单元、主要土壤类型单元各元素指标地球化学背景值未表现出明显差异，总体大致相当。

（3）查明了调查区土壤环境质量现状。根据《土壤环境质量 农用地土壤污染风险管控标准（试行）》（GB 15618—2018）和《土壤环境质量 建设用地土壤污染风险管控标准（试行）》（GB 36600—2018）进行了土壤环境地球化学分等，结果表明，调查区土壤环境质量总体较好，安全区面积为1026.63 km^2，占调查区面积的99.67%；风险区面积为3.37 km^2，占调查区面积的0.33%，影响指标为As、Cd、Cu、Ni和Pb。风险区土壤在全区分布较分散，华山街道（Cu、Ni）、荷花路街道（As、Cd、Cu）、美里湖街道（As、Cd）、洛口街道（As、Pb）、大桥街道（Cd）、遥墙街道（Cd）、孙耿街道（Cd）均有少量分布，其中As和Cu超过筛选值主要受物流园区、铁路等因素影响，Cd、Ni和Pb超过筛选值主要受化工企业、建筑施工等企业活动影响，Cd同时还受农业生产活动影响。全区未出现指标超过管制值土壤，无高风险地区。

（4）查明了调查区土壤养分现状。根据相关规范进行了土壤养分地球化学分等，结果表明，调查区全区表层土壤养分指标氮磷钾综合评定结果为适中级以上的面积为975.5 km^2，占94.71%，其中以较丰富级为主，面积为714.21 km^2，占全区面积的69.35%；稍缺乏和缺乏区域面积仅为54.51 km^2，占调查区面积的5.29%。

（5）查明了调查区灌溉水环境质量现状。通过系统采集调查区农用地灌溉水、城市地表水，进行了水环境质量评价。依据灌溉水环境质量标准，崔寨街道、回河街道、济阳街道出现5件样品B或氯化物超标，识别农用地面积为47.69 km^2，存在污水灌溉的风险，其余评价单元内各指标均未超过相应标准限值，不会对作物产生危害。依据地表水环境质量标准，调查区主要河流上下游水体除N外均满足III类水质标准要求，所有样品N元素含量均超过标准限值，表明调查区水体存在明显富营养化。

（6）查明了调查区大气干湿沉降物年沉降通量密度的分布特征和环境质量现状。黄河南岸城区附近存在较普遍的元素沉降通量高值区，重金属元素Zn、Cd、Pb、Hg、Cu以及Mo、I、Cl、Se、F等元素沉降通量普遍偏高，总体上均以洛口为中心向周边辐射；工作区中部的桑梓店—大桥—崔寨一带可见明显的P、N通量高值区，范围较大；孙耿—太平一带存在较明显的多元素高值区分布，面积较局限。这些指标在区域大气干湿沉降上的富集，可能与周边的工矿企业活动排放有关，N和P在城市主城区为低值区，在乡镇周边为高值区，可能反应的是与木材、秸秆、生活垃圾等燃烧相关的生活源排放有关。参比规范制定标准限值，调查区大气干湿沉降中Cd和Hg未出现超标，不会对土壤中Cd和Hg产生明显影响。

（7）查明了调查区土地质量地球化学现状，建立了调查区以地块为单位的土地质量地球化学综合等级信息库，成果在土地资源管理、现代农业发展和生态环境保护中应用前景广泛。调查结果表明，调查区全区土地质量总体较好，土壤优质、灌溉水合格且大气干湿沉降通量密度合格的区域面积为663.27 km^2，占调查区面积的64.40%；土壤良好、灌溉水合格且大气干湿沉降通量密度合格的区域面积为244.89 km^2，占调查区面积的23.78%；土壤中等、灌溉水和大气干湿沉降通量密度合格的区域面积为54.33 km^2，占调查区面积的5.27%；土壤差等、灌溉水和大气干湿沉降通量密度合格的区域面积仅为0.65 km^2，占调查区面积的0.06%；土壤优质，大气干湿沉降通量密度合格，但灌溉水超标的区域面积为58.80 km^2，占调查区面积的5.71%；土壤良好、大气干湿沉降通量密度合格、但灌溉水超标的区域和土壤中等、大气干湿沉降通量密度合格、但灌溉水超标的区域面积合计为8.06 km^2，合计占调查区面积的0.78%。

二、综合研究性成果与结论

（1）通过研究认为，增加土壤有机质（SOM）、增加土壤阳离子交换量CEC或降低土壤pH有利于土壤养分元素的保存，提升土壤养分含量，同时也会提升土壤营养元素的有效度和有效量；土壤碱化能促进籽实对营养元素的吸收，土壤酸化会促进籽实对重金属元素的吸收，土壤有机质（SOM）的增加，会降低土壤中元素向籽实的迁移转化效率，研究结果为改善农用地土壤养分现状，提升农产品品质提供了科学方法。

（2）研究了重金属和营养元素在小麦植株不同部位的含量分布特征。不同重金属在小麦植株中的富集特点为：Zn元素籽实>根>茎叶；Cu元素根部≈籽实>茎叶；As、Cd、Cr、Hg、Pb和Ni根>茎叶>籽实。不同重金属在籽实中的富集特点为：Zn（56.38%）>Cu（17.47%）>Cd（9.93%）>Hg（6.25%）>Pb（2.48%）>As（1.91%）>Ni（0.96%）>Cr（0.33%）。Zn、Cu元素在籽实中较富集，可以作为人体补充锌和铜的膳食农产品；Cd和Hg在籽实中存在一定程度富集，需关注；Pb、As、Ni和Cr在籽实富集较弱对降低农产品重金属污染而言起到积极作用；另外，根、茎叶中富集的大量重金属有可能成为土壤的二次污染源。N、P和K在小麦植株中的富集特点为：N和P籽实>根>茎；K茎叶>根>籽实。N、P和K在籽实中的富集特点为：P（79.25%）>N（62.75%）>K（10.97%）。微量营养元素在小麦植株中的富集特点为：B、F、Ge、I、和Se根>茎叶>籽实，Mn根>籽实>茎叶，Mo茎叶>根>籽实。微量营养元素在籽实中的富集特点为Mo（27.16%）> Mn（20.09%）> Se（14.11%）> B（13.99%）> Ge（5.72%）> I（2.26%）> F（0.25%），小麦籽实中Se富集较强有益于富硒农产品的种植结构调整。

（3）对农产品安全性和富硒情况进行了评价。依据食品卫生标准，对调查区小麦、玉米、蔬菜、水稻进行了评价，结果表明，小麦、玉米和蔬菜中重金属和有机氯农药均未超标，且均符合绿色食品标准，绿色食品合格率100%；水稻食品安全率100%，绿色食品合格率31.11%。农产品富硒评价表明，玉米、小麦、蔬菜和水稻样品富硒率分别为6%、5%、10%和51.11%。

（4）查明了调查区污染源的标识元素组合，可用于调查区不同介质中污染来源的物源解析。通过研究城市不同污染源端元尘中的元素含量特征，并进行多元统计分析，获取了可用于调查区指示污染源的标识元素组合，Hg、Cd、Cl、Pb、I等元素组合指示交通源，Se、S、Zn、Cd、Cl、Pb、F等元素组合指示燃煤源，Se、S、Cr、Mn、Ni、Co、TFe_2O_3、Zn、Mo、CaO、F、I、As等元素组合指示冶炼源，Hg、Cr等元素组合指示机械工业源。

（5）对冬季和夏季大气悬浮颗粒物进行了监测，结果表明大气颗粒物超标情况冬季大于夏季，污染情况PM2.5>PM10>TSP，不同类型采样点大气颗粒物浓度特征由高到低排列为，热电厂、交通区和郊区、公园学校和居民区。大气颗粒物元素含量和分布研究表明，调查区Cd、Hg、As均未超过环境空气污染物参考浓度限值；重金属等有毒害物质主要富集在细颗粒物PM2.5中，危害较大。

（6）对调查区土壤安全性进行了预测和预警，通过与2003年数据进行对比，从时间尺度上研究了调查土壤各元素的变化规律，并以此为基础预测了未来17年土壤元素的变化情况，到2037年，土壤中Cd和Zn元素环境质量恶化明显，主要集中在调查区南部洛口街道—荷花路街道等，区域内要注意重金属超标风险；2003—2020年调查区土壤营养元素增速最显著的指标为I元素，增加区分布在太平—孙耿—大桥—回河—济阳，遥墙东北部等区域，目前以适量级为主，预测到2037年，调查区北部将出现大面积丰富级区域，未出现过剩情况；F元素和Se元素也表现为增加趋势，F元素含量增加区主要分布在太平—孙耿，遥墙东北等区域，Se元素含量增加区域主要分布在桑梓店—大桥—崔寨—遥墙—回河—济阳—孙耿等，范围较广，预测到2037年F过剩面积会有所扩大，全区大面积出现富硒级土地，未见过剩区，调查区内要注意F的过剩风险。

三、应用性成果与结论

（1）编制了绿色无公害农产品选区建议图，提出了绿色农产品和无公害农产品种植建议。依据绿色和无公害农产品产地标准中对土壤环境、土壤肥力和灌溉水环境的要求，对调查区土壤进行了绿色无公害农产品产地适宜性评价，调查区绿色产地面积为721.61 km^2，占调查区面积的70.06%；无公害产地面积为12.21 km^2，占调查区面积的1.19%。

（2）圈定了绿色富硒、无公害富硒农用地共计78.43 km^2。其中绿色富硒农用地面积为71.49 km^2，占调查区面积的6.94%，主要分布在荷花路街道—遥墙街道一带以及大桥街道北部等；无公害富硒农用地分布面积相对较少，面积为6.77 km^2，占调查区面积的0.66%，主要分布在华山街道、荷花路街道和遥墙街道局部。圈定了绿色富锌农用地面积为70.04 km^2，绿色富锗农用地面积为16.25 km^2；另外，绿色富锌富硒富锗的农用地面积为1.29 km^2，主要分布在大桥街道北部局部、荷花路街道局部以及美里湖街道局部等。

(3) 编制了土壤施肥建议图，提出了农用地施肥建议。大量营养元素中，缺乏 N 的有效态的区域分布在调查区西南美里湖街道—药山街道—桑梓店街道一带、遥墙街道北部等区域等，需要主要注意氮肥的使用。缺有机质（SOM）的区域主要分布在调查区南部黄河沿岸以及东部遥墙街道大部区域，这些区域需要注意有机肥的施用。缺乏有机质（SOM）和有效 N 的区域主要分布在美里湖街道、药山街道、华山街道、遥墙街道北部、桑梓店街道西部等，需要注意有机质（SOM）和氮肥的施用。在微量营养元素中，调查区农用地土壤以缺乏 B 和 Mo 为主，应注意相应肥料的使用。

(4) 对调查区基本农田安全性进行了评价，并提出了基本农田规划建议。调查区基本农田土壤质量总体较好，等级评价为 1 等，2 等，3 等，4 等，未出现 5 等。基本农田为优质区的等级占主导，面积为 398.44 km^2，占调查区基本农田面积 82.81%。基本农田良好区面积为 65.03 km^2，占调查区基本农田面积的 13.52%。基本农田中等区面积为 17.59 km^2，占基本农田面积的 3.66%，主要分布于黄河沿岸、大桥街道东北以及遥墙街道部分区域等。基本农田差等区面积仅 0.04 km^2，占基本农田面积的 0.01%，仅一处，位于遥墙街道西王村。对调查区未被划定为基本农田的区域进行了安全性评价，结合绿色食品选区、特色土地资源的分布，编制了优质基本农田储备地块建议区。

第二节　存在的问题与建议

(1) 本次调查区局部区域存在 As、Cd、Cu、Ni 和 Pb 等元素超过土壤环境标准筛选值，区内应相应定期开展土壤和农产品协同监测，以防土壤重金属超标造成农产品超标；局部区域存在灌溉水 B 和氯化物超标的情况，这点需要进一步加密调查核实，以免存在污水灌溉的风险。

(2) 本次调查区城市土壤中局部地段 Cu、F、Cd 等元素超标较为集中，区内应及时开展土壤污染修复工作，洛口街道部分区域目前正在进行土壤污染修复工作，原化工厂已搬迁至天桥区桑梓店街道，其潜在污染源并未消除，只是发生转移，建议对厂区新址周边土壤等介质布设监测点，定期进行土壤样品检测，有效掌握土壤污染变化新动态，避免土壤再次被污染。

(3) 调查区工矿企业活动造成天然煤中富含的硒、锗等元素不断向企业周边的土壤中迁移转化，致使土壤硒、锗含量达到富硒、富锗水平；土壤硒含量变化趋势也显示，区内表层土壤硒呈增加的趋势；土壤评价结果也显示，部分区域符合绿色无公害富硒相关标准要求，因此，可以作为绿色富硒资源加以合理利用。同时，调查区内黄河大米种植相对集中，本次调查结果表明区内水稻富硒比例较高，应结合调查成果，引导地方开发富硒稻米产业。目前济南市新旧动能转换先行区规划方案早已完成，全区建设正快速推进，建议避开城市规划区域一定范围划定永久基本农田保护区，作为济南市的特色富硒土地资源加以保护。在特色土地资源合理利用的同时，有必要对灌溉水和土壤中有害物质的变化趋势进行定期监测。

(4) 本次调查按照土地利用图斑进行采样，获取了海量地球化学高精度数据，数据结果应同土地利用图斑一并加以合理开发利用，促进调查结果的推广与应用。

参考文献

蔡立梅,马瑾,周永章,等,2008. 东莞市农业土壤重金属的空间分布特征及来源解析[J]. 环境科学,29(12):3496-3502.

陈怀满,等,2002. 土壤中化学物质的行为与环境质量[M]. 北京:科学出版社.

陈俊坚,张会化,刘鉴明,等,2011. 广东省区域地质背景下土壤表层重金属元素空间分布特征及其影响因子分析[J]. 生态环境学报, 20(4): 646-651.

成杭新,严光生,沈夏初,等,1999. 化学定时炸弹:中国陆地环境面临的新问题[J]. 长春科技大学学报,29(1):68-73.

成航新,杨忠芳,赵传东,等,2004. 区域生态地球化学预警:问题与讨论[J]. 地学前缘,11(2): 607-615.

代杰瑞,崔元俊,庞绪贵,等,2011. 山东省东部地区农业生态地球化学调查与评价[J]. 山东国土资源,27(5):1-7.

代杰瑞,庞绪贵,刘华峰,等,2012. 山东省东部地区农业生态地球化学调查及其生态问题浅析[J]. 岩矿测试, 31(1):188-196.

代杰瑞,庞绪贵,王红晋,等,2010. 山东省济阳县土壤重金属元素异常成因研究[J]. 岩矿测试,29(4):406-410.

代杰瑞,庞绪贵,王红晋,等,2010. 山东省平阴县土壤中重金属元素异常成因[J]. 物探与化探,34(5):659-663.

代杰瑞,庞绪贵,喻超,等,2011. 山东省东部地区土壤地球化学基准值与背景值及元素富集特征研究[J]. 地球化学,6:577-587.

代杰瑞,庞绪贵,喻超,等,2011. 山东省东部地区土壤地球化学特征及污染评价[J]. 中国地质,38(5):1387-1395.

代杰瑞,张杰,喻超,等,2012. 山东烟台市土壤中有机氯农药的残留及来源研究[J]. 地球与环境,40(1):50-56.

代杰瑞,赵西强,喻超,等,2011. 青岛市生态地球化学预测与预警研究[J]. 地球学报, 32(4):477-455.

代杰瑞,祝德成,庞绪贵,等,2015. 济南市土壤元素地球化学特征及环境质量[J]. 中国地质, 42(1):308-316.

杜平,2007. 铅锌冶炼厂周边土壤中重金属污染的空间分布及其形态研究[D]. 北京:中国环境科学研究院.

范雪波, 刘卫, 王广华, 等,2011. 杭州市大气颗粒物浓度及组分的粒径分布[J]. 中国环境科学,31(1):13-18.

冯银厂,吴建会,朱坦,等,2004. 济南市环境空气中 TSP 和 PM10 来源解析研究[J]. 环境科学研究,17(2): 1-5.

关连珠,2001. 土壤肥料学[M]. 北京:中国农业出版社.

韩吟文,马振东,2003. 地球化学[M]. 北京:地质出版社.

黄顺生,华明,金洋,等,2008. 南京市大气降尘重金属含量特征及来源研究[J]. 地学前缘,15(5):161-166.

李恋卿,潘根兴,张平究,等,2002. 太湖地区水稻土表层土壤 10 年尺度重金属元素积累速率的估计[J]. 环境科学,23(3): 119-123.

李瑞平,姜咏栋,李光德,等,2012. 基于 GIS 的农田土壤重金属空间分布研究——以山东省泰安市为例[J]. 山东农业大学学报(自然科学版),43(2):232-238.

李山泉,杨金玲,阮心玲,等,2014. 南京市大气沉降中重金属特征及对土壤环境的影响[J]. 中国环境科学,34(1):22-29.

李晓燕,2013. 季节变化对贵阳市不同功能区地表灰尘重金属的影响[J]. 环境科学,34(6):2407-2415.

林年丰,1999. 医学环境地球化学[M]. 长春: 吉林科学技术出版社.

蔺昕,李晓军,胡涛,等,2008. 北方典型城市降尘时空分布特征及影响因素分析[J]. 生态环境, 17(1): 143-146.

牟保磊,1999. 元素地球化学[M]. 北京:北京大学出版社.

南京大学地质系,1979. 地球化学[M]. 北京:科学出版社.

倪刘建,张甘霖,阮心霖,等,2007. 南京市不同功能区大气降尘的沉降通量及污染特征[J]. 中国环境科学,27(1): 2-6.

庞绪贵,陈长峰,李秀章,等,2005. 鲁北小清河流域土壤中元素分布特征及环境质量评价[J]. 地质通报,24(2):160-164.

庞绪贵,等,2009. 鲁西南地区土壤中有机氯农药的残留及其分布特征[J],地质通报, 28 (5) : 667-670.

庞绪贵,姜相洪,季顺乐,等,2003. 鲁西北覆盖区生态地球化学调查方法与技术探讨[J]. 山东地质,19(2):21-25.

庞绪贵,姜相洪,李建华,等,2004. 济南-济阳地区土壤地球化学特征[J]. 物探与化探,28(3):252-256.

庞绪贵,王晓梅,代杰瑞,等,2014. 济南市大气降尘地球化学特征及污染端元研究 [J]. 中国地质,41(1):285-293.

庞绪贵,张帆,王红晋,等,2009. 鲁西南地区土壤中有机氯农药的残留及其分布特征[J]. 地质通报,28(5):667-670.

钱易,唐孝炎,2000. 环境保护与可持续发展[M]. 北京:高等教育出版社.

戎秋涛,翁焕新,1990. 环境地球化学[M]. 北京:地质出版社.

孙颖,潘月鹏,李杏茹,等,2011. 京津冀典型城市大气颗粒物化学成分同步观测研究[J]. 环境科学,32(9): 2732-2740.

谭见安,1989. 中华人民共和国地方病与环境图集[M]. 北京:科学出版社.

王学松,秦勇,2007. 利用对数正态分布图解析徐州城市土壤中重金属元素来源和确定地球化学背景值[J]. 地球化学, 36(1): 98-102.

王亚平,裴韬,成杭新,等,2003. B城近郊土壤柱状剖面中重金属元素分布特征研究[J]. 矿物岩石地球化学通报,22(2): 144-148.

王云,魏复盛,等,1995. 土壤环境元素化学[M]. 北京:中国环境科学出版社.

奚小环,2004. 生态地球化学与生态地球化学评价[J]. 物探与化探, 28(1):11-15.

奚小环,2006. 土壤污染地球化学标准及等级划分问题讨论[J]. 物探与化探,23(1):67-74.

阎鹏,徐世良,曲克健,等,1994. 山东土壤[M]. 北京:中国农业出版社.

杨忠平,卢文喜,龙玉桥,2009. 长春市城区重金属大气干湿沉降特征[J]. 环境科学研究, 22(1): 28-34.

余涛,杨忠芳,唐金荣,等,2006. 湖南洞庭湖区土壤酸化及其对土壤质量的影响[J]. 地学前缘,13(1):98-104.

喻超,凌其聪,彭振宇,等,2011. 城市工业区环境系统中的Cd污染循环及其健康风险—以杭州市半山工业区为例[J]. 环境科学学报,31(11) : 2474-2484.

喻超,王增辉,王红晋,等,2015. 山东省临沂市土壤有机氯农药滴滴涕残留量与空间分布特征[J]. 环境科学, 36(7): 2641-2647.

喻超,智云宝,代杰瑞,等,2014. 山东省威海市区域地质背景下土壤Cd的地球化学特征[J]. 物探与化探,38(5): 1076-1084.

赵凤莲,刘毓,韩冰,2012. 济南主要道路绿地土壤养分特征研究[J]. 园林科技,124(2): 25-29.

赵金平,彭平安,宋建中,等,2009. 干降尘中高分子有机质的组成及其来源[J]. 生态环境学报,18(1): 5-11.

中国环境监测总站,1999. 中国土壤元素背景值[M]. 北京:中国环境科学出版社.

周国华,董岩翔,刘占元,等,2004. 杭嘉湖地区土壤元素时空变化研究[J]. 中国地质,31(z1):72-79.

周国华,谢学锦,刘占元,等,2004. 珠江三角洲潜在生态风险:土壤重金属活化[J]. 地质通报,23(1):1088-1092.

周国华,朱立新,1999. 农业地球化学调查、研究和应用的基本方法[M]. 中国农业地学研究新进展.

朱大奎,王颖,陈方,2000. 环境地质学[M]. 北京:高等教育出版社.

朱恒华,陈雷,王玮,等,2021. 济南新旧动能转换先行区工程地质适宜性评价[J]. 山西建筑,47(5):58-61.

朱石嶙, 冯茜丹, 党志,2008. 大气颗粒物中重金属的污染特性及生物有效性研究进展[J]. 地球与环境, 36(1): 27-32.

BIRCHALL A, MARSH J W,2005. Radon dosimetry and its implication for risk[J]. International Congress Series, 1276:81-84.

ESPOSITOA A M, AMBROSIOB M, BALZANOC E,2005. The ENVIRAD project: a way to control and to teach how to protect from high indoor radon level. International Congress Series, 1276: 242-244.

BORUVKA L, VACEK O, JEHLICKA J,2005. Principal component analysis as a tool to indicate the origin of potentially toxic elements in soils[J]. Geoderma,128: 289-300.

CHAO YU, QICONG LING, SHA YAN,et al. ,2010. Cd contamination in various environmental materials in an industry area, Hangzhou, China[J]. Chemical Speciation and Bioavailability,22(1):35-42.

DE-JONG E, WANG C, REES H W,1986. Soil redistribution on three cultivated New Brunswiek Hillslopes recalculated from 137Cs measurements, solum data and. the USLE[J]. Canadian Journal of Soil Science, 66:721-730.

HORNUNG M, 1989. Soil solution sampling and Lysimetery, Tropical Soil Biology and Fertility: A Handbook of Methods. (Anderson, J. M. and J. S. I. Ingram, eds.) pp 131-143 C. A. B. International, Wallingford, UK. Saskatchewan Canadian[J]. Journal of Soil Science, 1982, 62:673-683.

SHINJI OIKAWA, NOBUYUKI KANNO, TETSUYA SANADA, et al. ,2003. A nationwide survey of outdoor radon concentration in Japan[J]. Journal of Environmental Radioactivity, 65: 203-213.

SIEGAL F R, 2002. Enviornmental Geochemistry of Potentially Toxic Metals[M]. Heidelberg: Springer: 1-92.

STIGLIANI W M, 1988. Changes in valued capacities of soils and sediments as indicators of nonlinear and time-delayed environmental effects[J]. Environ. Monit. Ass. ,10:245-307.

STIGLIANI W M, 1991. Chemical time bombs: definition, concepts and examples[J]. Laxenburg: International Institute for Applied Systems Analysis: 1-23.

STIGLIANI W M, DOELMAN P, SALOMONS W, et al. ,1991. Chemical time bombs: predicting the unpredictable[J]. Environment, 33:4-30.